ALBERT EINSTEIN

Titelbild
Albert Einstein, 1912,
Prager Atelierfoto.

Christof Rieber

ALBERT EINSTEIN

Biografie eines Nonkonformisten

Jan Thorbecke Verlag

VERLAGSGRUPPE PATMOS
PATMOS
ESCHBACH
GRÜNEWALD
THORBECKE
SCHWABEN

Die Verlagsgruppe
mit Sinn für das Leben

Abb. 01
Bad Buchau, jüdischer Friedhof:
Dort sind Albert Einsteins Vorfahren
bestattet (zuletzt Rupert Einstein,
† 1834, und Rebekka Obernauer,
† 1853). Deren stark verwitterte
Grabsteine sind erhalten. Die
Inschriften sind nicht mehr lesbar,
aber dokumentiert.

Für Dorothea Hemminger und † Alfred Moos

Gefördert von der Stadt Ulm und der Sparkasse Ulm

Für die Verlagsgruppe Patmos ist Nachhaltigkeit ein wichtiger
Maßstab ihres Handelns. Wir achten daher auf den Einsatz umwelt-
schonender Ressourcen und Materialien.

Alle Rechte vorbehalten
© 2018 Jan Thorbecke Verlag,
ein Unternehmen der Verlagsgruppe Patmos
in der Schwabenverlag AG, Ostfildern
www.thorbecke.de

Redaktion: Ulrich Seemüller (Stadtarchiv Ulm), Dr. Nicola Wenge
(Dokumentationszentrum Oberer Kuhberg Ulm), Prof. Dr. Michael Wettengel
(Stadtarchiv Ulm)
Gestaltung: Logolio, Lioba Geggerle, Neu-Ulm
Gesamtherstellung: Schwabenverlag AG, Ostfildern
Druck: HÖHN GmbH, Ulm
Hergestellt in Deutschland
ISBN 978-3-7995-1281-7

Inhalt

	Grußwort	11
	Vorwort	12
	Einleitung	14

Kapitel 1 **1902–1914**   25
Karriere und Leben vor dem Ersten Weltkrieg
- 1913: Entscheidung für Berlin — 25
- Bis 1912: Einsteins Kontakte zu Berliner Wissenschaftlern – 1902–1909 Arbeit am Patentamt in Bern — 25
- 1909–1911: Einsteins Karriere als Physiker in Bern und Zürich — 26
- 1911/12: Professor in Prag – 1912–1914 Lehrstuhlinhaber in Zürich — 29
- Ausstattung der Berliner Professur — 31
- Ab 1912: Neue Beziehung zu Elsa Löwenthal (geb. Einstein) — 32
- 1902–1914: Einsteins Mutter Pauline (geb. Koch) — 33
- 7./8. Oktober 1913: Einsteins Ulm-Besuch mit der Mutter — 35
- Juli 1914: Trennung von Ehefrau Mileva und den Söhnen — 40

Kapitel 2 **Im Kaiserreich**   49
Vergleich jüdischer Minderheiten in Ulm, München und Breslau
- Garnisonsstadt Ulm — 49
- Jüdische Gemeinde Ulm — 49
- Stiftung der Israelitischen Gemeinde Ulm für das evangelische Ulmer Münster — 53
- Bedeutende jüdische Deutsche in Ulm vor 1933 — 56
- Juden in der Landeshauptstadt München und in Breslau im Kaiserreich — 57

Kapitel 3 **19./20. Jahrhundert**   59
In der Stadt: Aufstieg und Fall der Familien der Verwandten
- Aufsteigen in der Stadt: Die Einstein-Verwandten Abraham, Hermann und Jakob Einstein — 59
- Die Bettfedernfabrik Israel & Levi im Weinhof 19 (1863–1880 bzw. 1902/1904) — 61
- Das Ulmer Haus Weinhof 19 und Albert Einsteins Vater Hermann Einstein — 63
- Der Pechvogel der Familie: Onkel August Einstein in Ulm — 65
- Auf- und Abstieg: Onkel Kosman Dreyfus und Tante Jette geb. Einstein in Ulm — 66
- Onkel Adolph Moos und Tante Friederike (geb. Einstein): sozialer Aufstieg in Ulm — 67

	· Die Einstein-Verwandten in München, Cannstatt und Hechingen Koch und Einstein	68
	· Albert Einsteins Geburtshaus in Ulm: Bahnhofstraße 20	73
	· 1876 bis 1894: Jakob und Hermann Einsteins Firmen in München und Pavia	76
Kapitel 4	**Werdegang eines Nonkonformisten**	**81**
	Der junge Albert Einstein: 1879–1902	
	· Kindheit und Jugend: Disziplin, Selbststudium, Schulkarriere: bis 1896	81
	· Letztes Jahr an der Schule: Kantonsschule Aarau 1895–1896	90
	· Studium am Zürcher Polytechnikum und Selbststudium 1896–1900	91
	· Einstein und Mileva Marić: Leben als Bohemiens, Ehepaar und Familie	95
	· Zwischen Patentamt, Selbststudium und Familie	96
Kapitel 5	**Einstein und die Frauen**	**97**
	· Albert Einstein und die Liebe	97
	· Jugendliebe Marie Winteler 1895–1896	99
	· Beziehung zu Mileva Marić bis zur Heirat im Januar 1903	100
	· Beziehung der Eheleute Albert und Mileva Einstein	105
	· Einstein zwischen Mileva und Elsa	105
	· Ab 1914: Leben in Berlin und Heirat Elsa Einsteins aus Pflichtgefühl	107
	· Einsteins Affäre mit Betty Neumann und zunehmendes Ablehnen der Ehe	111
Kapitel 6	**1905**	**117**
	Das Jahr der Wunder („annus mirabilis")	
	· Musizieren und Physik	117
	· Die fünf Arbeiten des „Jahres der Wunder" 1905	118
Kapitel 7	**1915**	**123**
	Allgemeine Relativitätstheorie	
	· Von der Notwendigkeit einer Verallgemeinerung der Speziellen Relativitätstheorie	123
	· Hinweise auf dem Weg zur Allgemeinen Relativitätstheorie	123
	· Eine Bewährungsprobe für die Allgemeine Relativitätstheorie: Periheldrehung	125
	· Ein Stern wird geboren: Die Ablenkung des Lichts	126
	· Revolutionäre Bedeutung der Allgemeinen Relativitätstheorie für die Physik	126
	· Einsteins Kooperation und Rivalität mit dem Mathematiker David Hilbert	128

Kapitel 8	**1914–1919**	**130**
	Erster Weltkrieg und Revolution 1918/19	
	· Als Pazifist unter lauter Kriegsbegeisterten	130
	· Ruf nach Zürich – Scheidung – zweite Heirat – Bleibegelder in Berlin	134
	· Tod der Mutter in Berlin	140
Kapitel 9	**1919–1923**	**142**
	Internationaler Star und Hassobjekt der Antisemiten	
	· London, 6. November 1919: Einsteins allgemeine Relativitätstheorie wird empirisch nachgewiesen – Ein Star wird geboren	142
	· „Einstein-Mythos" – Ulm: Ehrungen in der Geburtsstadt	143
	· Repräsentant der Weimarer Republik, Engagement für den Zionismus und Hassfigur für die Nationalsozialisten	146
	· Stockholm, 9. November 1922: Physik-Nobelpreis 1921 für Einstein – Konflikte um Einsteins Auslandskontakte wegen internationaler Ächtung deutscher Wissenschaftler	149
	· Mord an Walther Rathenau – Einstein zieht sich zeitweise aus dem Intellektuellenausschuss des Völkerbundes zurück	151
	· 4./5. August 1923: Einsteins Ulm-Besuch mit Sohn Eduard	152
	· 1923, August: Einsteins Urlaub in Schloss Lautrach bei Memmingen bei dem Rüstungsunternehmer Hermann Anschütz-Kaempfe	157
Kapitel 10	**1924–1933**	**159**
	Repräsentant der Republik und Widerstand gegen das NS-Regime	
	· Einsteins Prominenz in der deutschen und internationalen Gesellschaft	159
	· Auseinandersetzung mit der Quantenmechanik und Niels Bohr	160
	· Ab 1930: Vertiefung der USA-Kontakte	163
	· 1931, 28. Juli, Berlin: Als Aushängeschild Deutschlands mit Max Planck in der Reichskanzlei beim Besuch des britischen Premierministers MacDonald	166
	· 1932/33: Einstein in Princeton und in Belgien, Frankreich, Schweiz und Großbritannien, danach endgültig in die USA	169
	· 1933/34: Management des Exils: Albert Einstein und Fritz Haber im Vergleich	171

Kapitel 11   1933–1945   **175**
Leben im Exil
· Öffentliche Distanzierung von Hitler-Deutschland   175
· Exil in Princeton – Retter von etwa 100 Verfolgten   178
· Eintreten für die Entwicklung einer amerikanischen Atombombe   192
  aus Furcht vor einer deutschen Atombombe

Kapitel 12   1945–1955   **195**
Nach dem Zweiten Weltkrieg – und Weiterwirken bis heute
· Reaktion auf die Atombombenabwürfe von 1945: Einstein fordert   195
  Weltregierung
· Ablehnung von Kontakten mit deutschen Institutionen   196
· Ablehnung des Präsidentenamts Israels   197
· Letzte Jahre – Ulms Kontakte zu Einstein   197
· Weiterwirken 1955–2018   200
· Denkmäler für Albert Einstein in Washington D.C. und Ulm   205
· 2004: Ulm feiert Einsteins 125. Geburtstag mit Festakt und   206
  Ausstellung im Stadthaus
· 2005: Einsteinjahr in Deutschland – 100 Jahre „annus mirabilis' in Bern   207
· 2018: Bedeutung Albert Einsteins   208

Zusammenfassung   **210**

Anhang   **214**
Anmerkungen   214
Literatur   226
Abbildungsnachweis   229
Zeittafel zum Leben Albert Einsteins   230
Übersichtstafeln zu Einsteins nahen Verwandten   232
Personenregister   236

Abb. 02
Einstein zur Zeit seiner Beamtung am
Eidgenössischen Patentamt für geistiges
Eigentum in Bern. Foto von 1905.

Grußwort

Albert Einstein ist der bedeutendste Mensch, der je in Ulm geboren ist, vor gut 139 Jahren am Freitag, 14. März 1879 im Haus Bahnhofstraße 20. Die Stadt Ulm hat Einstein bereits in der Weimarer Republik geehrt und nach dem Zweiten Weltkrieg große Veranstaltungen zu seinen runden Geburtstagen ausgerichtet. Höhepunkt war am 14. März 2004 die Feier des 125. Geburtstags im Congress Centrum Ulm im Beisein von Bundespräsident Johannes Rau und von Albert Einsteins Urenkel Paul Einstein, der eine Mozart-Sonate auf der Geige des Urgroßvaters spielte.

Albert Einsteins zu gedenken, heißt sich zur parlamentarisch demokratischen Republik und zu den Menschenrechten zu bekennen. Albert Einstein, dessen politisches Vorbild die Schweiz war, deren Bürger er 1901 wurde, sah es als seine Aufgabe als Pazifist an, gegen Nationalismus, Rassismus und Antisemitismus zu kämpfen. Als Nonkonformist war ihm bewusst, dass er stets kritisch auf die ihn umgebende Gesellschaft reagieren musste, auch während seiner Zeit in den USA.

Albert Einsteins Neugier, sein Bildungseifer, seine Disziplin und höchste Konzentration beeindrucken und ermutigen zum Nacheifern. Auch für nicht Hochbegabte gilt es, in der Wissensgesellschaft das Bestmögliche zu geben. Albert Einsteins zu gedenken, bedeutet also immer auch, den eigenen Bildungseifer voranzutreiben und durch lebenslanges Lernen im digitalen Zeitalter zu bestehen. Sich mit Einstein zu beschäftigen, bedeutet auch auszuloten, was sozial gerecht ist.

Einstein ermuntert dazu, sich für Naturwissenschaften und Mathematik zu interessieren. Der junge Einstein selbst wurde von Familienmitgliedern unterstützt, als ihn seine Eltern nicht mehr verhalten konnten. Einstein selbst wurde später Geber aus jüdischer Familiensolidarität, lange bevor er durch Affidavits und andere Hilfen Verwandte und Freunde vor der Judenverfolgung in Europa rettete.

Ich danke vor allem dem Autor Dr. Christof Rieber dafür, dass er Vieles neu und grundlegend erforscht hat, insbesondere die Ulmer Einstein-Verwandten und ihre internationalen Verbindungen. Dem Jan Thorbecke Verlag danke ich für die verlegerische Betreuung und Publikation des Bandes. Das Buch ist sehr gut lesbar geschrieben. Einstein wird von Christof Rieber auch in seinen Widersprüchen dargestellt. Das macht ihn menschlich und sympathisch. Ich wünsche dem Buch eine weite Verbreitung.

Iris Mann
Bürgermeisterin der Stadt Ulm

Vorwort

Dorothea Hemminger hat mein Interesse an Albert Einstein geweckt. Ich danke ihr für jahrelange beharrliche Unterstützung. Sie leitet als Europakoordinatorin der Stadt Ulm das Europabüro und das Europe Direct-Informationszentrum Ulm. Es ist seit 2009 im Erdgeschoss des Ulmer Hauses Weinhof 19 untergebracht, genannt der „Engländer". Es ist typologisch ein Kaufleutehaus des 16. Jahrhunderts. Dort wohnte im ersten Stock Albert Einsteins Großmutter Helene Einstein (geb. Moos) von etwa 1870 bis 1880. Im Erdgeschoss befand sich die Bettfedernfabrik Israel & Levi, deren Teilhaber Albert Einsteins Vater Hermann Einstein von etwa 1870 bis 1880 war. Albert Einstein wurde am 14. März 1879 in Ulm im Haus Bahnhofstraße 20 geboren. Einsteins Geburtshaus ist 1944 zerstört worden. Als ehrenamtlicher Mitarbeiter habe ich seit 2010 an sieben Tagen des offenen Denkmals je drei Führungen zur Hausgeschichte des Gebäudes Weinhof 19 angeboten. Und das zu jeweils neuen Erkenntnissen zu Einstein und seinen Verwandten, nicht nur zu den Ulmern. Ohne die Recherchen zu den Themen „Hausgeschichte"[1] und „Einstein und Ulm" stünden wir heute weitgehend beim Kenntnisstand des Jahres 1979, den das Stadtarchiv Ulm mit Hans-Eugen Specker als Herausgeber in dem Band „Albert Einstein und Ulm" vorgelegt hat. Ich wurde im Fach Geschichte an der Universität Tübingen 1984 promoviert[2] und habe weitere Veröffentlichungen zur deutschen Demokratiegeschichte im 19. und 20. Jahrhundert vorgelegt.[3]

Ich danke der Stadt Ulm, vor allem Ulms Kulturbürgermeisterin Iris Mann, für einen namhaften Druckkostenzuschuss und die Herausgeberschaft des Buchs, ebenso der Sparkasse Ulm, vertreten durch Herrn Vorstandsvorsitzenden Dr. Stefan Bill und seinen Vorgänger Manfred Oster, für einen weiteren hohen Druckkostenzuschuss.

Ich danke sehr herzlich Prof. Dr. Michael Wettengel und Ulrich Seemüller (Stadtarchiv Ulm) und Dr. Nicola Wenge vom Dokumentationszentrum Ulm. Sie besorgten die Redaktion des Buchs. Von beiden Institutionen danke ich besonders Matthias Grotz, Diana Mühlhausen und Josef Naßl für wertvolle Hilfe. Ich danke auch den übrigen Mitarbeiter(inne)n der beiden Institutionen. Mein Dank für gute Hinweise gilt auch Ingo Bergmann (Repräsentation und Öffentlichkeitsarbeit der Stadt Ulm). Herzlich danke ich Udo Vogt. Er hat dieses Buch seit den Anfängen betreut und für die Finanzierung gesorgt. Es ist das letzte Buch überhaupt, das er sachkundig begleitet. Ich danke herzlich Daniela Naumann vom Thorbecke Verlag Ostfildern, die das Buch als Lektorin sorgfältig betreute. Lioba Geggerle danke ich für Satz und Layout des Buchs. Sie hat mit Geduld ausgezeichnete Arbeit geleistet.

Für wertvolle Hinweise zu Albert Einsteins physikalischen Erkenntnissen danke ich herzlich dem Professor für physikalische Mathematik Dr. Sven Bolte, Department of Mathematics Royal Holloway, University of London, ebenso dem Physiker Dr. Herbert Hunziker, der bei

Aarau lebt und über Einstein wissenschaftlich publiziert hat. Er hat die Physik-Kapitel mehrfach gegengelesen. Für sehr gute Hinweise zu Einsteins Onkel Jakob Einstein († Wien 1912) und dessen Sohn Roberto Einstein († Florenz 1945) samt Nachfahren danke ich herzlich Eva Krampen-Kosloski, Rom. Außerhalb Ulms waren umfangreiche Recherchen notwendig. Ich danke Dr. Alexandra Vlachos vom Historischen Museum der Stadt Bern für gute Hinweise. Für Rat und Hilfe danke ich herzlich für Bad Buchau Charlotte Mayenberger, für das Stadtarchiv Hechingen Thomas Jauch, für das Stadtarchiv Stuttgart Dr. Roland Müller, für das Stadtarchiv München Dr. Andreas Heusler sowie Caroline Senn vom Stadtarchiv Zürich. Herzlich danke ich Prof. Dr. Walter Mühlhausen (Technische Universität Darmstadt), dem Geschäftsführer der Reichspräsident-Friedrich-Ebert-Gedenkstätte Heidelberg, für ausgezeichnete Hinweise zu Einsteins Kontrahenten, dem Heidelberger Physik-Professor Philipp Lenard, einem der Begründer der nationalsozialistischen „Deutschen Physik", aber auch zu wichtigen Fragen zu Einsteins Wirken während der Weimarer Republik. Für Währungs- und Kaufkraftberechnungen danke ich Dipl. oec. Jutta Hanitsch, geschäftsführende Direktorin des Wirtschaftsarchivs Baden-Württemberg, Stuttgart-Hohenheim. Für das Gegenlesen des Manuskripts und wertvolle Anregungen danke ich sehr herzlich der Ulmerin Sibylle Goldmann und meinem jahrzehntelangen Esslinger Historikerfreund Marco Huggele. Meinem Ulmer Freund Gerhard Hunold danke ich herzlich fürs Korrekturlesen und viele gute Hinweise.

In den beiden Einstein-Briefen über die Besuche des erwachsenen Albert Einstein in Ulm 1913 und 1923 bezieht sich das jeweils Wichtigste auf Vorgänge außerhalb von Ulm. Auch deshalb wird hier Albert Einsteins gesamte Biografie behandelt. Albert Einstein selbst äußerte sich in einem Dankesbrief für Glückwünsche zum 50. Geburtstag freundlich über Ulm: „Die Stadt der Geburt hängt dem Leben als etwas ebenso Einzigartiges an wie die Herkunft von der leiblichen Mutter. Auch der Geburtsstadt verdanken wir einen Teil unseres Wesens. So gedenke ich Ulms in Dankbarkeit, da es edle künstlerische Tradition mit schlichter und gesunder Wesensart verbindet."[4] Ulm war für Einstein die Stadt seines Vaters, die Mutter kam aus Cannstatt, wo man sich mit der benachbarten Landeshauptstadt Stuttgart zusammen für großstädtisch hielt.

Einleitung

„So wenig sich die Deutschen genügend darüber im Klaren sind, was für eine Errungenschaft die Bundesrepublik gegenüber früheren Jahrhunderten deutscher Geschichte bedeutet, so wenig ist sich die jetzige Generation der Europäer genügend bewusst, welche Leistung es war, Europa so weit zu bringen, wie es heute ist."
Fritz Stern[5], † New York, 18. Mai 2016

Der alte Mann mit der wilden Mähne. Das ist das Bild, das die Medien allenthalben von Albert Einstein verbreiten. Das nonkonformistische, altersweise Äußere wird als Beweis für Genialität genommen. Mitunter sind Schwarzweißfotos von Einstein plötzlich farbig geworden. Das fördert den Verkauf des Druckwerks. Am lustigsten ist der Titel von Walter Isaacsons Einstein-Biografie in der Londoner Taschenbuch-Ausgabe der Reihe „Genius" von 2017. Da lächelt ein Schauspieler und verdreht die Augen. Das hat Witz.

Auf dem Titel dieses Buches ist der junge Albert Einstein zu sehen. Mitten in seinen wissenschaftlich besten Jahren. Im Alter von 33 Jahren in einem Prager Fotoatelier aufgenommen. Farbfotos gibt es zwischen 1905 und 1915 nicht, allenfalls handkolorierte Schwarzweißfotos. Als sich Einstein 1912 in Prag aufnehmen lässt, liegt das „annus mirabilis" 1905 (das Jahr der Wunder) sieben Jahre zurück. 1915 lässt Einstein seine Allgemeine Relativitätstheorie folgen. Damit revolutioniert er vollends Physik und Astronomie. Auf dem Prager Foto von 1912 sehen wir einen geordneten, intelligent und selbstbewusst wirkenden jungen Mann. Noch hat er kein einziges graues Haar. Zeittypisch trägt er einen Oberlippenbart. Die Ära der Vollbärte ist vorbei. Der ideale Schwiegersohn sozusagen. Der Schein trügt. Einstein ist längst verheiratet. Im Jahr der Aufnahme beginnt er eine Liebschaft mit seiner Cousine in Berlin, die er 1919 heiraten wird. Sehr zur Freude seiner Mutter, weil Elsa Jüdin ist und in jeder Hinsicht standesgemäß. Einsteins Eltern waren seinerzeit entsetzt, weil ihr Sohn nicht eine Jüdin heiraten wollte, sondern eine Serbin, die drei Jahre älter war als er und hinkte. Nur die Mutter erlebte 1903 die Heirat des Sohnes mit der ihr verhassten Mileva Marić. Die Schwiegereltern Marić waren schon eher zufrieden. 1904 kam der Enkelsohn Hans Albert zur Welt. Als der Schwiegervater Milos Marić voller Freude über den eben geborenen Enkelsohn in Bern zu Besuch kam, bot er 100.000 Franken als Geschenk an. Selbstbewusst lehnte Einstein ab mit der Begründung, er habe seine Tochter nicht des Geldes wegen geheiratet.[6] Sein Handeln war nonkonformistisch, weil es damals unter reichen Verwandten nicht unüblich war, hohe Geldbeträge zu schenken.

Naturwissenschaftler, so heißt es, kommen zu epochalen Erkenntnissen meist in ihren frühen Lebensjahren. Oft gilt die Lebensphase zwischen 25 und 35 Jahren als die beste.[7]

Ähnliches gab es 2017 in der deutschen Ausgabe der Zeitschrift „Science" zu lesen. Bei Einstein ist es vor allem die Phase von 1905 bis 1915. Also ist das Schema bei ihm um ein einziges Jahr verschoben. Zwischen 26 und 36 Jahren entwickelt und veröffentlicht er seine bedeutendsten Theorien und Erkenntnisse. Auf sehr hohem Niveau arbeitet er noch bis 1925.

Da ist er 46. Die Biografie des Nonkonformisten Albert Einstein zu schreiben, bedeutet, Vieles auszuloten. Letztlich geht es um die Frage, inwieweit Einstein von vorherrschenden Meinungen und Normen abgewichen ist, denn darin liegt immer auch ein gesellschaftskritisches Moment. Und dieses Moment herauszuarbeiten, ist aus heutiger Sicht wertvoll, weil es um deutsche Gesellschaft in vier historischen Phasen geht: um das obrigkeitsstaatliche, militaristische Kaiserreich, die gescheiterte Demokratie der Weimarer Republik, die nationalsozialistische Diktatur und um die „autoritäre Demokratie" der 1950er-Jahre der Bundesrepublik Deutschland.[8] Gesellschaftskritik ist für den Autor ausschlaggebend für das Schreiben dieses Buches, nicht die Prominenz Albert Einsteins.

Schon als Kind ist Einstein Antimilitarist. Als alter Mann in Princeton kritisiert er die deutschen Verbrechen der Nazizeit scharf, aber doch eben auch viele Eigenarten der USA, etwa den McCarthyismus, die Atombombe ohnehin. Stattdessen plädiert er für Abrüstung und für die Utopie einer Weltregierung. Bereits vor 1933 setzt sich Einstein für ein in Frieden geeintes Europa ein. Es scheint so, als ob wir diesem Ziel schon näher waren als im Moment. Aus Einsteins Sicht ist zweifellos positiv zu sehen: Seit 1945 sind Atombomben nie wieder kriegerisch eingesetzt worden. Aber auch heute gäbe es viel zu tun für einen Albert Einstein. Nicht zuletzt, weil erwogen wird, Atombomben in Miniaturform zu produzieren, und weil atomar aufgerüstet wird. Kann man aus Geschichte lernen? Fritz Stern ist 2016 am Ende seines langen Lebens ins Zweifeln gekommen. Und dennoch hat er sein Leben lang gegen Unfreiheit und Diktatur gekämpft. So wie es Albert Einstein auf die ihm eigene Art auch mutig getan hat. Fritz Stern und Albert Einstein sind als jüdische Deutsche zur Welt gekommen, Einstein 1879 in Ulm und Fritz Stern 1926 in Breslau. Beide sind in die USA emigriert und haben dort als Professoren geforscht und gelehrt, Einstein Theoretische Physik, Stern Zeitgeschichte. Beide haben am Ende ihres Lebens Zweifel in Bezug auf künftige Entwicklungen in der westlichen demokratischen Welt. Beide aber blieben bis in ihr letztes Lebensjahr hinein engagierte Demokraten. Fritz Stern ist Autor eines der bedeutendsten Werke über Albert Einstein. Seine Veröffentlichung „Einstein's German World" ist 1999 auf Englisch erschienen und leider nie komplett ins Deutsche übersetzt worden. Indessen sind einige Kapitel in deutscher Sprache erschienen.[9] Fritz Stern war „member of the Editorial and Executive Commitees of the ‚Collected Papers and Correspondence of Albert Einstein'", also jenes Großprojekts, das seit 1987 das Wissen über Albert Einsteins Wirken bereichert. Bis 2018 sind von den geplanten ca. 30 Bänden 15 Bände erschienen.[10]

Albert Einstein ist gebürtiger Deutscher und ab 1896 sechs Jahre lang staatenlos. Dann erhält er 1901 die Schweizer Staatsbürgerschaft. Später wird er parallel dazu österreichisch-ungarischer Staatsbürger, nachdem er 1911/12 an der Universität Prag einen Lehrstuhl für Physik erhalten hatte. Erneut wird er dann, seine Schweizer Staatsbürgerschaft behaltend, von 1914 bis 1933/34 wieder deutscher Staatsbürger. Deutscher will er 1933 nicht mehr sein. Seit 1940 ist er Schweizer und US-Bürger. Welchem der genannten Staaten ist Albert Einstein zugehörig? Die einfachste Formel ist die: Albert Einstein gehört zu unterschiedlichen Zeiten meist mehreren Staaten an. Am ehesten ist er ein Weltbürger. Das „Time Magazin" hat ihn 1999 nicht zu Unrecht „Man of the decade" genannt.[11] Bei einer Umfrage des deutschen Magazins „Focus", bei der gefragt wurde, wer der bedeutendste Wissenschaftler des 20. Jahrhunderts sei, belegt er mit Abstand Platz 1.[12] In der Schweiz wird Einstein als „bedeutendster Schweizer aller Zeiten" angesehen. So das Ergebnis einer repräsentativen Umfrage der in Zürich erscheinenden „SonntagsZeitung" von 2009.[13]

Einstein ist ein durch und durch internationaler Wissenschaftler. Seine Physiker-Briefe schreibt er auf Deutsch, Englisch und Französisch. Zudem versteht er gut Italienisch. Bei der Übersetzung von Gesprächen in englischer und französischer Sprache hilft ihm lange seine zweite Ehefrau Elsa. Seine erste Ehefrau Mileva Marić ist gebürtige Serbin und stammt aus dem damaligen Ungarn. Fast jedes Jahr besucht Einstein seine Physikerkollegen in den Niederlanden. Seine Auslandsreisen gehen darüber hinaus nach Italien, Belgien, Palästina, Japan, Spanien, Schweden, Dänemark, England, Frankreich, Argentinien und in die USA. Einstein ist für seine Generation ungemein weit in der Welt herumgekommen. Weil er 1933 erst 54 Jahre alt wird, kann er bereits vorher zu besten Konditionen Beschäftigungsverhältnisse in den USA und in England vereinbaren. Als berühmter Physiker-Star gehört er zu den am meisten privilegierten Emigranten. Am eindeutigsten wird man heute Albert Einstein wegen der Kontinuität seit 1895/1901 bis zu seinem Tod der Schweiz zuweisen können. Indessen hat er testamentarisch seinen Nachlass der Hebrew University of Jerusalem vermacht. Von jedem Schriftstück dieses Nachlasses gibt es eine Kopie in den USA, wo seit 1987 Wissenschaftlerteams daran sind, die Bände des Großwerks „The Papers and Correspondence of Albert Einstein" (CPAE) zu publizieren. Längst sind die dortigen Wissenschaftler damit beschäftigt, auch aus anderen Quellen relevante Nachrichten zum Leben Albert Einsteins weltweit zu sammeln und Ausgewähltes zu publizieren.

Der Autor des vorliegenden Buches ist Historiker, kein Physiker oder Wissenschaftshistoriker. Das muss beim Schreiben einer Biografie über einen bedeutenden Naturwissenschaftler kein Nachteil sein, wie Margit Szölösi-Janze überzeugend dargelegt hat.[14] Wer eine anspruchsvolle Biografie schreibt, arbeitet ihr zufolge gesellschaftsgeschichtlich und bedient sich der Methoden der Geschichtswissenschaft. Fachspezifisches, auch Physikalisches, muss in der Regel allgemeinverständlich geschrieben werden. Außerdem ist Einstein als Physiker sowie als Subjekt und Objekt von Wissenschaftspolitik ausgesprochen gut erforscht, v. a. durch die Einstein-Biografie von Jürgen Fölsing von 1993[15], aber auch durch die Fritz-Haber-Biografie von Margit Szölösi-Janze von 1998, durch den 2005 von Frank Steiner herausgegebenen Einstein-Band[16] und die Einstein-Biografie von Jürgen Neffe von 2005.[17] Wenig oder gar nicht erforschte Bereiche gibt es vor allem in Einsteins Privatleben. Dies betrifft besonders die Personenbeziehungen zu Verwandten, Freunden und teilweise zu Wissenschaftlern und Politikern. Seit Fölsing seine Biografie vorgelegt hat, sind 25 Jahre vergangen. Seither ist viel Neues bekannt geworden. Deshalb ist eine neue Einstein-Biografie notwendig.

In bisherigen Arbeiten über Albert Einstein wird die Bildforschung oft nicht konsequent angegangen. Das gilt besonders für den historischen Kontext von Gruppenfotos. Auch wird der historische Kontext des Handelns von Einstein und des Personengeflechts um ihn herum häufig nur aufgrund von zeitgenössischen Quellen hergestellt. Damit aber gerät die bloße Ereignishaftigkeit von Geschichte zu sehr in den Mittelpunkt. Es lohnt sich aber, Spielräume auszuloten und dazu die jeweils herrschende Meinung unter heutigen Historikern miteinzubeziehen, etwa Spielräume, die es in Deutschland 1932 gab, um die NS-Diktatur zu verhindern.

Für die Themenauswahl im vorliegenden Buch ist Albert Einsteins Nonkonformismus ausschlaggebend. Doch auch das Thema „Albert Einstein und seine Verwandten" ist von Bedeutung, weil es internationale Bezüge aufscheinen lässt. Und das bereits in der Generation der Eltern, Onkel und Tanten. Albert Einsteins Eltern leben von 1894 bis 1902 in Italien, die Koch-Onkel beide in der Schweiz, der eine (Jakob Koch) in Italien und den USA, der andere (Cäsar Koch) in der Ukraine, in Argentinien, England und Belgien. Onkel Jakob Einstein lebt ab 1894 in Italien und ab 1906 in Österreich. Die Emigranten unter den Einstein-Verwandten, die ab 1933 vor der Verfolgung in Hitler-Deutschland flohen, erlebten zuerst tiefe Entfremdung in der deutschen Heimat, bevor sie emigrierten, um zu überleben. Zielländer der Emigration sind für Albert Einsteins Generation und die ihm nachfolgenden Generationen die USA, England, Palästina, Argentinien und Belgien. Offensichtlich ist es Albert Einstein gelungen, ungefähr 60 % seiner nahen Verwandten vor dem Holocaust zu retten. Das ist überdurchschnittlich viel. Sonst liegt die Quote bei etwa 50 % Geretteten. Von Einsteins Ulmer und Berliner nahen Verwandten sind sechs in deutschen Konzentrationslagern gestorben, zwei davon wurden in deutschen Vernichtungslagern ermordet.

Der Weltbürger Albert Einstein stammt aus der Militärgarnisonstadt Ulm, einer Mittelstadt mit rund 33.000 Einwohnern im Jahr 1880. Das ist kein Zufall. Albert Einsteins Vater Hermann Einstein stammt aus der ländlichen Kleinstadt Buchau in Oberschwaben. Albert Einsteins Großvater Abraham Einstein zieht mit seiner Frau Helene Einstein geb. Moos am 11. Mai 1868 von Buchau nach Ulm. Dies wird erstmals zweifelsfrei nachgewiesen. Die Eltern, die vier Söhne sowie die beiden Töchter sehen in Ulm bessere Chancen für sozialen

Aufstieg und geschäftliche Karriere als in der Kleinstadt Buchau am Federsee. Ulm ist nur eine Anfangsetappe im Leben des großen Physikers Albert Einstein. Sie dauert gerade einmal 15 Monate. Ein Ulmer Journalist hat die Frage nach der Relativität von Einsteins Eigenschaft als Ulmer auf die Spitze getrieben und Einsteins Lebenstage abgezählt. Er kam vom 14. März 1879 bis 21. Juni 1880 auf 1,642 % Ulm-Aufenthalt vom Gesamtleben, von der Geburt bis zum Wegzug nach München.[18] Einstein hat sich an diese Zeit nie erinnern können. Sie ist ihm nur aus den Erzählungen der Eltern, von anderen Verwandten und von Freunden der Familie bekannt. Sein Leben lang hat sich Einstein nie als Ulmer bezeichnet. 1918 nennt Einstein „meine wirkliche Heimat [Hervorhebung des Autors] Zürich, und die Schweiz als das Land, dem allein ich mit meiner Neigung zugetan bin."[19] Vorzüge der Schweiz sind für Einstein die stabile parlamentarische demokratische Republik, die Friedensliebe und ein modernes Schulsystem, in dem das Individuum geachtet wird. Sonst spricht er nicht von Heimat.

Für Ulm, München, Bern, Berlin oder später für Princeton in den USA finden wir in Einsteins Briefen den Begriff „Heimat" derzeit nicht. Ulm eignet sich von daher nur sehr bedingt dafür, etwas Neues zu Einsteins Biografie herauszufinden. Auch wohnt dem Leben der nahen Ulmer Verwandten nicht jene Besonderheit inne, die dem direkten Leben Albert Einsteins zueigen ist. Ausnahmen gibt es bei der Emigration aus Hitler-Deutschland bzw. beim Misslingen der Emigration. Da kommt es zu Situationen, in denen es um Leben und Tod geht. Einstein hatte im Lauf seines Lebens immer wieder Kontakte mit den nahen Ulmer Verwandten. Ein befreundeter Verwandter wird der mit seiner Hilfe 1939 nach Norfolk/Virginia emigrierte Vetter ersten Grades, Carl Moos, in den Emigrationsjahren in den USA.

Das Thema „Ulm und Albert Einstein" ist von viel Misslingen gekennzeichnet. Als Zeichen einer gelungenen Beziehung sind die Glückwünsche der Stadt Ulm von 1920 anzusehen, danach die Errichtung des „EinsteinHauses" 1967/68 als Haus der Volkshochschule, die jahrzehntelang von Inge Aicher-Scholl (1917–1998) geleitet wurde, der älteren Schwester der beiden 1943 wegen Widerstandes gegen die NS-Diktatur hingerichteten Ulmer Abiturienten und Münchner Studenten Hans Scholl (1918–1943) und Sophie Scholl (1921–1943). Gelungen ist auch 1979 die Ulmer Feier des 100. Geburtstags von Albert Einstein mit einer Ausstellung des Stadtarchivs Ulm und einer sorgfältigen Dokumentation des damaligen Forschungsstandes in einem Katalogband. Ein rundum gelungener Festakt findet am 14. März 2004 statt anlässlich des 125. Geburtstags von Albert Einstein. Zu Gast sind Bundespräsident Johannes Rau, Ministerpräsident Erwin Teufel, aber auch Paul Einstein, ein Urenkel von Albert Einstein. Und der Mann hält die Festrede, der die einzige enzyklopädische Einstein-Biografie geschrieben hat, nämlich der Wissenschaftsjournalist Albrecht Fölsing. Höhen und Tiefen in der Beziehung Ulms zu Einstein beschreibt der damalige Ulmer Oberbürgermeister Ivo Gönner.

Warum nun diese Biografie? Es ist gut, wenn aus Albert Einsteins Geburtsstadt Ulm eine Untersuchung kommt, welche nützlich ist für die gesamte Einstein-Forschung, auch außerhalb Deutschlands. Personengeschichtliche Forschungen haben nur Sinn, wenn sie die Grenzen Deutschlands überschreiten und auch die Schweiz, Italien, Österreich, Belgien und die USA miteinbeziehen. Hinzu kommt: Es geht darum, soweit möglich, die jeweilige Lebenswelt des Nonkonformisten Einstein in einer Sicht von außen zu umreißen. Wann immer er auf andere Menschen und Milieus trifft, artikuliert er seine eigene Lebenshaltung deutlich. Sie ist die eines nonkonformistischen, weltbürgerlichen Akademikers, der über die Generationen hinweg eine außerordentliche Wertschätzung erfährt. Und das nicht nur deshalb, weil er sich für Freiheit, Frieden, Demokratie und Toleranz einsetzt. Nein, auch deshalb, weil seine physikalischen Theorien für Nichtexperten schwer oder gar nicht verständlich sind, man aber gleichzeitig weiß, dass Einsteins revolutionäres Denken die Grundlagen für ein völlig neues Weltverständnis geschaffen hat. Das nicht oder nur schwer Verstehbare und gleichzeitig das Wissen von etwas grundlegend Neuem bewirken die starke Anziehungskraft der Person Albert Einstein. Einstein hat bei der Schaffung des eigenen Mythos bereitwillig mitgewirkt, etwa durch Sentenzen, Pazifismus und bereitwilliges Auftreten als Star und öffentliche Kultfigur. Einstein deshalb einfach als „Ikone" zu bezeichnen, ist insofern legitim, als es vielen Vermittlern nicht gelingt, seine Theorien verständlich zu erläutern, und sie stattdessen ihren Urheber zum Idol oder zur Ikone machen. Zudem hat Einsteins Person eine seltsam strahlende, fast schon inhaltsentleerte Aura, die für alles und jedes benutzt werden kann. Es lohnt sich auch heute, sich mit Einsteins Persönlichkeit und seinem Denken auseinanderzusetzen. Der so genannte „Relativitätsrummel" ist Einstein mal lästig, mal amüsiert er ihn. Als Demokrat ist Einstein ein Gegner jeglichen Personenkults. Allerdings ist er dazu bereit, sein hohes Ansehen zu nutzen, indem er sich für Pazifismus, Demokratie und internationale Verständigung einsetzt, aber auch für die Sache des international angefeindeten Judentums.[20]

Der Physiker und Nobelpreisträger Stefan Hell vom Max-Planck-Institut für biophysikalische Chemie in Göttingen hat zu Recht Folgendes als Voraussetzung für außergewöhnliche Forschungsleistungen festgestellt: „Natürlich muss die Person ungewöhnliche Eigenschaften haben. Sie muss dafür brennen, etwas herauszufinden oder zu entwickeln." Man müsse kritisch sein, aber nicht verrückt.[21] In dem Kontext ist Albert Einsteins Selbststudium und seine enorme Neugierde genauer zu betrachten. Bisher haben Einstein-Biografen nicht systematisch die Lern- und Hirnforschung berücksichtigt. Auch ist es wichtig, Einsteins Schulkarriere genauer zu untersuchen, als es bisher geschehen ist.

Ein Konformist ist ein skrupelloser Mensch ohne Werte. Er gehorcht seinen Befehlshabern bedingungslos. Der Konformismus ist auf jeden Fall mehr als der bloße Opportunismus. Ein Konformist muss aber nicht von allen Aspekten einer vorherrschenden Weltanschauung überzeugt sein. Ausschlaggebend ist sein linientreues Handeln. Opportunisten sind diejenigen Menschen, welche sich nach dem Wind orientieren, der gerade weht, und dementsprechend handeln. Dem opfern Opportunisten auch Prinzipien, Werte und menschliche Beziehungen. Das bedeutet immerhin nicht automatisch, dass sie zu Verbrechern werden. In ihrem privaten

Leben mögen sie sich Bereiche bewahren, welche nicht auf der vorherrschenden Linie liegen. Ein Nonkonformist ist ein Mensch mit eigenen Werten und mit einem hohen Bedürfnis nach Autonomie. In der kritischen Distanz zu Normen und Werten einer Gesellschaft hat das Handeln eines Nonkonformisten immer auch etwas Gesellschaftskritisches an sich. An einem Beispiel ist zu zeigen, dass Einstein natürlich zu Zugeständnissen bereit ist, wenn er darin nichts Grundsätzliches sehen will. Als er von Zürich an die Universität Prag zieht, um ordentlicher Professor zu werden, muss Einstein ein religiöses Bekenntnis in seine Anstellungspapiere eintragen. In der Schweiz kann er „ohne Bekenntnis" eintragen. Das ist aber in Österreich-Ungarn nicht erlaubt. Infolgedessen trägt Einstein „mosaisch" als religiöses Bekenntnis ein.[22] Nachfolger an der Universität Prag soll sein Freund Paul Ehrenfest werden. Dieser ist jedoch so prinzipienfest, dass er auf der Bekenntnislosigkeit beharrt. So wird er eben 1912 nicht in Prag, wohl aber an der niederländischen Universität Leiden Professor.[23] Einstein kann erhebliche Zugeständnisse machen. Dies betrifft auch den Pazifismus. Er kann gleichzeitig gegen den deutschen U-Boot-Krieg im Ersten Weltkrieg sein und ab Sommer 1918 die Ortungsfähigkeit von U-Booten und generell von Schiffen der deutschen Flotte durch technische Neuerungen verbessern helfen. Hier geht es um Einsteins Mithilfe bei der Innovation des so genannten Kreiselkompasses für die Navigation. 15 Jahre lang bringt ihm diese Arbeit beträchtliche Einkünfte und Vorteile. Einstein ist also nicht der Idealtyp eines reinen Nonkonformisten. Widersprüche und Ambivalenzen machen seine Persönlichkeit vielschichtiger und interessanter.

Hat Albert Einstein in der Physik eine „Revolution des Denkens" bewirkt? Die Frage zu stellen, heißt sie beantworten. Ein Teil von Einsteins „Allgemeiner Relativitätstheorie" war die Vorhersage der Lichtablenkung des Sternenlichts im Schwerefeld der Sonne bei einer Sonnenfinsternis. Sie beträgt nach Einstein „den doppelten Wert von 1,7 Bogensekunden".[24] Exakt dieser Wert wird 1919 von englischen Astronomen gemessen. Öffentlich bekannt gegeben wird dies am 6. November 1919 in London. Fortan wird Einstein zum Wissenschaftsstar. Warum gerade Einstein im Gegensatz zu vielen anderen hochbedeutsamen Wissenschaftlern zum Star werden kann, wird zu zeigen sein. Weil er zeitlebens nicht nur eigenständig gedacht, sondern auch eigenständig politisch gewirkt hat, wird er heute vielfach als „Jahrhundertgenie" empfunden. Ein reiner Fachexperte – so revolutionär seine Forschungsergebnisse wären – hätte nicht weltweit derart überragend Beachtung als „Genie" gefunden. Dabei gilt es zu klären: Wie entstehen breite Identifikationsflächen, die es ermöglichen, Einstein als Star zu feiern? Und dann: Ist der Geniebegriff dazu geeignet, Albert Einstein als Star zu erklären? Einsteins Meinung war nicht nur in Fragen der Physik gefragt. Nein, auch in Fragen der Politik und Ethik. Für die demokratischen Politiker der Weimarer Republik ist es vorteilhaft, dass Einstein zugleich Deutscher und Schweizer ist. Er ist in Deutschland angesehen, aber auch in Siegerstaaten wie England und Frankreich, zudem in neutralen Staaten wie der Schweiz oder den Niederlanden. Weil er während des Ersten Weltkriegs offen zum Pazifismus gestanden hat, ist er nach Kriegsende glaubwürdig und kann nicht als Kriegstreiber abqualifiziert werden. Einstein zählt 1914 nicht zu den Unterzeichnern des Aufrufs deutscher Wissenschaftler zur Unterstützung des „vaterländischen Kriegs" als „Verteidigungskrieg". Er gilt in der Öffentlichkeit als Pazifist ohne Wenn und Aber. Sein Kreiselkompass-Engagement spielt in der Öffentlichkeit keine Rolle. Ob die internationale Presse daran Anstoß genommen hätte, wäre es bekannt geworden, bleibt offen.

Bisherige Einstein-Biografen haben genug Interessantes für den Autor übrig gelassen. Trotzdem bleiben weiterhin Rätsel und Lücken in der Überlieferung. Der Autor dieses Buches kann nur auf dem gegenwärtigen Forschungsstand und der übrigen relevanten Literatur urteilen. Das Großprojekt der „Collected Papers and Correspondence of Albert Einstein" (CPAE) sorgt mit dem Erscheinen jedes neuen Bandes für Innovation. Der Autor weiß, dass bisherige Einstein-Biografen wie Jürgen Neffe (2005), der US-Amerikaner Fritz Stern (1999), Albert Fölsing (1993), die Engländer Roger Highfield und Paul Carter (1993), aber auch Frank Steiner (2005), Walter Isaacson (2007) und viele andere vor einem Problem standen, vor der überbordenden Fülle der Themen und des Materials. Angesichts dessen muss jeder Einstein-Biograf klare Akzente setzen. Die genannten Autoren sind Wissenschaftsjournalisten und/oder Physiker oder im Fall von Fritz Stern Historiker. Ein sehr gutes Fehler-Management betreiben die wechselnden Teams des Großprojekts „The Collected Papers and Correspondence of Albert Einstein", das in Princeton, New Jersey, USA seit 1987 veröffentlicht wird. Der Gedanke an das Fehlermanagement des Physikers Albert Einstein hilft weiter. Wenn er eigene Fehler erkennt, dann bekennt Einstein sie freimütig und öffentlich.

Auf Italienisch heißt es „cercare la mamma". Im Fall von Albert Einstein heißt „cercare la mamma", danach zu fragen, welchen Einfluss seine Mutter Pauline Einstein (geb. Koch) auf die Bildung seiner Persönlichkeit gehabt hat. Keinen geringen. Noch der erwachsene Einstein erweist sich als von der Mutter geprägt. Der französische Imperativ „cherchez la femme" west auf den privaten Albert Einstein hin. Da gibt es den erlebnishungrigen Einstein. Er beansprucht offenbar früh für sich Freiheit in Bezug auf Affären. In seinem Bestreben, sich nicht als Person in Besitz nehmen lassen zu wollen, bleibt sich Albert Einstein fortan treu. Mit der ersten und der zweiten Ehe hat Einstein ein Versprechen eingelöst, er ist also einer „Pflicht" nachgekommen, um das mit seinen eigenen Worten zu sagen. Sollen wir sagen: Der Nonkonformist Einstein unterwirft sich den Konventionen seiner Zeit? Das dürfte zutreffen, zumal in der ersten Ehe Söhne und in der zweiten Ehe unverheiratete Stieftöchter im Spiel sind.

Natürlich sagt Einsteins Liebe zu seiner Mitstudentin und späteren Frau Mileva Marić etwas über den Menschen Albert Einstein aus. Und natürlich ist es bedeutsam, dass seine zweite große Liebe, nämlich Cousine Elsa Löwenthal (geb. Einstein) im Gegensatz zu Mileva Jüdin ist und nicht studiert hat. Wie wichtig Einsteins zahlreiche Affären sind, wird zu klären sein. Sie belasten auf jeden Fall Einsteins Beziehungen zu Mileva und Elsa. Aber beide Gattinnen bleiben bei ihrem Mann.

Und der macht keine Anstalten, sich von Elsa zu trennen. Von Mileva dagegen trennt er sich 1914 energisch. Der Historiker sollte bei der Betrachtung von Paarbeziehungen nicht moralisieren. Er hat zu erklären, was wann warum geschieht. Mitunter hat er zu beurteilen und zu bewerten. Er hat aber nicht zu bewerten, was richtig und was falsch oder was gut oder schlecht ist. Es steht dem Historiker gut an, auf eine gewisse Äquidistanz zu den vorkommenden und handelnden Personen zu achten. Etwas Neues über Albert Einstein herauszufinden, bedeutet bisher Unbekanntes durch Forschung zu heben. Es bedeutet mitunter aber auch, die Geschichte hinter der Geschichte zu erzählen. Jürgen Neffe war für seine Biografie darauf angewiesen, Zeitzeugen und Zeitzeuginnen zu befragen, um mehr über Einsteins Affären ab 1919 zu erfahren. Er hat die Informationen mutmaßlich diskret erhalten, ohne dass er nachher Namen und Zeitpunkt genannt hat, wie dies in wissenschaftlichen Untersuchungen üblich ist. Im vorliegenden Buch wird Einsteins Liebesaffäre mit Betty Neumann 1923/24 behandelt, auf der Grundlage von 14 Einstein-Briefen, die erst 2015 erschienen sind. Was dabei herauskommt, ist unterhaltsam und wissenschaftlich belegt. Erst 2015 hat das Historische Museum der Stadt Bern gut 20 Briefe Einsteins an seine Jugendliebe Marie Winteler aus Aarau der Öffentlichkeit vorgestellt.[25] Was wirklich zwischen Einstein und seiner Jugendliebe geschehen ist, bedarf sorgfältiger Prüfung. Erst etwa 1919 ist Albert Einstein dazu übergegangen, Affären recht offen auszuleben und auf seine zweite Frau Elsa kaum noch Rücksicht zu nehmen.

Man darf auf Ambivalenzen und Widersprüche in Einsteins Handeln hinweisen. Sicher auch auf Spannungsfelder, auf die er reagiert. Einstein soll weder zum makellosen Helden noch zum Heiligen und auch nicht zum „Genie" stilisiert werden. Einstein hat auch dunkle Seiten. Das macht ihn menschlich und interessant. Die Frage nach den Ursachen von Einsteins Handeln muss stets von Neuem gestellt werden. Was er erlitt, vor allem die Ermordung vieler Verwandter, Freunde und Bekannter durch den Holocaust der deutschen NS-Diktatur, prägt sein Denken in Bezug auf das institutionalisierte Deutschland stark. Mit ihm will er nach Kriegsende schlichtweg nichts mehr zu tun haben.

Einstein selbst hat einmal gesagt, es käme darauf an, was und wie er gedacht habe, aber nicht auf das, was er getan und erlitten habe. So gut wie alle Einstein-Biografen setzen sich über diese Aussage hinweg. Eine Biografie wird immer mehr bieten als das, was Einstein gefordert hat. Nämlich die Frage stellen nach den Ursachen für Erfolge, aber auch für Misserfolge. Angesichts der eklatanten Brüche in der Geschichte der ersten Hälfte des 20. Jahrhunderts ist anderes nicht sinnvoll. In diesem Buch werden viele neue Nachrichten über die von Albert Einstein während der Nazi-Diktatur geretteten nahen Verwandten und ihre Nachkommen in den USA erfasst. Besondere Bedeutung kommt dabei der systematischen Auswertung des Nachlasses eines der von Albert Einstein vor dem Holocaust Geretteten zu. Alfred Moos hat einen bedeutenden Nachlass hinterlassen. Er befindet sich heute im Dokumentationszentrum Oberer Kuhberg Ulm.

Sag mir, wer deine Freunde sind, und ich sage dir, wer du bist. Dazu wird es vieles zu erläutern geben. Sag mir, in was für einem Haus du wohnst, und ich sage dir, wer du bist. Warum hat Einstein nicht wie sein Freund, der physikalische Chemiker Fritz Haber, in einer Villa in Berlin-Dahlem gewohnt? Warum erwirbt er erst 1935 in Princeton ein Haus, in dem er ständig wohnt? Es gibt Antworten auf die beiden Fragen. Dafür müssen Einsteins besondere Lebensumstände betrachtet werden. Noch spannender ist es allerdings, der Frage nachzugehen, warum Einstein als Physiker in seinen letzten Jahrzehnten ein Stück weit vereinsamt. Und da geht es dann um zwei Fragen: Was denkt Einstein über die Quantentheorie, also über die seit Mitte der 1920er-Jahre moderne Physik? Und wie hat er dazu Stellung genommen?

Methodisch gesehen wurden für die Erforschung von Einsteins Verwandten zunächst möglichst vollständige Lebensdaten der nahen Einstein-Verwandten ermittelt, und dies über die Daten in der Einstein-Veröffentlichung des Stadtarchivs Ulm von 1979 hinaus. Dafür wurden in Ulm und anderswo Familienregister herangezogen. Ergiebig für die Koch-Verwandten waren darüber hinausgehende Recherchen in den Stadtarchiven von Stuttgart für Cannstatt und in Hechingen/Hohenzollern sowie in Zürich, München und Berlin. Für Ulm wurden zudem systematisch die Adressbücher ausgewertet. Hinzu kommen für Ulm die Gewerbesteuerakten, welche für die Zeit von 1877/78 bis 1921 erhalten sind und Rückschlüsse auf den wirtschaftlichen Erfolg der betroffenen Personen erlauben.

Der Autor orientiert sich an zwei deutschsprachigen Einstein-Biografien. Albrecht Fölsings Einstein-Biografie ist 1993 erschienen, 1998 auch in englischer Sprache. Sie bleibt wegen des enzyklopädischen Charakters weiterhin unverzichtbar. Das ist schlüssig, denn Einstein starb 1955. 2019 wird Einstein vor 140 Jahren geboren sein. Der ehemalige Spiegel-Journalist Jürgen Neffe hat drei Jahre seines Lebens an seiner Einstein-Biografie gearbeitet. Sie ist 2005 erschienen. Neffe hat sehr viele Zeitzeugeninterviews geführt und schreibt von allen Biografen mit Abstand am pointiertesten. Seine Zeitzeugeninterviews sind in der Regel weder datiert noch mit Namen und Wohnorten der Zeitzeugen versehen. Diese Arbeitsweise hat natürlich auch Vorteile, weil die AuskunftgeberInnen geredet haben und sicher sein konnten, anonym zu bleiben. Für Vorgänge in den USA ergiebig ist die 2007 erschienene Einstein-Biografie des amerikanischen Journalisten Walter Isaacson.

Neu im vorliegenden Buch ist die systematische Untersuchung von Albert Einsteins Nonkonformismus. Thomas de Padova verwendet das Wort „Nonkonformist" in seiner 2015 erschienenen Monografie über die Jahre 1914 bis 1918 in Bezug auf Albert Einstein ein einziges Mal.[26] Er schildert Einsteins mutige Standfestigkeit während des Ersten Weltkriegs, sich mit seiner pazifistischen Haltung gegenüber den kriegsbejahenden nationalistischen Kollegen und den Eliten des Deutschen Reichs zu behaupten. Er zeichnet den Weg zur Allgemeinen Relativitätstheorie nach.

2015 ist ein Sonderheft der deutschsprachigen Zeitschrift „Spektrum der Wissenschaft" erschienen. Es hat das Thema „Einsteins neue Weltordnung. 100 Jahre allgemeine Relativitätstheorie". Darin befinden sich bedeutende Beiträge von zahlreichen prominenten Autoren, z. B. den beiden Professoren für Wissenschaftsgeschichte Michael Jannsen (Minneapolis) und Jürgen Renn (Berlin)[27], aber auch der Theoretischen Physiker Brian Green (Columbia University in New York)[28] und Joseph Polchinski (University of California in Santa Barbara).[29] Aktuell bietet das Heft in deutscher Sprache auf weniger als hundert Seiten den besten Überblick zu Einsteins Revolution des physikalischen Weltbilds und seiner Aktualität, welche in die Zukunft der Physik hineinreicht.[30]

Über seinen Tod hinaus lohnend bleibt die intellektuelle Auseinandersetzung mit Einsteins Theorien, seinem Denken und seinem Leben. Allerdings verdrängen bisweilen vorgefasste Bilder den wahren Albert Einstein. Das ikonografische Motiv ‚Albert Einstein mit herausgestreckter Zunge' ist mittlerweile vollständig abgenutzt. Weil es kein Patent darauf gibt, darf man das Motiv getrost dem Kommerz überlassen. Wer will schon Spielverderber sein ob solcher Späße? Allerdings lohnt sich der unverstellte Blick auf den tatsächlichen Albert Einstein. Wie kommt es zu dem Foto, auf dem Einstein die Zunge herausstreckt? Den ganzen Tag über fotografieren ihn die Fotografen. Und dann geht das am Abend weiter, als Einstein bereits zum Wegfahren im Fond eines Autos sitzt. Und da streckt er der ‚Meute' die Zunge heraus. Einsteins Verhältnis zu Reportern und Fotografen war ambivalent. Auf die Frage nach seinem Beruf antwortete Einstein einmal, er sei Fotomodell.

Albert Einstein war ein brillanter Physiker und trotz dunkler Seiten ein großartiger Mensch. Seine wichtigsten Theorien sind längst Lehrbuchwissen und nicht widerlegt. Sie enthalten eine Dynamik, die sich durch Entdeckungen stets neu beweist. Was Einstein an ethischem Denken und Handeln hervorgebracht hat, bleibt aktuell.

1902–1914
Karriere und Leben vor dem Ersten Weltkrieg

1913: Entscheidung für Berlin

1913 fällt Albert Einstein die wichtigste Karriereentscheidung seines Lebens. Er nimmt sich nur einen Tag Bedenkzeit. Am 13. Juli 1913 steht er im Zürcher Hauptbahnhof und winkt den Berliner Professoren Max Planck und Walther Nernst mit einem weißen Taschentuch. Das ist das verabredete Zeichen, dass er das Angebot einer Professorenstelle in Berlin annimmt. Den beiden Berliner Wissenschaftlern gelingt es, den Physiker, auf den sie weltweit ihre besten Hoffnungen setzen, in der deutschen Hauptstadt zu verpflichten.[31] Einstein ist 34 Jahre alt. Der Höhepunkt seiner Schaffenskraft ist noch nicht überschritten. Bis 1925 bewegt sich Einstein in seinen Forschungen auf höchstem Niveau, gemessen an herausragenden Physikern seiner Zeit.[32] Das Ja zu Berlin verheißt eine Berufskarriere: Einstein wird an der Friedrich-Wilhelm-Universität Berlin einen ordentlichen Lehrstuhl mit besten Zukunftsaussichten, jedoch ohne jegliche Lehrverpflichtungen übernehmen. Das ist ausschlaggebend für Einsteins Zustimmung, denn in Zürich fordern ihn die Pflichten der Lehre zu stark. Sein Ziel ist es, die Allgemeine Relativitätstheorie weiterzuentwickeln. Das gelingt 1915 in Berlin. Eingestellt wird Einstein von der Preußischen Akademie der Wissenschaften. Es werden ihm 12.000 Mark jährlich zugesagt.[33]

**Bis 1912: Einsteins Kontakte zu Berliner Wissenschaftlern –
1902–1909 Arbeit am Patentamt in Bern**

Auf Albert Einstein wird man in Berlin schon Jahre vorher aufmerksam. Ausschlaggebend sind dabei die drei grundlegenden Arbeiten des Jahres 1905 und davon insbesondere die Spezielle Relativitätstheorie. 1907 sendet Max Planck als Kundschafter seinen Assistenten Max Laue (1879–1960)[34] nach Bern. Der ist erstaunt, denn das Patentamt befindet sich im gleichen Gebäude wie das Postamt und Einstein ist kein „Professor", sondern ein junger, wenig auffälliger Mann.[35] Einstein erhält Dienstbefreiung und spaziert mit Laue durch Bern. Es folgt ein höflicher Briefwechsel, aber kein Stellenangebot aus Berlin.[36]

Vermutlich beginnt Albert Einstein vor seinem Bern-Besuch den Briefkontakt mit Laue. Von den Berliner Physikern hat Einstein den nachweislich ersten Kontakt zu Max Planck (1858–1947). Planck ist der Herausgeber der „Annalen für die Physik". Einstein schreibt bereits Ende April 1906 an seinen Freund Maurice Solovine (1875–1958): „Meine Arbeiten finden viel Anerkennung und geben Anlass zu weiteren Untersuchungen. Professor Planck schrieb mir neulich darüber."[37] Einstein ist Planck für sein frühes Werben dankbar. Er verdankt ihm die rasche Verbreitung seiner Ideen unter Fachkollegen.[38] Später werden sie Freunde und duzen sich. Laue schreibt Einstein aus Berlin bereits am 2. Juni 1906. Sie tauschen ihre Veröffentlichungen in Gestalt von Korrekturbögen aus und informieren einander zum frühestmöglichen Zeitpunkt.

Einsteins Brief vom 6. Juni 1907 [39] beantwortet Planck zustimmend: „Solange die Vertreter des Relativitätsprinzips [unter ihnen Planck] noch ein so bescheidenes Häuflein bilden wie es jetzt der Fall ist, ist es von doppelter Wichtigkeit, dass sie untereinander übereinstimmen." [40] Die Korrespondenz zwischen Planck und Einstein beginnt wohl schon früher, ist aber nicht erhalten.[41] Planck bejaht früh die Richtigkeit der Einstein'schen Speziellen Relativitätstheorie. Er sieht es als seine Aufgabe an, dafür zu werben. Im April und Mai 1909 hält er an der Columbia University in New York acht Vorlesungen über den Stand der Theoretischen Physik, die bald danach veröffentlicht werden.[42]

Einstein ist am 16. Juni 1902 für 3.500 Franken im Jahr beim Patentamt in Bern als Experte III. Klasse angestellt worden. Am 20. September 1904 wird sein Gehalt auf 3.900 Franken im Jahr erhöht.[43] Nun kann er den Unterhalt für die Mutter in Höhe von 100 Franken jährlich, den er seit Mitte 1904 an seinen Onkel Rudolf Einstein (1843–1927) zu zahlen hat, leicht verkraften. Am 27. April 1906 erhält Einstein die Nachricht, dass er zum Experten II. Klasse rückwirkend ab 1. April 1906 ernannt worden ist. Sein Jahresgehalt steigt auf 4.500 Franken.[44] Sein Vorgesetzter Friedrich Haller (1844–1936) schätzt Einsteins ausgezeichnete Arbeit. Wenn er Einstein bei der Arbeit mit physikalischen Notizen beschäftigt sieht, ignoriert er dies großzügig. Maurice Solovine teilt dazu einen Einstein-Ausspruch mit: „Wann immer jemand kam, kramte ich meine Notizen in die Schublade und gab vor, mich mit Dienstgeschäften zu befassen." [45] Einstein leistet die Arbeit als Experte am Patentamt in Bern gern und erfolgreich und vernachlässigt sie zu keinem Zeitpunkt. Er hat 48 Stunden in der Woche zu arbeiten. Von daher ist sein „Erholungsbedürfnis" verständlich. Einstein kann aber deutlich mehr als acht Stunden am Tag arbeiten und konzentriert nachdenken. So ist seine kreative Eruption des Jahres 1905 zu erklären.

1909–1911: Einsteins Karriere als Physiker in Bern und Zürich

Am 30. April 1905, im so genannten „annus mirabilis", beendet Einstein seine Dissertation.[46] Am 20. Juli 1905 legt er sie dem Dekan der Philosophischen Fakultät der Universität Zürich vor.[47] Sie wird angenommen. Der Titel lautet „Eine neue Bestimmung der Moleküldimensionen". Einstein besucht die Naturforscherversammlungen von 1906 bis 1908 nicht; er hat im Jahr nur 14 Tage Erholungsurlaub. Offensichtlich will er erst als berufener Professor vor die

Fachkollegen treten. Am 17. Juni 1907 verweigert die Universität Bern Einstein die Habilitation ohne Habilitationsschrift. Einstein hält danach die Form ein. Nachdem er die Habilitationsschrift vorlegt[48] und eine Probevorlesung hält, wird er am 22. Februar 1908 Privatdozent an der Universität Bern. Aber erst am 7. Mai 1909 wird er zum außerordentlichen Professor für Theoretische Physik an der Universität Zürich berufen. Er tritt die Stelle am 15. Oktober 1909 an. Als Gehalt erhält er genauso viel wie zuvor am Patentamt in Bern, nämlich 4.500 Franken im Jahr. Max Planck ist der erste, der in einer Veröffentlichung auf Einsteins Ideen eingeht.[49] Der österreichische Physiker und spätere sozialistische Politiker Friedrich Adler (1879–1960) nennt Einstein in Zürich 1909 einen extrem unabhängigen Geist. Einsteins Nonkonformismus beruhe auf innerer Sicherheit, nicht auf Arroganz.[50]

Im September 1909 nimmt Einstein an der Salzburger Naturforscherversammlung teil. Er hält einen der großen Vorträge. Erst jetzt lernt Einstein Max Planck persönlich kennen. Namentlich der Münchner Professor für Theoretische Physik Arnold Sommerfeld (1868–1951) findet Gefallen an Einsteins Ideen. Einstein und Sommerfeld korrespondierten bereits vor der Salzburger Tagung.[51] In einem Brief an seinen engen, lebenslangen Freund Michele Besso (1873–1955)[52] vom 17. November 1909 beschreibt Einstein seinen inneren Zwiespalt zwischen Lehre und Forschung an der Universität Zürich: „Ich bin sehr beschäftigt mit den Vorlesungen, sodass meine wirkliche freie Zeit weniger ist als in Bern. Aber man lernt viel dabe[i]."[53] Immerhin stellt er sechs Wochen später Besserung fest: „Jetzt geht mir die Schulmeisterei besser und macht mir viel Freude."[54] Im Jahr darauf, im Juli 1910, besucht Sommerfeld Albert Einstein eine Woche lang in Zürich. Einstein schreibt, Sommerfeld habe sich, „ganz anders als Planck, in weitgehendem Masse (s)einen Gesichtspunkten über die Anwendung der Statistik [in der Quantenfrage] angeschlossen."[55] 1920 bemerkt Einstein, „dass diese Persönlichkeit für mich aus Gott weiss was für einem unterbewussten Grunde etwas nicht ganz Reines im Klang hat".[56] Mutmaßlich zeigt Hendrik Antoon Lorentz (1853–1928)[57], der Einstein nahe stehende Physiker an der Universität Leiden, ihm jenen Brief, in dem sich Sommerfeld 1907 Lorentz gegenüber antisemitisch über Einstein geäußert hat: „Jetzt aber warten wir alle sehnlichst, dass Sie sich einmal zu dem ganzen Complex der Einstein'schen Abhandlungen äussern. So genial sie sind, so scheint es mir doch in dieser unkonstrui[e]rbaren und anschauungslosen Dogmatik fast etwas Ungesundes zu liegen. Ein Engländer hätte schwerlich diese Theorie gegeben; vielleicht spricht sich hierin, ähnlich wie bei Cohn, die abstrakt-begriffliche Art des Semiten aus. Hoffentlich gelingt es Ihnen, dies geniale Begriffs-Skelett mit wirklichem physikalischen Leben zu erfüllen."[58] Allerdings schreibt Einstein Sommerfeld noch im Januar 1909 freundlich und voller Vertrauen.[59]

Abb. 03
Gruppenbild mit Marie Curie: Der erste Solvay-Kongress in Brüssel, 1911. Albert Einstein in der zweiten Reihe von rechts ganz vorn, Max Planck in der zweiten Reihe zweiter von links. In der Mitte (v.l.n.r.) Walther Nernst, H.A. Lorentz und der Finanzier des Kongresses, der belgische Chemiefabrikant Ernest Solvay (1838–1922), rechts außen der Pariser Physiker Paul Langevin (1872–1976).

Arnold Sommerfeld bildete als Ordinarius für Physik eine große Schule von Wissenschaftlern aus. Das anerkennt Einstein respektvoll. Sommerfeld ist als langjähriger Präsident der Deutschen Physikalischen Gesellschaft einer der prominentesten Physiker in Deutschland. Jedoch erhält er nie den Nobelpreis, obwohl er dafür so oft wie kein anderer Physiker vorgeschlagen wird. Möglicherweise fühlt er sich benachteiligt. Sein Handeln ist nicht zu allen Zeiten vom Antisemitismus bestimmt. Sonst hätte er 1909 nicht den jüdischen Österreicher Paul Ehrenfest (1912–1933; geb. 1880) als Nachfolger von Lorentz an der Universität Leiden in den Niederlanden empfohlen.[60]

Im März 1910 besucht Walther Nernst (1864–1941), einer der großen Berliner Wissenschaftler, Einstein in Zürich während der Semesterferien. Nernst erkennt als erster die Bedeutung von Einsteins „Theorie der spezifischen Wärme fester Körper". Fortan hat Einstein in Berlin neben Max Planck einen zweiten Fürsprecher. Und nun wissen die Zürcher, dass der außerordentliche Professor für theoretische Physik Albert Einstein ein Meister seines Fachs sein muss. In Berlin erhofft man von Einstein eine wissenschaftliche Leistung, die eine „neue Theorie der Materie und ihrer Wechselwirkung mit der Strahlung" aufstellen wird.[61] Das Hauptinteresse richtet sich also keinesfalls auf Einsteins Hauptgebiet, die Relativitätstheorie.

1911 lernen Albert Einstein und Fritz Haber[62] einander kennen. Anlässlich der Karlsruher Naturforscherversammlung vom 24. bis 29. September 1911 trifft Einstein seinen späteren Freund Haber. Dieser ist Direktor des Berliner Kaiser Wilhelm-Instituts für physikalische Chemie und Elektrochemie und beschäftigt sich aktuell mit den Quantenvorstellungen. Erst Sommerfeld überzeugt Haber, dass der Quantenvorstellung die Zukunft gehöre. Seinen Mitarbeitern gibt Haber den „wissenschaftlichen Freiraum, eigenverantwortlich in den Bahnen der modernen Physik zu forschen"[63]. Allerdings meint Einstein, dass Haber „mit gar zu wenig Kritik verfährt und gar zu wenig auf die Vernunft Rücksicht nimmt."[64] Margit Szöllösi-Janze urteilt, Einstein habe den Kernpunkt von Habers Argumentation ganz verworfen.[65] Einstein beginnt eine Korrespondenz mit Haber.[66] Haber antwortet freundlich und erklärt, er habe in seiner neuesten Veröffentlichung mehrfach Bezug auf Einstein genommen. Das Gespräch mit ihm bei dem gemeinsamen Freund August Marx in Karlsruhe sei für ihn „sehr belehrend" gewesen.[67] Es ist von einem regen Briefwechsel zwischen Einstein und Haber auszugehen.[68] Als Einstein nach Berlin kommt, ersetzt das direkte Gespräch die Briefe.

1911/12: Professor in Prag – 1912–1914 Lehrstuhlinhaber in Zürich

Noch bevor Einstein am 3. April 1911 nach Prag zieht, besucht er sein Physikeridol Hendrik Antoon Lorentz in Leiden. Einstein wird von seiner Ehefrau begleitet. Lorentz und Einstein verbindet fortan eine Freundschaft. Nun kommt Einstein fast jedes Jahr nach Leiden. Nach Lorentz' Emeritierung übernimmt Einsteins Freund Paul Ehrenfest den Lehrstuhl. Einen großen Auftritt unter Fachkollegen hat Einstein auf dem ersten Solvay-Kongress der Physiker in Brüssel vom 30. Oktober bis 3. November 1911. Sein souveräner Vortrag kommt gut an, seine Diskussionsbeiträge werden als erfrischend direkt empfunden.[69] Fortan ist Einstein berühmt.[70]

Marie Curie ist 1911 bereits ordentliche Professorin für Physik an der Sorbonne. 1911 erhält sie als erste Person zum zweiten Mal den Nobelpreis, dieses Mal für Chemie für die Entdeckung der Stoffe Radium und Polonium. Bereits 1903 hatte sie zusammen mit ihrem Mann Pierre Curie und Henri Becquerel den Nobelpreis für Physik für die Entdeckung von Strahlungsphänomenen erhalten. Im August 1913 verbringt Einstein einige Urlaubstage mit Marie Curie im Engadin mit Familienangehörigen beider Seiten. Insgeheim äußert sich Einstein kritisch über Marie Curie und ihre beiden Töchter mit Gouvernante. Marie Curie schimpfe die ganze Zeit. Sie sei ein Mensch wie Essig. Die ältere Tochter sei ähnlich, aber hochintelligent wie die Mutter.[71] Marie Curie hat offenbar viele Gesichter. Sie muss sich als Frau gegenüber der männlichen Übermacht bewähren. 1911 übersteht sie den Presseskandal um das Bekanntwerden ihrer Liebesaffäre mit Paul Langevin.[72] Den Nobelpreis für Chemie erhält sie 1911 dennoch. Sie macht die Trennung von Beruf und Privatleben geltend. Einsteins Urteil über Marie Curie vor den Engadin-Tagen fällt noch positiv aus: „Sie ist eine schlichte, ehrliche Person, der ihre Pflichten und Lasten fast über den Kopf wachsen. Sie hat eine sprühende Intelligenz, ist aber trotz ihrer Leidenschaftlichkeit nicht anziehend genug, um jemand gefährlich zu werden."[73]

Einstein ist seit 1. April 1911 ordentlicher Professor an der Universität Prag. Im Alter von 32 Jahren ist das eine beachtliche Leistung. Die Berufung durch Kaiser Franz Joseph II. erfolgte bereits am 6. Januar 1911.[74] Sein Gehalt beträgt etwas mehr als 9.000 Schweizer Franken.[75] 1912 steigen Einsteins Bezüge in Prag auf über 10.000 Franken. Deshalb erhält er auf Veranlassung der Bundesregierung für die Ordinariusstelle an der Zürcher ETH eine jährliche Zulage von 1.000 Franken, um nicht weniger als in Prag zu erhalten. Lehrveranstaltungen braucht Einstein in Zürich nur für die hohen Semester zu halten.[76] Von Prag nach Zürich zieht die Familie am 25. Juli 1912 um.[77] In Zürich unterstützten zwei enge Freunde Einsteins, Heinrich Zangger (1874–1957, Gerichtsmediziner) und Marcel Grossmann (1878–1936, Mathematiker), dessen Rückkehr in die Limmatstadt.[78] Einstein ist glücklich, nach Zürich zu sehr vorteilhaften Bedingungen zurückkehren zu können. Er will von nun an jeden Ruf an eine andere Universität ablehnen.[79]

Treffend charakterisiert 1979 der knapp 90-jährige Experimentalphysiker Walter Gerlach (1889–1979) Einstein, wie er ihn bei der Frühjahrstagung der Deutschen Physikalischen Gesellschaft 1913 in Zürich erlebte: „Man zeigte mir Einstein: unauffällig, etwas lässig in Haltung und Kleidung saß er […] Er unterbrach gelegentlich einen Vortrag mit einer gezielten Frage, er sprach gelegentlich in einer Diskussion mit etwas leiser Stimme mit leichtem süddeutschen Dialekt, auch in der Improvisation klar formuliert. […] Mir fiel seine völlige

Anspruchslosigkeit auf – ‚Sei ein Mann, iss Schübli und rauche Stumpen', sagte man damals in Zürich – und so war er. ‚Ich fahre vierter Klasse und komme auch dahin, wohin ich will'. Er sprach so unbefangen, dass man seine eigene Befangenheit schnell vergaß, sich stets durch Fragen vergewissernd, ob er die Ansicht des anderen richtig aufgefasst habe. Alles schien ihn zu interessieren, er ‚dachte laut nach', eine Ablehnung formulierte er wohlwollend, ihre Schärfe oft durch eine witzige Bemerkung mildernd. Frei von Vorurteil kam es ihm immer einzig und allein auf die Sache an. Jede Überheblichkeit, gar Selbstgefälligkeit – wann und wo auch immer – war ihm fremd, in ihr sah er die Wurzel des von ihm verabscheuten Nationalismus."[80]

Ausstattung der Berliner Professur

1913 kommt es zur konzertierten Aktion der Berliner Physiker und Chemiker, um Einstein nach Berlin zu verpflichten. Szöllösi-Janze weist 1998 nach, dass die Schlüsselrolle dabei Fritz Haber und nicht Max Planck (wie Einstein Professor für theoretische Physik), auch nicht Walther Nernst zukam.[81]

Bei Einsteins Verpflichtung spielt eine Rolle, dass der Berliner Emil Fischer[82] (1852–1919, Professor für organische Chemie) längst auf ihn aufmerksam wurde. Er lässt ihm in den Jahren 1910 bis 1912 eine Unterstützung von 5.000 Reichsmark jährlich zukommen. Sie kommen von Agfa-Chef Franz Oppenheim (1852–1929). Mit ihm sitzt Fischer im Vorstand des „Vereins Chemische Reichsanstalt"[83]. Ausschlaggebend für Einsteins Anwerbung in Berlin sind nicht Einsteins Forschungen auf dem Weg zur allgemeinen Relativitätstheorie. Es sind vielmehr seine Veröffentlichungen zur Wärme- und Strahlungslehre. Sie werden heute als von randständiger Bedeutung angesehen.[84] Sein Besuch in Berlin im Frühjahr 1912 dient dem Zweck, die maßgeblichen Berliner Wissenschaftler persönlich kennenzulernen. Außer von Nernst ist Einstein von den Kollegen sehr angetan: Die „übrigen Kerle in Berlin, Haber, Planck, [Felix] Warburg [1871–1937, jüdischer deutsch-amerikanischer Bankier] & auch [Heinrich] Rubens [1865–1922, experimentelle Physik], sind lauter gediegene feine Kerle".[85] Für Habers Wirken ist es günstig, dass durch den Tod des empirischen Physikers van'Hofft (1872–1911) eine Forschungsprofessur an der Preußischen Akademie für Wissenschaften frei wurde.[86]

Einsteins Stelle wird mit 12.000 Reichsmark[87] dotiert. Damit liegen seine Bezüge um ein Drittel höher als in Zürich. Wenn man alle Zusatzeinnahmen – z. B. Hörer- und Prüfungsgelder – hinzurechnet, entspricht das Angebot dem Einkommen eines durchschnittlichen Ordinarius in Berlin. Davon werden auf zwölf Jahre 6.000 Reichsmark von der Koppel-Stiftung des deutsch-jüdischen Berliner Bankiers Leopold Koppel (1854–1933)[88] gezahlt.[89] Einstein ist die Kofinanzierung durch Koppel bekannt.[90] Das höhere Gehalt ist für Einsteins Entscheidung nicht ausschlaggebend.[91]

Einstein gefällt an Haber nicht, dass „dieser sonst so prächtige Mensch persönlicher Eitelkeit verfallen ist, und zwar sogar nicht einmal von der geschmackvollsten Art." Einstein spricht von einem „Mangel an persönlicher Gediegenheit". Diesen Mangel sieht er als „Civilisation […], aber keine persönliche Kultur". Es bleiben Gemeinsamkeiten, letzten Endes vor allem die Verbundenheit mit den jüdischen Wissenschaftlern und dies, obgleich sich Haber durch seine Konversion zum evangelischen Glauben als voll integrierter Deutscher fühlt. Ansonsten achten die beiden jeweils die wissenschaftliche Leistung des anderen und respektieren die voneinander abweichende politische Meinung.[92]

Berlin ist bis 1914 eine Wissenschaftsmetropole, wie es sie sonst nur in den USA oder in England gibt. Fritz Stern hat in seinem Buch „Einstein's German World" davon gesprochen, Deutschland hätte neben den USA im 20. Jahrhundert ein Goldenes Zeitalter haben können, hätte es nur den Ersten Weltkrieg vermieden.[93] Vier Faktoren bewegen Stern zu seiner These: der jeweils hohe Entwicklungsstand der Wirtschaft, Technik, der Naturwissenschaften sowie der Rüstungstechnik. Stern spricht in Bezug auf Deutschland vor dem Ersten Weltkrieg von einem akademisch-intellektuellen und später einem militärischen Komplex.[94] Berlin ist also ein starker Magnet für Albert Einstein.

Ab 1912: Neue Beziehung zu Elsa Löwenthal (geb. Einstein)

Die Entscheidung im Sommer 1913, ein Dreivierteljahr später nach Berlin zu gehen, verschärft Einsteins familiäre Probleme. Seit Sommer 1913 ist Einstein nicht gewillt, die Beziehung zu seiner Berliner Liebsten Elsa aufzugeben. Dennoch handelt Einstein ambivalent. Er fährt er mit der Ehefrau Mileva und den Söhnen Mitte September 1913 nach Újvidék im damaligen Ungarn, heute Novi Sad in Serbien, um die Schwiegereltern zu besuchen.[95]

Wenig später trifft Einstein in Berlin Cousine Elsa. Sein Herz gehört ihr. Aber er trennt sich noch nicht von seiner Ehefrau. Sein Verhalten ist sowohl gegenüber Elsa als auch gegenüber seiner Mileva zwiespältig. Einstein bleibt von Montag, 16., bis Samstag, 20. September 1913 in Serbien. Man hält sich in Kać auf, wo Milevas Eltern ein Sommerhaus besitzen. Die Eheleute Einstein erleben Anfang April 1914 in Berlin, wie heillos zerrüttet ihre Ehe mittlerweile ist. Nur Wochen später durchleben sie ihre persönliche Julikrise. Währenddessen erlebt Europa in der Julikrise 1914 den Beginn des Ersten Weltkriegs.

Einstein kennt Elsa aus Kindheitstagen. Elsa ist am 18. Januar 1876 in Hechingen / Hohenzollern geboren, dort lebte sie die ersten 23 Jahre ihres Lebens. Sie ist die zweite von drei Töchtern. Die drei Jahre und knapp zwei Monate ältere Elsa kommt häufig zu Verwandtschaftsbesuchen nach München. Vielleicht gibt es auch Besuche bei ihrer Familie in Hechingen, denn Elsas Mutter Fanny (geb. Koch) ist die Schwester von Einsteins Mutter Pauline (geb. Koch). Elsa ist wie Einsteins Mutter eine stolze, etwas füllige Frau. Sie hat in erster Ehe drei Kinder zur Welt gebracht. Elsa ist für Einstein eine selbstbewusste, attraktive Frau. Sie kocht gute schwäbische Küche, die Einstein aus dem Elternhaus schätzt. Sie ist gesellig, hat Familiensinn und man kann gut mit ihr in der Öffentlichkeit auftreten. Elsa ist heiter aus sich selbst heraus und gilt als vergnügungsfreudig. Das macht sie für Einstein umso anziehender, weil seine erste Frau Mileva bis 1914 zunehmend depressiv wird und immer mehr an Selbstbewusstsein verliert. Darin, dass Elsa geschieden ist, sieht Albert Einstein keinen Makel. Am Vorabend des Ersten Weltkriegs besitzt Elsa ein Vermögen von 100.000 Reichsmark.

Zu diesem Zeitpunkt lebt Elsa mit ihren Töchtern bereits in Berlin. Ihre Schwestern Rosa und Paula sind in Berlin mit reichen Ehemännern verheiratet. Man darf annehmen, dass Rudolf Einstein vor dem Verkauf der Hechinger Fabrik im Jahr 1904 öfters mit seiner Frau zu Besuch in Berlin war. 1903 nimmt man im Haushalt von Rudolf und Fanny Einstein die verwitwete und verarmte Mutter von Einstein auf. Diese zieht 1910 mit nach Berlin.

Einstein trifft in Berlin über Elsa und deren Eltern noch einen weiteren Verwandten. Es ist Einsteins verwitweter Onkel Jakob Koch, bei dem 1914 Einsteins Mutter Pauline einzieht. Sie verlässt vorübergehend ihren 1911 vom Sohn verordneten Posten als Haushälterin eines Pensionärs. Pauline ist Jakobs jüngste Schwester.

1902–1914: Einsteins Mutter Pauline (geb. Koch)

Pauline wird 1903 nach dem Tod ihres Ehemanns in Mailand in die Familie ihrer älteren Schwester Fanny Einstein geb. Koch aufgenommen. Deren Ehemann ist der reiche Fabrikant Rudolf Einstein. Er wird 1919 Einsteins Schwiegervater, als dieser dessen Tochter Elsa in zweiter Ehe heiratet. Der Student Einstein nennt Onkel Rudolf Einstein einmal in einem Brief „Rudolf de(n) Reiche[n]"[96]. Rudolf Einstein und Albert Einsteins Vater Hermann (1842–1902) haben den gleichen Großvater, Rupert Einstein (1759–1834) in Buchau.

Einstein zwingt 1911 seine Mutter Pauline dazu, Berlin zu verlassen und damit Schwester Fanny mit ihrem Ehemann Rudolf. Warum muss Pauline Einstein ihre Verwandten in der

Haberlandstraße 5 verlassen?[97] Sie lebt doch seit 1903 bei ihnen. 1911 kommt es wegen Paulines Schulden zur Entzweiung. Pauline spielt aus Sicht ihres Sohnes Albert eine ungute Rolle. Einstein schreibt dazu am 30. April 1912 an Cousine Elsa: „Sich ganz in die Hände von Verwandten zu begeben, ist gefährlich". Er schreibt nicht, was tatsächlich vorgefallen ist. Er habe „früher schmerzlich" darunter gelitten, dass er die Mutter nicht habe lieben können. Natürlich lasse er seine „Mutter nichts merken von den üblen Dingen", die er erfahren habe, denn davon „hätte sie nichts als niederdrückende Scham". Zudem würden sich Menschen im Alter seiner Mutter ohnehin nicht ändern.[98] Einstein wird noch grundsätzlicher. Er beklagt das schlechte Verhältnis zwischen seiner Ehefrau und seiner Mutter sowie seiner Schwester Maja. Unmittelbar darauf beteuert er Elsa seine Liebe.

Albert Einstein benimmt sich der Mutter gegenüber als Chef der Familie. Der Vater ist bereits zehn Jahre tot. In der Anmerkung zu einem Einstein-Brief an Elsa erfahren wir vage von Schulden der Mutter bei dem Schwager Rudolf und der Schwester Fanny Einstein. Offensichtlich geht es um einen nennenswerten Betrag. Die Mutter habe ihre Schuld nicht recht eingestanden und sich ungeschickt verhalten, schreibt der Sohn. Zu vermuten ist, dass Einstein nun, da er zahlungsfähig ist, neuerliche Schulden der Mutter zu begleichen hat. Seitdem er ab 1902 eine feste Anstellung als Experte III. Klasse hat, muss er seinem Onkel Rudolf Einstein den Unterhalt für die Mutter bezahlen. Es ist ungewöhnlich, dass der Sohn die Mutter zu einem fremden Rentier nach Heilbronn schickt, um dessen Haushalt zu besorgen. Er heißt Heinz Oppenheim (1844–1922), ist Witwer und gehört zu der Frankfurter Bankiers-familie Oppenheim. Der Sohn bestimmt, was die Mutter zu tun hat. Sie ist 62 Jahre alt und rüstig. Nun soll sie ihren Lebensunterhalt selbst verdienen und auf keinen Fall neue Schulden machen. Es ging in Berlin offensichtlich um Geld und damit zusammenhängend um Vorwürfe, Einsteins Mutter habe ihre Verwandten in irgendeiner Weise übervorteilt, hintergangen oder gar bestohlen. Nach Zahlung der Berliner Schulden sind Albert Einstein und seine Schwester Maja Winteler nicht mehr dazu bereit, für den Unterhalt der Mutter aufzukommen. Infolge-dessen bleibt es – mit Unterbrechungen – bis etwa zur Apfelernte des Jahres 1919 dabei, dass Pauline Einstein bei Heinz Oppenheim Haushälterin ist.[99] Ihr missfällt die Bezeichnung „Haushälterin" zutiefst. Sie will lieber „Hausdame" genannt werden. Es gelingt Pauline Einstein immer wieder, zeitweise dem Pensionär Heinz Oppenheim zu entkommen. Nach Heilbronn kommt Albert Einstein Anfang Oktober 1913 zu Besuch.[100] Für Einsteins Mutter ist es aus Statusgründen unerträglich, als Angestellte ihren Lebensunterhalt zu verdienen. So war es bereits bei ihrem 1902 gestorbenen Ehemann. Damals half Rudolf Einstein aus Familien-solidarität. Die neue Situation beurteilt er so, dass der Sohn für die Mutter zu sorgen hat.

Die anschließenden Besuche in Ulm und Zürich Anfang Oktober 1913 sind eine Belohnung für das Wohlverhalten der Mutter. Dass Einstein 1911 die Mutter nicht im eigenen Haushalt aufnahm, hat einen Grund. Seine Ehefrau Mileva und Mutter Einstein können einander nicht ausstehen. Für kurze Zeit wird die Mutter im März 1913 nach Zürich geholt, damit sie auf ihre Enkel Hans Albert und Eduard aufpasst. Währenddessen besucht Albert Einstein zusammen mit Ehefrau Mileva Paris. Dort hält er einen öffentlichen Vortrag und trifft Marie Curie.[101] Auch hier fällt auf, dass Einstein seine Ehefrau Mileva nicht unfreundlich behandelt.

Eine private Insolvenz nach BGB gibt es in den ersten Jahrzehnten des 20. Jahrhunderts noch nicht. Pauline wird bis zu ihrem Tod die gemeinsam mit ihrem Mann gemachten Italien-Schulden an Schwager Rudolf Einstein nie mehr los. Dessen ungeachtet gönnt es Einstein seiner Mutter, dass sie Anfang 1914 zu ihrem Bruder Jakob Koch nach Berlin zieht, um ihm dort den Haushalt zu führen. Einsteins Charakterisierung der beiden gegenüber Cousine Elsa ist deutlich: „Beide sind robust, etwas roh und für ihr Alter noch genussfähig."[102] Nachdem Jakobs Frau Julie Anfang 1914 gestorben war, war ihm die Gesellschaft seiner jüngsten Schwester Pauline recht. Paulines Wohlbefinden wurde allerdings durch ein Unterleibskrebsleiden gestört. Der Sohn zahlte die Operationskosten.[103]

7./8. Oktober 1913: Einsteins Ulm-Besuch mit der Mutter

1913 besuchen der Zürcher Professor Dr. Einstein und seine Mutter Pauline am Dienstag, 7., und Mittwoch, 8. Oktober, die Ulmer Verwandten. Sie fahren mit dem Zug von Heilbronn über Stuttgart nach Ulm.

Ulm ist zu dem Zeitpunkt eine Mittelstadt und 1910 die zweitgrößte Stadt in Württemberg mit 56.109 Einwohnern.[104] Der Besuch an den beiden Oktobertagen ist rein privat. Einstein berichtet Elsa am Samstag, 10. Oktober 1913, von Zürich aus.[105] Das Wichtigste erzählt er am Schluss des Briefes. Im Einstein-Haushalt in Zürich spielt sich ein leises Drama ab, denn Einsteins Mutter verachtet ihre Schwiegertochter Mileva Einstein (geb. Marić). Die Antipathie ist gegenseitig. Es ist nicht klar, ob Mileva bereits von der Affäre ihres Mannes mit Elsa Löwenthal in Berlin[106] weiß. Mindestens merkt sie, dass die Beziehung zu ihrem Mann angespannt ist.

Mutter Pauline Einstein billigt die Affäre ihres Sohnes mit ihrer Nichte Elsa Löwenthal. Elsa gibt Einsteins Brief vom 10. Oktober 1913 zufolge „Gutsle" für die Mutter mit. Einstein begrüßt es, dass Elsa sich mit seiner Mutter zu arrangieren bereit ist.[107] Einsteins Mutter darf

Ulm
Situations-Plan
zu dem Baugesuch des
J. Weil, Kaufman
welcher beabsichtigt auf Parz: Nr 65/2 an
der Bahnhof-Straße ein Wohnhaus
zu erbauen.
Neue Bahnhof Strasse
Olga Strasse
Bahnhof-Platz
Russischer Hof
Sprenger
Christoph Seybold, Privatier
Maasstab 1:3125

Gebrochene Ecke
Project
Dachstock
Querschnitt

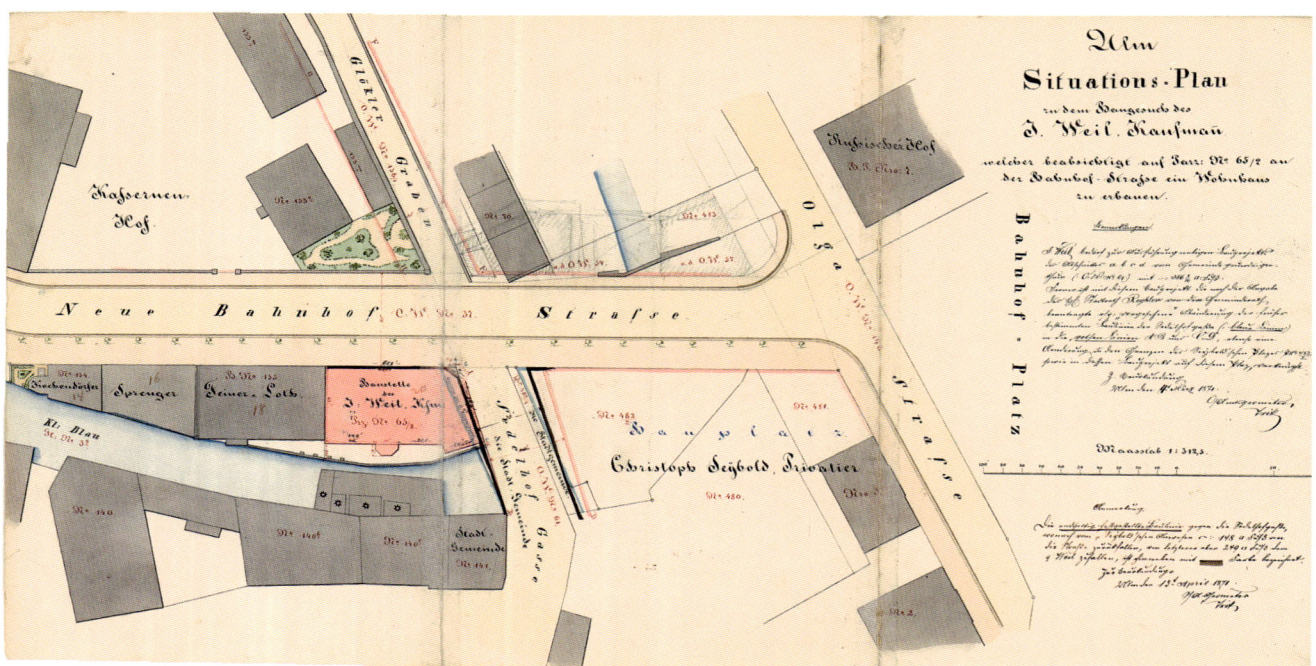

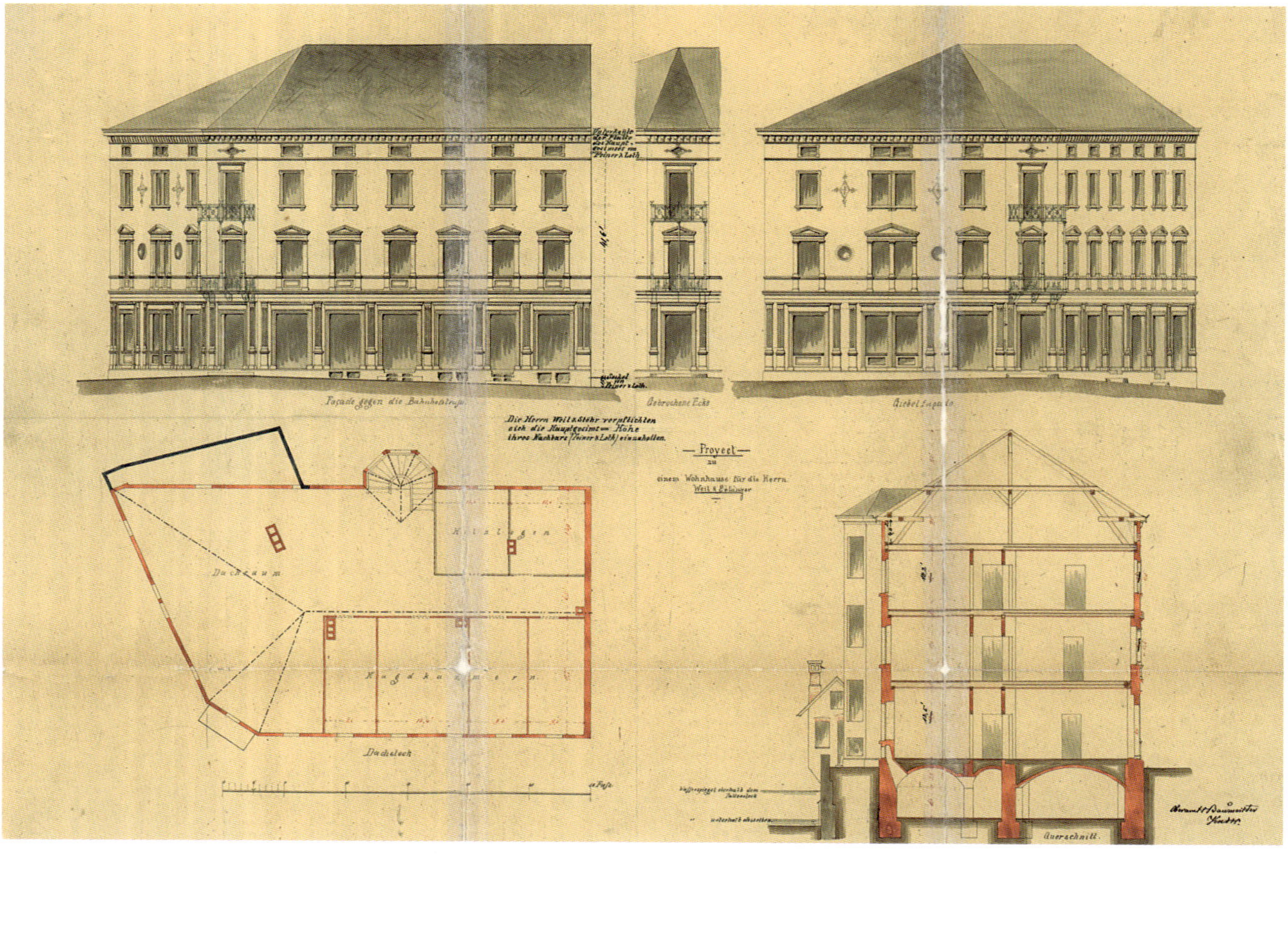

Abb. 04 + 05
Bauakte von Albert Einsteins Geburtshaus
in der Bahnhofstraße 20.

bereits Ende März 1913 die Kinder in Zürich hüten. Trotz der nervösen Atmosphäre genießt es die Mutter nun im Oktober 1913 offensichtlich, in Zürich ihre Enkel zu umsorgen. Sie verhält sich einigermaßen diplomatisch. Leidlich amüsiert beobachtet Einstein im Oktober 1913, wie seine Mutter und seine Ehefrau komisch aneinander vorbeiparadieren: „sie führen einen Eiertanz auf, nicht gerade graziös, aber possierlich".[108] Rückblickend auf das Jahr 1913 schreibt Albert Einstein über die Mutter: „Meine Mutter ist sonst gutmütig, aber als Schwiegermutter der wahre Teufel. Wenn sie bei uns ist, dann ist alles wie von Sprengstoff erfüllt […] Meine Mutter ist in ihrem Hass auch sehr perfid."[109] So brüskiert sie die Schwiegertochter, indem sie zu Weihnachten 1913 einen Brief nur an den Sohn und die Enkel Hans Albert und Eduard schreibt und die Geschenke für die Enkel Einsteins Schwester Maja mitbringen lässt. Mileva schickt daraufhin die Geschenke an die Schwiegermutter zurück und reagiert mit einem „Berserkerbrief" an diese.[110] Einstein sieht das missvergnügt, aber er beherrscht sich und flieht, wie so oft, in die Wissenschaft.[111]

Einsteins Mutter stirbt 1920. Deshalb liegt es nahe, den Besuch im Oktober 1913 mit Einsteins späterer Erwähnung zu verknüpfen, er erinnere sich an sein Geburtshaus, also an das Haus Bahnhofstraße 20.[112] Im ersten Stock wohnt die Witwe des Hauserbauers Kosman Erlanger und im zweiten Stock ihr Sohn, Kaufmann Max Erlanger. Mutter und Sohn Erlanger sind beide Besitzer von Einsteins Geburtshaus. Das Haus Bahnhofstraße 20 ist ein großzügiger ‚Gründerzeitbau' der Jahre 1870 bis 1872[113] und das erste von einem Juden in Ulm im 19. Jahrhundert neu errichtete größere Gebäude. Bis auf Weiteres haben wir mit Einsteins Ulm-Besuch im Oktober 1913 auch die Frage zu verbinden, die seit fast 100 Jahren die Ulmer beschäftigt. In welchem Stock, hinter welchem Fenster und in welchem Zimmer Albert Einstein geboren wurde.[114] Mutter und Sohn wussten es. Aber dieses Wissen ist in Vergessenheit geraten. Man darf man zu Beginn der 1870er Jahre um einen Stock aufstocken. Wer die Aufrisse der Baupläne mit der Bauausführung auf Fotos vergleicht, erkennt, dass der bereits ursprünglich sparsame Dekor reduziert wird. Um zu sparen, lässt man die attikaförmigen Bekrönungen der Fenster im ersten Stock weg, ebenso kleine kreisrunde Fenster auf der Westseite und kleine längsgestreckte rechteckige Fenster zwischen drittem Stock und Dach. An deren Stelle gibt es kleine würfelförmige Vorsprünge, die ein wenig für Zierrat sorgen. Das Gebäude ist ein reiner Zweckbau, als solcher modern, aber architektonisch unbedeutend.

Albert Einstein kam am Freitag, den 14. März 1879, vormittags um 8.30 Uhr zur Welt.[115] Im damaligen Haus B 135^2. Diese Nummerierung wurde 1892 umbenannt in Bahnhofstraße 20. Einstein schreibt in einem launig gehaltenen Brief an Carlos Erlanger am 16. April 1929:

Abb. 06
Das Gebäude Bahnhofstraße 20 in einer historischen Aufnahme.

„Zum Geborenwerden ist das Haus recht hübsch, denn bei dieser Gelegenheit hat man noch keine so großen ästhetischen Bedürfnisse, sondern man brüllt seine Lieben zunächst einmal an, ohne sich viel um Gründe und Umstände zu kümmern."[116] Als ihm Carlos Erlanger 1949 ein Foto mit dem zerbombten Geburtshaus[117] schickt, antwortet Einstein mit dem Satz „Die Zeit hat ihm noch ärger mitgespielt als mir."[118]

Es ist durchaus möglich, dass Mutter und Sohn am 7./8. Oktober 1913 darüber miteinander sprechen, wo genau Albert zur Welt kam. Ulm war Einstein als Kind und junger Jugendlicher, bis zum Alter von 15 Jahren, wohl durch Besuche bei den Verwandten bekannt. Es gibt bisher dafür aber keinen eindeutigen Beweis.

Gewiss macht Einstein der Mutter im Oktober 1913 auf vielerlei Weise Freude. Er besucht ein Fest in Heilbronn. Der Ulm-Besuch scheint ihm nicht übermäßig wichtig zu sein. Für die Mutter dagegen sind der Ulm-Besuch und der sich daran anschließende Besuch in Zürich etwas Besonderes.

Besucht wird Kosman Dreyfus. Der ist Pensionär und verarmt. Einstein beschreibt ihn als einen zerstreuten Alten. Er habe ein genierliches Tänzchen vorgeführt, als es ihm vor Verlassen des Hauses zu einem weiteren gemeinsamen Besuch nicht gelungen sei, einen geeigneten Rock anzuziehen. Es spricht vieles dafür, dass Einstein mit der Mutter bei Kosman Dreyfus übernachtete. In besseren Zeiten hatte Kosman Dreyfus ein auskömmliches Leben. Einstein berichtet Cousine Elsa mehrfach von Kosman Dreyfus' „Unglück". Gemeint ist damit offensichtlich Verarmung.[119] Und doch ist Kosman Dreyfus im 19. Jahrhundert einer der Honoratioren der Stadt. Er ist nämlich Israelitischer Gemeindevorstand von 1868 bis 1891. 1913 wohnt die verwitwete Tochter Anna wieder beim Vater. Albert Einstein sieht sie als derart schwache und erbarmungswürdige Person an, dass er sich vornimmt, später einmal, wenn der Vater nicht mehr lebt, für sie zu sorgen. Und die andere Tochter namens Marie Wessel (geb. Einstein) wohnt allein „in einem Dorf bei Ulm". Ihr bekundet Einstein seine Sympathie. Maries Mann Paul Wessel ist kein Jude. Er sitzt wegen Heiratsschwindels im Gefängnis. Albert Einstein besucht seine Cousine Marie Wessel ohne die Mutter. Die Mutter besucht am Dienstagabend ihre alte befreundete Verwandte Clementine Marx. Diese vermittelt auch jüdische Ehen. Einstein kann sie nicht leiden und vermeidet eine Begegnung.

Eines passt beim Ulm-Besuch von Einstein und seiner Mutter am 7./8. Oktober nicht ins Bild. Einsteins jüngste Tante, Friederike Moos und ihr Mann Adolph Moos, werden nicht erwähnt. Sie sind die Ulmer Verwandten, mit denen Einstein offenbar den engsten Kontakt pflegt. 1910 besucht Onkel Adolph mit seiner Frau Tante Friederike Albert Einstein zu Hause in Zürich. Einstein schreibt wenig später seiner Mutter darüber: „Onkel Adolf [...] ist gar kein so übler Kunde, wie ich ihn aus der Kindheit in Erinnerung habe.[120] Die Familie Moos ist eine geschäftlich erfolgreiche Aufsteigerfamilie. Adolph Moos und seine beiden Söhne Hugo und Carl Moos wohnen in Neubauten in der Neustadt zur Miete. Adolph Moos wohnt komfortabel im Erdgeschoss des Hauses Kasernenstraße 9 (ab Mai 1923 Karl-Schefold-Straße 9).[121]

Er besitzt mitten in Ulm zwei aneinandergrenzende Häuser fürs Geschäft in bester Lage in der Innenstadt. Dort betreiben der Vater und zwei Söhne mit zunehmendem Erfolg ein Geschäft für Weißwaren, Aussteuerwaren, Trikotagen und Unterwäsche, sogar mit Großhandel.

Juli 1914: Trennung von Ehefrau Mileva und den Söhnen

Einsteins Ehe ist vollkommen zerrüttet. Dennoch entschließt er sich, die Trennung noch nicht in Zürich herbeizuführen. Die Trennung erfolgt erst im Sommer in Berlin. Vielleicht hat Einstein die Eheprobleme bis zum Umzug nach Berlin verdrängt. Sicher ist, dass er in Berlin in seiner Situation bei seiner liebsten Cousine Elsa Trost und Rückhalt findet. Einstein kann jederzeit bei Verwandten „abtauchen". Einstweilen freut sich Einstein darüber, dass er zunächst allein nach Berlin kommt, „weil mein + mit den Kindern auf Befehl des Arztes nach Locarno gehen muss zur Erholung".[122] Die Ehefrau ist Einstein also zur Last geworden. Umso liebevoller fällt die Grußformel an Elsa aus: „sei innig geküsst von deinem Albert."[123] Von Mileva berichtet er der Liebsten: „Meine Frau heult mir unausgesetzt vor von Berlin und ihrer Angst vor den Verwandten. Sie fühlt sich verfolgt und hat Angst."[124] Einstein arbeitet auf die Trennung hin, aber in Zürich fehlt ihm noch die letzte Entschlossenheit dazu. Elsa schreibt er, er behandle seine „Frau wie eine Angestellte". Er könne sie allerdings nicht kündigen. Er habe sein eigenes Zimmer und „vermeide es, mit ihr allein zu sein".[125] Was folgt, ist die Trennung zwischen den beiden Eheleuten. Aber erst in Berlin macht Einstein Mileva klar, dass es aussichtslos sei, darauf zu hoffen, weiterhin mit ihm zusammenzuleben. Deshalb kommt er nur selten in die neue gemeinsame Wohnung. Schließlich erscheint er dort drei Wochen überhaupt nicht.

Einstein findet in Fritz Haber einen Krisenmanager und Mediator allererster Güte. Haber weiß zunächst gar nichts von Einsteins zerrütteter Ehe.[126] Seine Vermittlertätigkeit als Wissenschaftsorganisator befähigt Haber, den Eheleuten Einstein nachhaltig zu helfen. Seine eigene Ehe endet am 1./2. Mai 1915 mit dem Suizid der Ehefrau Clara Haber und ist schon in den Jahren zuvor zerrüttet.

1919 erhält Haber für die Ammoniak-Synthese den Nobelpreis für den Fortschritt in der landwirtschaftlichen Düngung. Sie ist aber auch unentbehrlich zur Herstellung von Sprengstoff. Im Ersten Weltkrieg entwickelt Haber verschiedene Giftgase, die trotz massenhaften Einsatzes nicht kriegsentscheidend sind. Später werden sie als Massenvernichtungswaffen geächtet. Für die Eheleute Einstein wirkt Haber allerdings segensreich. Bevor die Geschichte der Trennung mitgeteilt wird, ist Folgendes zu betonen: Mileva wird nach der Trennung ab 1914 sehr gut versorgt. Dies auch 1919 nach der Scheidung, so die Augsburger Familienanwältin Anne-Kathrin Kilg-Meyer.[127]

Abb. 07
Ulm, Stubengasse 1: Hier wohnt Kosman Dreyfus, bei dem Albert Einstein mit seiner Mutter im Oktober 1913 übernachtet.

Abb. 08
Zwei gegensätzliche Freunde: Albert Einstein
und Fritz Haber am 1. Juli 1914 in Berlin.

Mileva fürchtet sich bereits in Zürich vor der Übersiedlung nach Berlin. Einstein bemerkt, dass sie in Cousine Elsa Löwenthal eine Gefahr wittert.[128] Mileva Einstein fährt bereits unmittelbar nach Weihnachten 1913 nach Berlin, um eine passende Wohnung zu finden. Dort wird sie von Fritz Haber und seiner Frau Clara beherbergt.[129] Sie mietet schließlich eine Wohnung in der Ehrenbergstraße 33 in Dahlem für Familie Einstein an. Der Weg in die Schulen der Söhne und für Einstein ins Kaiser-Wilhelm-Institut ist nicht weit. Dort ist sein Büro.

Anfang März 1914 werden in Zürich die Möbel der Familie Einstein verladen. Einstein verbringt Ende März eine Woche in Leiden. Am 29. März trifft er in Berlin ein.[130] Ende Mai kommen Paul und Tatjana Ehrenfest zu Besuch. Ehrenfest weiß Bescheid über Einsteins Liebesbeziehung zu Elsa. Er kennt die Gründe, warum Mileva geradezu depressiv wirkt. Mileva wünscht keinerlei Kontakt zu Einsteins Verwandten in Berlin. Für sie wird der Zustand unerträglich. Deshalb nimmt sie Mitte Juli 1914[131] „wegen der anhaltenden Aufregungen [...] für kurze Zeit" das Angebot der Habers an, mit den Söhnen als Gäste in deren Haus zu ziehen.[132]

Offenbar wohnt Einstein bei seinem Onkel Jakob Koch. Dessen Haushalt in der Wilmersdorfer Straße 9 in Charlottenburg führt Einsteins Mutter.[133] Onkel Jakob Koch zieht bereits 1901 von Genua nach Berlin und ist dort im Getreidehandel tätig. Bis 1908 wohnt er in der Mommsenstraße 10. Anfang 1914 stirbt seine Ehefrau Julie Koch. Nun zieht seine Schwester Pauline Einstein zu ihm und führt mehr als ein Jahr den Haushalt.[134] Um noch mehr Druck zu machen, veranlasst Einstein, dass sich bei seiner Ehefrau in der Ehrenbergstraße 33 Bewerber melden, die als Untermieter einziehen wollen. Es folgt der Brief vom 18. Juli 1914. Darin stellt Einstein seiner Frau Bedingungen, welche sie auf gar keinen Fall annehmen kann, wenn sie noch Selbstachtung hat: Sie habe dafür zu sorgen, dass die Hausfrauenarbeiten für ihn erledigt werden, welche detailliert aufgeführt werden (Waschen, Bügeln, Kochen). Sein Essen sei ihm dreimal täglich aufs Zimmer zu servieren. Sie verzichte auf alle nicht zwingend nötigen Sozialkontakte, auch auf gemeinsames Ausgehen und gemeinsamen Urlaub. Sie verzichte auf Zärtlichkeiten und auf Vorwürfe und sei bereit zu verstummen, wenn er es verlange. Sie müsse sein Schlaf- und Arbeitszimmer unverzüglich verlassen, wenn er danach verlange. Sie müsse darauf verzichten, den Vater gegenüber den Kindern herabzusetzen. Der Brief soll als Trennungsinstrument wirken.[135]

Wider Erwarten stimmt Mileva allen Bedingungen zu. Als Einstein den Zustimmungsbrief von Haber erhält, verschärft er den Ton noch mehr, um die von ihm angestrebte Trennung zu beschleunigen: „Ich bin bereit, in unsere Wohnung zurückzukehren, weil ich die Kinder nicht verlieren will und weil ich nicht will, dass sie mich verlieren, und zwar nur deshalb. Von

Abb. 09
Einsteins erste Ehefrau Mileva Einstein
(geb. Marić) mit den Söhnen Hans-Albert
(rechts, 1904–1973) und Eduard
(1910–1965), Berlin 1914.

einem kameradschaftlichen Verhältnis zu Dir kann nach allem Vorgefallenen keine Rede mehr sein. Es soll ein reales, geschäftliches Verhältnis werden; das Persönliche muss auf einen kleinen Rest reduziert werden. Dafür sichere ich aber ein korrektes Verhalten von meiner Seite zu, wie ich es einer fremden Frau gegenüber üben würde. Hiefür genügt das Vertrauen, das ich zu Dir habe, aber auch nur hiefür. Wenn es Dir nicht möglich ist, das Zusammenleben auf dieser Basis fortzusetzen, so werde ich mich in die Notwendigkeit einer Trennung fügen. Um eine klare Antwort ersucht Albert."[136] Schließlich berichtet Einstein seiner Liebsten Elsa in einem Brief vom Sonntag, 24. Juli 1914, über das alles entscheidende Trennungsgespräch mit seiner Frau im Beisein von Fritz Haber.[137] Es findet am Freitag, 22. Juli, statt und dauert drei Stunden. Mileva wird mit den Söhnen in Zürich bleiben. Alles Nötige wird schriftlich vereinbart. Er verpflichtet sich, seine Frau und die Söhne zu unterhalten. Er ist bereit, jährlich 5.600 Reichsmark im Wert von 7.000 Schweizer Franken zu zahlen. Um Mileva Einstein und die Söhne nach Zürich zurückzubegleiten, kommt Einsteins bester Freund Michele Besso aus der Schweiz nach Berlin.[138] Sie werden von Einstein und Fritz Haber zum Bahnhof begleitet. Dort nimmt Einstein am Bahnhof weinend von seinen Söhnen Abschied.[139]

Elsa ist zu diesem Zeitpunkt mit ihren Töchtern aus erster Ehe Ilse und Margot im Sommerurlaub in Bayrischzell südlich des Wendelsteins.[140] Mit Elsas Eltern spricht Albert Einstein erst gegen elf Uhr nachts. Kurz nach dem 26. Juli 1914 schreibt Einstein Elsa einen beruhigenden Brief und teilt ihr mit, er dürfe sie einen „Trennungsmonat" lang nicht sehen. Das sei notwendig, um die Scheidung zu erwirken.[141]

Der bislang beschriebene Trennungsverlauf ist tragisch. Es folgt eine Überraschung. Seine Frau kommt mit den Söhnen nach Berlin zurück, um einen letzten Versuch zu machen, die Scheidung zu verhindern. Deshalb bittet Einstein Cousine Elsa um Verständnis dafür, dass er sie nicht am Bahnhof abhole. Im nachfolgenden Brief schreibt er an Elsa: „Die letzte Schlacht ist geschlagen. Gestern ist meine Frau auf immer mit den Kindern abgereist."[142] Fritz Haber bringt die nun endgültig getrennte Familie am Mittwoch, den 29. Juli 1914, zum Bahnhof. Einstein berichtet, er habe beim Abschied von den Kindern „geheult, geweint wie ein kleiner Junge". Es ist der letzte Zug, der von Berlin in die Schweiz fährt, bevor wegen der Mobilmachung der Militärfahrplan in Kraft tritt. Einstein berichtet auch von den Vorwürfen seiner Frau und fürchtet für die Zukunft, dass sie ihm seine Söhne entfremden werde. Man habe am Vormittag ein letztes Gespräch miteinander geführt und sei „im Groll" auseinandergegangen. Einstein verbringt den Abend mit Haber und verspricht Elsa, sie zu heiraten. Es sei wichtig, Habers Ratschlägen zu folgen und ihre Beziehung auf keinen Fall öffentlich werden zu lassen. Noch am 30. Juli schreibt Einstein Elsa abends erneut. Nun berichtet er von der Freude der Mutter. Sie habe gesagt: „Ach, wenn das unser armer Papa erlebt hätte."[143] Die Mutter bejahe die Verbindung des Sohnes mit ihrer Nichte Elsa. Auch ihre, also Elsas Eltern, seien glücklich, weil Einstein sich von Frau und Söhnen getrennt habe. Sie seien allerdings etwas unzufrieden, dass er so viel Unterhalt für seine Frau und die Söhne zahlen müsse. Er habe sich da etwas zu generös angestellt. Deshalb sei das zukünftige Einkommen etwas zu knapp. Einstein tröstet Elsa, dass er sich schon Nebenerwerbsquellen erschließen werde. Haber werde ihm dabei behilflich sein. Ob das Einstein gelungen ist, ist derzeit nicht bekannt. Von seinem Einkommen bleibt ihm nur etwas mehr als die Hälfte.[144] Einsteins Gehalt liegt bei 12.000 Reichsmark im Jahr. Größere Probleme macht die Unterhalts-Vereinbarung vom Juli 1914 erst dann, als sich die Inflation in Deutschland 1922/23 zur Hyperinflation entwickelt.

In Einsteins Briefwechsel mit seiner Ehefrau kehrt nur langsam Routine ein. Er teilt Mileva mit, welche Beträge er wann überweist und bittet um direkte statt indirekter Kommunikation. Die Wohnung in der Ehrenbergstraße werde er vorerst weiterhin mieten müssen, weil sich wegen des Kriegsbeginns kein Nachmieter finden lasse. Er verlange nicht die Scheidung von ihr, sondern bestehe nur darauf, dass sie mit den Söhnen in Zürich bleibe.[145] Es bleibt offen, wem gegenüber Einstein ehrlich ist, gegenüber seiner Frau oder gegenüber seiner Cousine Elsa. Mag sein, es gibt für Einstein zwei Wahrheiten, die parallel nebeneinander existieren. Das entspricht seinem Denken in Schubladen und seiner Neigung zur Verdrängung von Problemen.

Aus der Sicht von Mileva Einstein-Marić ist die Trennung von ihrem Mann ein Unrecht. Albert Einstein ist ihr seit April 1912 untreu und unterhält eine Liebschaft zu seiner Cousine Elsa. Er veranlasst seine Ehefrau, mit den Söhnen nach Berlin zu kommen, obwohl er entschlossen ist, seine Beziehung zu Elsa Löwenthal fortzusetzen. Er lässt durch sie eine Wohnung für die Familie anmieten und lässt sich schließlich drei Wochen lang nicht mehr blicken. Er führt eine Art Psycho-Krieg gegen seine Ehefrau. Weil Mileva ihren Ehemann liebt und er der einzige Mann ist, der für sie in Frage kommt, hofft sie noch jahrelang, Einstein werde zu ihr und den Kindern zurückkehren. Alberts Flucht in die Arbeit und die Affäre mit Elsa sprechen aus Sicht von Mileva für die alleinige Schuld ihres Mannes am Scheitern der Ehe.

Die Geschichte der Beziehung von Einstein und Mileva ist etwas komplexer, als das bisher Dargelegte vermuten lässt. Zum ersten Mal besteht Mileva die Diplomprüfung für Mathematiklehrer im Sommer 1900 nicht. Zu dem Zeitpunkt sind beide finanziell nicht so gut gestellt, dass Mileva einen privaten Nachhilfelehrer hätte engagieren können. Einstein selbst springt nicht ein. Am 26. Juli 1901 steht fest, dass Mileva die Diplom-Prüfung am Polytechnikum erneut nicht besteht. Sie ist bereits schwanger und bringt 1901 in ihrer Heimat das Kind „Lieserl" zur Welt und lässt es dort vielleicht adoptieren. Sie schützt damit sich selbst und den Kindesvater Albert Einstein vor einem Skandal. Eine Karriere im Staatsdienst ist für Einstein bei Bekanntwerden der Existenz eines unehelichen Kindes ausgeschlossen. Erst nach dem Einverständnis des Vaters, das Albert Einstein ihm auf dessen Sterbebett abnötigt, und seiner Anstellung am Patentamt Bern heiratet Einstein Mileva Marić am 6. Januar 1903. Der Vater Hermann Einstein starb am 10. Oktober 1902. Die Geschlechterrollen in der Zeit vor dem Ersten Weltkrieg sind so geartet, dass von einer Mutter mit Kind erwartet wird dass sie sich auf die Rolle der Hausfrau und Mutter zurückzieht, selbst dann, wenn sie ein abgeschlossenes Studium vorzuweisen hat. Dies zeigt das Beispiel von Clara Haber (geb. Immerwahr). Obwohl sie in Chemie promoviert hat, muss sie sich damit abfinden, nach Geburt des Sohnes die Rolle als Hausfrau und Mutter anzunehmen. Dies erwartet ihr Ehegatte von ihr.[146] Weder Mileva Einstein noch Clara Haber sind emanzipierte Frauen, die entschieden für ihre Rechte kämpfen. Hinzu kommt: Vermutlich erst ab der Annahme einer ordentlichen Professur in Prag ist Einstein in der Lage, eine Kinderfrau zu finanzieren. Nun hätte seine Frau ihre Ansprüche nach unten korrigieren und eine Ausbildung, z. B. zur Primarschullehrerin, abschließen können. Dem stehen drei Dinge entgegen. Einmal der rasche Ortswechsel zwischen Prag, Zürich und Berlin, zudem Standesdünkel und schließlich Milevas depressive Phase in Prag. Eine Professorenfrau wird nicht Volksschullehrerin, sondern bleibt Hausfrau und Mutter. Schließlich wird Mileva von Zeitgenossen ab etwa 1905 so beschrieben: Sie ist niedergeschlagen, in Vielem resigniert und kämpft nicht um Zuwendung von Einstein. Schlussendlich hat ihr Selbstwertgefühl unter der Vernachlässigung durch ihren Ehemann zunehmend gelitten, was sie wiederum für Einstein weniger attraktiv macht. Es wirkt also eine Abwärtsspirale, an der beide ihren Anteil haben. Einstein nimmt selbst nach Beginn seiner Liebschaft zu Elsa Löwenthal seine Ehefrau auf eine Reise nach Paris mit. Noch im Sommer 1913 besucht man gemeinsam Milevas Eltern in ihrer serbisch-ungarischen Heimat. Mileva Einstein gelingt es offenbar nur bedingt, ihr Selbstwertgefühl unabhängig vom Verhalten ihres Mannes zu bewahren. Aufschlussreich ist dazu ein Bericht von Milevas Freundin Helena Savić. Bei einem Kongress sei sie neben Einstein gegangen und mehrfach für Frau Einstein gehalten worden, während Mileva Einstein hinter den beiden gegangen sei.

Mileva Marić ist eine intelligente Frau. Ihr ist klar, dass Einstein sich nicht vom ichbezogenen Wissenschaftler zum liebevollen, fürsorglichen und opferbereiten Ehemann wandelt, der das Glück vorwiegend im Familienleben sucht. Vor der Heirat gibt es lange Zeitabschnitte, in denen sich die beiden nicht sehen, weil Einstein familiären Pflichten nachkommt oder einfach anderes unternimmt. Mileva Marić lebt lang genug in Zürich, um zu wissen, dass das Bekanntwerden eines gemeinsamen unehelichen Kindes in der biederen Schweizer Öffentlichkeit die berufliche Karriere ihres künftigen Mannes massiv beschädigt, wenn nicht gar unmöglich gemacht hätte. Dafür, dass die mutmaßliche Freigabe dieses Kindes zur Adoption für Mileva Marić ein lange nachwirkendes traumatisches Erlebnis war, gibt es zu wenig Belege, die ein sicheres Urteil erlauben. Überhaupt gibt es nur sehr wenige Mitteilungen von Mileva selbst. Seriöse Psychiater oder Psychologen gehen ohnehin davon aus, dass ein fundiertes Urteil aus der Ferne und nach bloßer „Aktenlage" unmöglich ist. Die Heirat ist für Mileva Einstein (geb. Marić) ein Ausdruck der Liebe und des Wunsches, ein glückliches Leben mit dem Mann ihres Lebens zu führen. Sie hofft auch nach der Trennung auf ein Wiederaufleben des Zusammenseins mit Einstein. Für Einstein ist die Heirat die Erfüllung einer Pflicht und eines gegebenen Versprechens. 1914 ist für ihn die Trennung „eine Frage des Überlebens": „Unser gemeinsames Leben war unmöglich geworden […] Sie ist und bleibt für mich ein amputiertes Glied."[147]

Im Kaiserreich
Vergleich jüdischer Minderheiten in Ulm, München und Breslau

Garnisonsstadt Ulm

Ulm ist im 19. Jahrhundert nach Stuttgart zwar die zweitgrößte Stadt Württembergs, aber doch nur eine Mittelstadt. In Albert Einsteins Geburtsjahr 1879 hat Ulm gut 32.000 Einwohner.[148] Die Stadt ist Verkehrsknotenpunkt und Sitz der Regierung des Donaukreises. Von 1842 bis etwa 1859 errichtete man die Bundesfestung Ulm, eine der größten Festungsanlagen innerhalb des Deutschen Bundes, mit einer großen Garnison, welche die Altstadt in einem großen Oval umschließt. Der Festungsgürtel und die damit verbundenen baulichen Einschränkungen für das außerhalb gelegene Gebiet werden bald als hemmend für die wirtschaftliche und gewerbliche Expansion der Stadt betrachtet, aber auch für den Eigenheim- und Wohnungsbau.[149] Und früh schon fordert der Ulmer Gemeinderat eine „Entwallung", was aber erst 1899 erreicht wird. Nun begünstigt ein kräftiger Wachstumsschub Ulms nachhaltige Entwicklung bis 1914.[150]

Jüdische Gemeinde Ulm

Welche Rolle spielt die jüdische Minderheit im Kaiserreich in Ulm? Statistische Zahlen stellte Walter Schmidlin[151] zusammen. 1941 erscheint in der Zeitschrift „Ulm und Oberschwaben" sein antisemitischer Aufsatz „Die Juden in Ulm".[152] Die Statistik ist als solche korrekt. Einsteins Vater Hermann und sein Onkel Jakob Einstein liegen im Trend. Sie wollen eine steilere Karriere machen, als es die engen und behäbigen Verhältnisse in Ulm erlauben. Zu Beginn des 19. Jahrhunderts ziehen Juden von Landgemeinden und kleinen Landstädten vermehrt in Mittelstädte wie Ulm. Später ziehen Juden immer mehr in die tatsächlich großen Großstädte, nach Berlin, Hamburg oder Köln, aber auch München oder Stuttgart. In Ulm ist die jüdische Minderheit 1875 mit 2,3 % am stärksten. Bereits 1880 geht der Anteil auf 2,1 % zurück, um im Jahr 1910 vollends auf 1,04 % zu sinken. In absoluten Zahlen ändert sich weniger: 1875 gibt es 692 Juden in Ulm, 1880 sind es 694 und 1910 immer noch 588 Juden. Die Erklärung dafür ist, dass Ulm stark an Bevölkerung wächst. 1875 sind es 30.222 Einwohner und 1910 fast doppelt so viele: 56.106 Einwohner.

Im Deutschen Reich leben im Gründungsjahr 1871 512.000 Personen jüdischen Glaubens. 1910 sind es etwas über 615.000.[153] Der jüdische Anteil an der Gesamtbevölkerung sinkt von 1,25 % im Jahr 1871 bis zum Ersten Weltkrieg auf 0,95 %.[154] In Württemberg leben 1871 fast 12.000 Juden und damit unterdurchschnittlich wenige im Vergleich z. B. zu Baden (fast 26.000) oder Bayern (etwas über 55.000).[155] Darüber hinaus gibt es zwischen 1871 und 1909 im ganzen Reich rund 15.000 Juden, die sich christlich taufen lassen.[156]

Die jüdischen Deutschen in Ulm wollen wie auch anderswo von der christlichen Mehrheitsgesellschaft als gleichberechtigte Bürger akzeptiert werden. Für die Kaiserzeit ist bisher kein einziger Ulmer Jude bekannt, der in Ulm zum Christentum übergetreten ist. Bei großen städtischen Ereignissen wollen die Ulmer Juden nicht abseits stehen. Den Synagogenbau begleitet Einsteins Onkel Kosman Dreyfus. Im April 1872 ist der Synagogenbau im Rohbau fertig.[157] Bei Baubeginn zählt die jüdische Gemeinde in Ulm 92 selbständige Mitglieder. Im Jahr der Synagogeneinweihung 1873 sind es 137 selbständige Mitglieder.[158] Andrea Engel urteilt in ihrer Magisterarbeit von 1982, die wirtschaftliche Stellung der Juden in Ulm sei im Durchschnitt gesehen weitaus besser gewesen als die der Christen.[159] Bei der Finanzierung des Synagogenbaus beteiligt sich die Stadt Ulm mit 2.000 Mark. Beim Einzug in die neue Synagoge ist dessen ungeachtet die gesamte Spitze der Stadt vertreten.[160] Auch die christlichen Anwohner am Weinhof schmücken ihre Häuser „mitfeiernd". Dem Bericht der „Ulmer Schnellpost" zufolge „nehmen die Mitglieder der Staats- und bürgerlichen Behörden, die evangelische und katholische Geistlichkeit, der Prediger der deutsch-katholischen Gemeinde, die Vorstände der höheren Lehranstalten, sowie der Töchterschulen und eine größere Anzahl der angesehensten Bürger an dem Zuge Theil."[161] Der Zug verläuft feierlich vom bisherigen „Gebetlokal" im Gasthaus „Zum Schwanen" am südlichen Weinhof (Weinhof 15) zur Synagoge an der Nordseite des Weinhofs (Weinhof 2). Der Platz ist reichlich mit Flaggen geschmückt, der Weg mit Masten und Girlanden dazwischen, vermutlich in den Stadtfarben Schwarz und Weiß, den Farben Württembergs, Schwarz und Rot, und den Farben des Reichs, Schwarz, Weiß und Rot. Zeittypisch dürften die Männer Zylinder getragen haben. Oberbürgermeister Carl v. Heim (1820–1895) spricht im Namen der Stadt und der Gemeinde „mit warmen Worten seinen Glückwunsch".[162] Kosman Dreyfus erwidert, dass jeder Jude in Ulm „in der Stadt Ulm seine geliebte Heimstätte sehe".[163]

Danach zieht man in die Synagoge. Über dem Portal glänzt auf Hebräisch und Deutsch das Jesaja-Wort (56,7) „Mein Haus ist ein Bethaus für alle Völker." Der verantwortliche Redakteur der nationalliberalen „Ulmer Schnellpost" Friedrich Albrecht (1818–1890) gratuliert am Ende seines Berichts selbst: „Wir gratulieren der Gemeinde von Herzen zu dem stattlichen Tempel, der ebenso freundlich als würdig, ebenso anmutig als kunstvoll zu herzinniger Andacht einladet."[164] Wie kritisch man die Juden in Ulm in gewissen Kreisen sieht, belegt ein vielstrophiges Gedicht von Heribert Rau, das auf Seite 1 der „Ulmer Schnellpost" am Tag vor der Synagogeneinweihung veröffentlicht wird.[165] Bei aller feierlichen Freude wird aus nationalistischer (nicht christlicher) Sicht unmissverständlich zur Assimilation aufgefordert: „Du bist aus deutschem Fleisch und Bein, / Deutsch ist dein Herz, deutsch deine Sprache, / Deutsch klingt Dein Jubel, Deine Klage, / Willst Du nicht ganz ein Deutscher sein?"

Abb. 10
Der Weinhof auf einer handkolorierten Postkarte:
in der Mitte die 1870 bis 1873 erbaute Synagoge
in orientalischem Stil.

Abb. 11
Der Prophet Jeremias von Carl Federlin, 1898 am ersten Nordpfeiler des Hauptschiffs im Ulmer Münster angebracht, 1.300 Mark gestiftet 1877 von 86 Mitgliedern der Israelitischen Gemeinde Ulm.

Abb. 12
Stifter-Inschrift am Sockel des Propheten Jeremias im Ulmer Münster.

Antijudaismus und Antisemitismus sind im Kaiserreich in Ulm nicht nur auf Eugen Theodor Nübling (1846–1946) und seine seit 1891 dezidiert antisemitische Zeitung „Ulmer Schnellpost" (1837–1912) und deren Abonnenten beschränkt.[166] Michael Wettengel zufolge hat der Verleger Eugen Nübling den Antisemiten Hans Kleemann als Redakteur angestellt. Die beiden seien „politische Wirrköpfe" gewesen. Sie hätten die „Ulmer Schnellpost' in ein chauvinistisches, antikatholisches und antisemitisches Kampfblatt verwandelt."[167] 1884 entlässt Eugen Nübling als neuer Verleger den altbewährten Redakteur Friedrich Albrecht, der seit 1851 die Redaktion besorgte.[168] Im November 1891 wird die „Ulmer Schnellpost" das Parteiorgan der Deutsch-sozialen Antisemitischen Partei in Württemberg. Daraufhin beschließt der Ulmer Gemeinderat mit überwältigender Mehrheit, der „Schnellpost" den Charakter eines Amtsblatts zu entziehen.[169] Die Antisemiten finden in Ulm „keine nennenswerte Anhängerschaft". Die Auflage der „Schnellpost" sinkt rasch. 1903 wird sie verpachtet. 1912 muss sie ihr Erscheinen einstellen.[170]

Stiftung der Israelitischen Gemeinde Ulm für das evangelische Ulmer Münster

Anlässlich des Münsterjubiläums im Jahr 1877 geschieht Ungewöhnliches. Gefeiert wird in Ulm im Juni 1877 „500 Jahre Grundsteinlegung" des Ulmer Münsters. Die Ulmer Juden leisten einen würdigen Beitrag zum Ausbau und zur Fertigstellung des Münsters. Sie stiften für das Ulmer Münster 1.300 Mark, um „nicht nur am Gedeihen unserer Stadt in der Gegenwart eifrig mit[zu]arbeiten, sondern auch ihrer großen Vergangenheit in politischer und künstlerischer Beziehung ein warmes Herz entgegen[zu]bringen."[171]

Die Stiftung für eine Prophetenfigur für das Ulmer Münster ist eine wohlüberlegte Schenkung der Ulmer Juden. Man will so zeigen, dass man zur Stadtgesellschaft dazugehört. Integration heißt hier nicht Assimilation, sondern „Akkulturation".[172] Gleichberechtigt sind Juden damals ohnehin nicht. Noch immer sind höhere staatliche Ämter für Juden nicht zugänglich. Reserveoffizier können nach dem so genannten „Einjährigen" als Freiwillige nur getaufte Juden werden.[173] Im ganzen Reich ist der Zuzug in die Städte unumgänglich, um geschäftlich Karriere zu machen.[174] Die Angehörigen der jüdischen Minderheit tragen „zum Aufblühen und zur Expansion der Industriewirtschaft des Kaiserreichs überdurchschnittlich" bei.[175] Auch im Bildungsbürgertum sind Juden vor dem Ersten Weltkrieg überdurchschnittlich vertreten. Sie stellen 1907 14,7 % aller Rechtsanwälte und 6 % der Ärzte sowie 8,1 % der Privatgelehrten.[176] In den beamteten Staatsdienst werden kaum Juden aufgenommen. Immerhin sind 1907 4,3 % aller deutschen Richter jüdischer Herkunft. 1909 sind nur 2 % aller Ordinariate (Lehrstühle) an den Universitäten von Juden besetzt.[177]

Im Laufe des 19. Jahrhunderts breitet sich in Deutschland eine neue Variante der Judenfeindschaft aus, nämlich „die rassistisch-biologische".[178] Darauf reagieren später viele jüdische Deutsche, indem sie sich wie Albert Einstein für den Zionismus engagieren. Die

Ulmer Israelitische Gemeinde ist liberal. Das will man zeigen, z. B. mit der Ausstattung der Synagoge mit einer Orgel. Damit kann man auf die gemeinsamen Wurzeln von Christentum und Judentum verweisen. Die 1877 von 86 Mitgliedern der Israelitischen Gemeinde Ulm gestiftete Geldsumme von über 1.300 Mark wird allerdings erst 1898 verwendet, um die Jeremias-Prophetenfigur von dem Ulmer Bildhauer Carl Federlin (1854–1939) schaffen zu lassen.[179] Sie wird auf der ersten nordwestlichen Konsole im Mittelschiff angebracht. Die alttestamentarische Prophetenfigur ist eine der beiden ersten Figuren überhaupt, die von Westen beginnend aufgestellt wurden. 21 Jahre müssen die Stifter warten, bis ihre Stiftung realisiert wird. Die Ulmer vollenden bis 1890 den Hauptturm des Münsters und nehmen erst danach die Innenausstattung in Angriff. Bei der überlebensgroßen, steinernen Prophetenfigur hängt die Kapuze tief ins Gesicht. Die Figur wirkt streng. Mit ihrer Blockhaftigkeit gehört sie zu den besten Werken des Künstlers.[180] Unten links ist die Inschrift „Israelit. Gemeinde Ulm 1877" zu lesen. Sie wird erst nach dem Zweiten Weltkrieg angebracht.

In Heft 1 der „Ulmer Münsterblätter" von 1878 werden die 86 Stifter genannt.[181] Etwas mehr als die Hälfte der Mitglieder der Israelitischen Kirchengemeinde kommt als Stifter nicht in Frage, weil sie weiblich ist. Abzuziehen sind auch alle nicht volljährigen männlichen Gemeindemitglieder. Außerdem gibt es in der Gemeinde sicher auch solche, denen eine Stiftung aus materiellen Gründen nicht möglich ist. So gesehen sind 86 Stifter ein ausgesprocher starkes Bekenntnis zur Ulmer Stadtgemeinde, zu der man dazugehören will.

1877 liegt die Fertigstellung der Ulmer Synagoge erst vier Jahre zurück. Umso bemerkenswerter ist der hohe Stiftungsbetrag. Die Gemeindemitglieder wählen ein Stiftungs-Comitee. Dessen Zusammensetzung ist prominent. Es sind offensichtlich die Gemeindemitglieder, denen die anderen den meisten Respekt zollen. Die Reihenfolge ist alphabetisch. Den Anfang macht Kosman Dreyfus. Er ist ein Schwager von Albert Einsteins Vater Hermann Einstein. Letzterer ist auch unter den Stiftern, ebenso dessen ältester Bruder August Einstein. Kosman Dreyfus ist Großhändler für Manufakturwaren. Er ist von 1868 bis 1891 Israelitischer Kirchenvorstand. Bei der Einweihung der Synagoge 1873 übergibt man ihm den Schlüssel der Synagoge.[182]

Aber im Stiftungs-Comitee sind nicht nur Mitglieder des Israelitischen Kirchenvorstands. Außer Kosman Dreyfus zählt nur Moses Levi zu den Stiftern. Er ist Hermann Einsteins Teilhaber in der Bettfedernfabrik „Israel & Levi" im Haus Weinhof 19. Damit ist indirekt etwas ausgesagt über den vergleichsweise hohen sozialen Status von Hermann Einstein. Wir gehen dabei von der Annahme aus, dass Hermann Einstein hälftiger Teilhaber der Bettfedernfabrik gewesen ist. Er gehört damit materiell gesehen eindeutig zum oberen Viertel der Gemeindemitglieder. Nur die Brüder Thalmessinger und die Brüder Kosman und Max Dreyfus sowie der Kaufmann Immanuel Stern sind Hausbesitzer. Alle anderen Stiftungs-Comitee-Mitglieder wohnen zur Miete. Das Stiftungs-Comitee-Mitglied Nathan Thalmessinger ist genauso wie sein Bruder Leopold Thalmessinger selbständiger Bankier. Hinzu kommt ein weiterer Bankier, nämlich der Filialleiter der Deutschen Reichsbank in Ulm. Gustav Maier (1844–1923)[183] ist ein prominenter Ulmer Jude. Er wohnt in Ulm im Haus Donaustraße 11 (Adressbuch 1878) und danach im Haus Kronengasse 4 (Adressbuch 1880) und damit im Vierflügelgebäude des Gasthauses „Krone". Dieses ist nur zwei Gebäude vom Weinhof 19 entfernt. Dort war Hermann Einstein im Erdgeschoss Teilhaber der Bettfedernfabrik von um 1870 bis 1880. 1881 wird Gustav Maier Direktor der Reichsbank in Frankfurt am Main, danach Reichsbankdirektor in Ermatingen / Kt. Thurgau und schließlich 1895 Reichsbankdirektor in Zürich. In Davos-Saz konvertiert er 1893 zum evangelisch-reformierten Glauben. Damit sind ihm die Wege in die etablierte Schweizer Gesellschaft geebnet. Und derart etabliert wird Gustav Maier zu einem jahrelangen Förderer der Familie Einstein allgemein und Albert Einsteins im Besonderen. Bereits in Ulm zählt Gustav Maier zur arrivierten Gesellschaft in der Stadt, denn anlässlich des 500-jährigen Münster-Jubiläums hält er am 1. Juni 1877 beim gemeinsam in Ulm abgehaltenen Johannisfest der schwäbischen Logen die Festrede. Darin widmet er sich der „Geschichte der Freimaurerei in Ulm".[184] 1877 zählt man 53 Mitglieder der Ulmer Loge „Carl zu den drei Ulmen". Davon wohnen 38 in Ulm, neun in Stuttgart, acht weitere anderswo auswärts.[185] Offensichtlich ist der in der Vorbemerkung genannte „Ehrenmeister Br[uder] Dr. Röder" der in Ulm geborene jüdische Deutsche Dr. med. Isa(a)k Röder (1808–1883), der als praktischer Arzt in Ulm tätig ist. Das wiederum wäre ein weiterer Beweis für die teilweise Integration jüdischer Deutscher in die etablierte Gesellschaft. Anders als später zugezogene Juden sind Maier und Röder in Ulm geboren und zur Schule gegangen.

Gustav Maier verwendet sich 1895 für den jungen Albert Einstein beim Direktor des Zürcher Polytechnikums und plädiert im Herbst 1895 für eine Ausnahmeregelung für den jungen Albert Einstein, der ein „Wunderkind" sei. Einstein besteht die Ausnahme-Prüfung zwar bekanntlich in Mathematik und Physik, nicht aber in den anderen Fächern, v. a. nicht in Französisch, das er in München am Luitpold-Gymnasium nur ein Jahr lernte. Maier verschafft dem jungen Albert Einstein auch den Zugang zur Zürcher Gesellschaft.[186] Die Einsteins können 1895 in Zürich also auf alte Netzwerke zurückgreifen, welche in Ulm in den 1870er-Jahren entstanden.

Für die politische Kultur in Ulm während des Kaiserreichs liegen keine systematischen Untersuchungen vor. Bereits vor 1877 tut sich Erfreuliches für die Sache der jüdischen Deutschen. Der Stuttgarter Diplom-Ingenieur, Bankier, Sozialreformer und Genossenschaftsgründer Eduard Pfeiffer (1835–1921) wird 1868 als nationalliberaler Landtagsabgeordneter für Ulm gewählt. Eduard Pfeiffer, der aus einer wohlhabenden jüdischen Familie in Stuttgart stammt, ist der erste jüdische Abgeordnete im Stuttgarter Landtag. Bei der Landtagswahl 1870 siegt er deutlich, erneut im Wahlkreis Ulm. Bei der Landtagswahl von 1876 kandidiert er nicht mehr.[187]

Von Seiten des Bauernbundes und der Konservativen wird gegnerischen Parteien oft der Vorwurf des Internationalismus gemacht. Zusammen mit dem Zentrum bekämpft man 1903 die Volkspartei als „Manchester-Demokraten", „Börsendemokraten" und „Söldlinge des Großkapitals und des Großhandels". Das geht einher mit antisemitischen Stereotypen.

In den 1890er-Jahren kritisieren die Konservativen, dass im Ausschuss der Volkspartei acht Advokaten und fünf Juden säßen.[188] Absurd werden die antisemitischen Vorwürfe besonders dann, wenn mit dem sozialdemokratischen Kandidaten ein ehemaliger Rabbiner (der Sozialdemokrat Jacob Stern) angegriffen wird, der sich Jahrzehnte zuvor gegen den Wucher jüdischer Viehhändler wandte.[189] Für die Zentrumspartei „stand die herausragende Mitschuld der Juden an den Übelständen der Welt außer Frage".[190]

Bis 1873 ist kein Jude im Ulmer Gemeinderat vertreten. Immerhin werden bis 1873 vier Juden in den Ulmer Bürgerausschuss gewählt, nämlich drei Fabrikanten und ein Rechtsanwalt: 1861–63 Leopold Marx (1829–1909)[191] (seine Frau Clementine geb. Einstein war eine Cousine von Albert Einstein), 1867–69 Isak Hirsch Neuburger[192], 1869–71 Rechtsanwalt Isak Lebrecht[193] und 1871–73 Max Neuburger.[194] Eine Minderheit von ab 1885 weniger als 2 %[195] spielt im städtischen Leben somit eine durchaus bedeutende Rolle. Umso schlimmer trifft Ulm die Verfolgung der Juden der Nazidiktatur, die den Verlust der jüdischen Bevölkerungsgruppe durch Emigration oder Ermordung zur Folge hatte.

Bedeutende jüdische Deutsche in Ulm vor 1933

Auf die bedeutenden Juden in Ulm vor 1933 wird deswegen intensiver eingegangen, weil es immer auch um mögliche Kontakte zu Albert Einstein und seinen nahen Verwandten geht. Das ist auch für künftige Forschungen relevant. Ob es in Ulm außer dem Rechtsanwalt Dr. Albert Mayer (1855–1909, Stadtrat seit 1900, Landtagsabgeordneter seit 1906, Volkspartei) weitere jüdische Stadträte gegeben hat, ist derzeit noch nicht abschließend geklärt.

Systematisch ist in Ulm die Geschichte der jüdischen Minderheit im 19. Jahrhundert nur bis 1873 erforscht.[196] Bei den Wahlen für den Israelitischen Kirchenvorstand wird stets die Berufsangabe „Rechtsanwalt" bei den Abstimmenden mit aufgeführt. Darauf ist man stolz. Zu anderen akademisch qualifizierten Berufen gehören Ärzte und später in großen Städten Professoren, nicht aber Richter, Staatsanwälte, hohe Verwaltungsbeamte oder Offiziere. Die Einsteins in Ulm und München, die Kochs in Cannstatt und München und auch Fritz Habers Herkunftsfamilie in Breslau gehören nicht zum engsten Kern der jüdischen Wirtschaftselite. Aber sie gehören zu dem etwas breiteren Kreis sehr wohlhabender jüdischer Kaufleute, aus dem allerdings die Gebrüder Hermann und Jakob Einstein von 1894 bis 1896 durch ihre Geschäftsauflösung in München und endgültig durch den Bankrott in Pavia ausscheiden.

Juden in der Landeshauptstadt München und in Breslau im Kaiserreich

Einsteins Eltern lebten mit ihren Kindern Albert und Maja von 1880 bis 1894 in München, ebenso weitere Einstein- und Koch-Verwandte. Die Landeshauptstadt München ist die größte Stadt in Bayern. Der Anteil der Juden an der Einwohnerschaft von München liegt zwischen 1880 und 1894 höher als der in Ulm. Noch höher liegt dagegen der Anteil der Juden in der preußischen Großstadt Breslau. Dort fällt der Zuzug aus dem Osten stärker ins Gewicht. München ist im Kaiserreich so groß, dass es parallel zueinander eine Reformsynagoge und eine orthodoxe Synagoge gibt. Albert Einstein gibt den jüdischen Glauben im Alter von zwölf auf. Er feiert nicht die Bar Mitzwa. Seine Eltern überlassen ihm die Entscheidung darüber selbst. Für sie ist die Zugehörigkeit zu jüdischen Gemeinde nur noch eine kulturelle Verbundenheit. Man geht nur selten in die Synagoge und man hält sich nicht an die Gebote der koscheren Küche.

In Preußen ist Breslau nach Berlin und Köln die drittgrößte Stadt in der Zeit des Kaiserreichs. 1871 wohnen in Breslau 208.000 Menschen. 1890 hat man 335.000 Einwohner, 1900 fast 423.00 Einwohner. 1910 ist die halbe Million mit 512.000 Einwohnern überschritten.[197] Der Anteil der Juden an der Gesamtbevölkerung ist in Breslau im Vergleich zu Ulm und München am höchsten. 1880 liegt der Anteil der Juden an der Breslauer Bevölkerung bei gut 4 % und 1910 sogar bei gut 6 %.[198] Es gibt in Breslau auch jüdische Stadtverordnete und Stadträte, die sich aber fast ausschließlich aus dem sehr wohlhabenden Bürgertum, aus der Unternehmerschaft und vor allem aus den freien Berufen rekrutieren. Fritz Habers Vater, der Kaufmann Siegfried Haber, wird 1895 zum Stadtverordneten gewählt. Von 1907 an ist er einer der 15 unbesoldeten Magistratsmitglieder Breslaus, und dies bis 1919.

Abb. 13
Alberts Vater Hermann Einstein (* Buchau 1847,
† Mailand 1902): der junge Teilhaber der
Bettfedernfabrik im Haus Weinhof 19 in Ulm.

Abb. 14
Alberts Mutter Pauline Einstein (geb. Koch),
* Cannstatt 1858, † Berlin 1920: kein Mensch
hat Albert Einstein stärker geprägt als sie.
Foto um 1876.

19./20. Jahrhundert
In der Stadt: Aufstieg und Fall der Familien der Verwandten

Aufsteigen in der Stadt: Die Einstein-Verwandten Abraham, Hermann und Jakob Einstein

Mitprägenden Einfluss auf Albert Einstein haben drei männliche Einstein-Verwandte, der Großvater, der Vater und der Onkel Jakob Einstein. Großvater Abraham Einstein (1808–1868) bringt es als Kaufmann in Buchau/Oberamt Riedlingen zu Wohlstand. Die Einsteins leben ursprünglich in Oberschwaben in der kleinen Landstadt Buchau am Federsee. Albert Einsteins Großvater stammt von dort. Am 11. Mai 1868 zieht er dem Israelitischen Gemeindebuch Buchau zufolge von Buchau in die mittelgroße Stadt Ulm an der Donau. In Ulm erhofft sich Abraham Einstein für sein Damenkonfektionsgeschäft noch mehr Erfolg als in Buchau. Am 21. August 1868 stirbt Abraham Einstein in Ulm. Nicht der Sterbeort, wohl aber das Sterbedatum ist belegt. Zweifellos wird Abraham Einstein danach auf dem jüdischen Teil des Alten Friedhofs in Ulm südlich der Pauluskirche begraben, also dort, wo 1887 auch seine Witwe bestattet wird. Diesen Teil des Alten Friedhofs zerstören die Nationalsozialisten.[199] Abrahams ältester Sohn August Einstein (1841–1911) führt das Geschäft des Vaters als Textilkaufmann weiter. Ein größerer Teil des väterlichen Geschäftskapitals wird aber offensichtlich in die Teilhaberschaft an der Bettfedernfabrik Israel & Levi im Erdgeschoss des Ulmer Hauses Weinhof 19 gesteckt. Der Erwerb findet um 1870 statt. Die Teilhaberschaft ist offenbar hälftig geteilt. Moses Levi (1829–1902), der andere Teilhaber, ist Hausbesitzer des Gebäudes.

Die stattliche Summe von 8.703 Mark finden wir für Abraham Einstein bzw. August Einstein in der Spalte für das Jahr „der ersten allgemeinen Einschätzung" für die Firmeninhaber Rupert Einstein und August Einstein als „Gewerbesteuer-Capital". Das könnte für 1868 oder 1869 gelten. Für jemand, der gerade vom Land nach Ulm zieht, sind 8.703 Mark eine hohe Summe.[200] Abraham Einstein hatte bereits von Buchau aus Kontakt zu einflussreichen Menschen. Das hohe Kapital von 8.703 Mark erwirtschaftet Abraham Einstein vielleicht so, dass er auswärts Kapital arbeiten lässt. Ulms Gewerbesteuer-Einschätzungen sind von 1878 bis 1920 erhalten. In einer vorgedruckten Spalte ist oft das Gewerbesteuerkapital des ersten Einschätzungsjahres eingetragen. Abraham Einsteins Geschäftstätigkeit in Ulm ist nachweisbar. Der Name „Abraham Einstein" ist im Gewerbesteuer-Protokollbuch durchgestrichen, weil nach dem Tod des Vaters dessen Sohn ältester Sohn August Einstein das Geschäft übernimmt. Es werden Damenkonfektionswaren verkauft, also keine Maßanfertigungen, hergestellt von Näherinnen im Geschäft oder in Heimarbeit. Rätselhaft ist es, dass August Einstein erst ab 1878 mit einem Geschäft genannt wird. Bereits die ungewöhnlich hohe Mitgift Abraham Einsteins 1864 für die älteste Tochter Jette (1844–1905) ist vielleicht durch Erträge von auswärts angelegtem Kapital zu erklären. Es gibt 12.000 Gulden, davon 10.000 Gulden in bar.[201] Jette Einstein heiratet 1864 den ebenfalls aus Buchau stammenden Manufakturwarenhändler Kosman Dreyfus (1835–1918). Die beiden sind für die Familie von Abraham Einstein insofern „Pioniere", als sie bereits 1864 von Buchau nach Ulm umziehen. Am 1. Juli 1868 ist im Haus Weinhof 19 noch kein Einstein-Familienmitglied im Adressbuch genannt. Danach wird Einsteins Großmutter Helene Einstein (geb. Moos, 1814–1887) im Haus Weinhof 19 von 1870 bis 1880 genannt.[202] Sie bewohnt den ganzen ersten Stock. Bereits am 2. Juli 1868 könnten Abraham und Helene Einstein im Haus Weinhof 19 zugezogen sein. In Helene Einsteins Wohnung ist Platz genug für Hermann Einstein gewesen. Er muss als lediger Kaufmann noch nicht zwingend einen eigenen Haushalt führen. Immerhin lässt sich nachweisen, dass Hermann Einstein im Jahr 1873 Mitglied der Ulmer Israelitischen Gemeinde ist, weil er am 15. März 1873 an den Israelitischen Kirchenvorstandswahlen teilnimmt.[203] 1877–79 werden für das Geschäft von August Einstein nur noch 2.675 Mark „Gewerbesteuer-Capital" verzeichnet. Die Differenz zum Anfangsjahr beträgt 6.028 Mark. Demzufolge muss entweder das Geschäft sehr stark rückläufig gewesen sein oder – und das ist wahrscheinlicher – es wurde dem Geschäft Kapital entzogen. Am wahrscheinlichsten ist: Um 1870 brauchte der zweitälteste Sohn Hermann Einstein Kapital für die Teilhaberschaft an der Bettfedernfabrik Israel & Levi im Ulmer Haus Weinhof 19.

Den beiden offensichtlich begabten Söhnen Hermann (1846–1902) und Jakob Einstein (1850–1912) lässt Abraham Einstein eine bessere Bildung zukommen als den beiden anderen Söhnen. Hermann Einstein besucht die Realschule in Stuttgart und besteht das so genannte Einjährige, das es ihm freistellt, Militärdienst zu leisten. So werden Kaufleute privilegiert. Hermann Einstein entscheidet sich dagegen. Er macht eine Kaufmannslehre in Stuttgart in den frühen 1860er-Jahren. Lieber hätte er Mathematik studiert, doch um 1870 bietet für Juden nur ein Jura- oder Medizinstudium die Chance eines sicheren Einkommens, freiberuflich als Rechtsanwalt oder Arzt. Hermann Einsteins jüngerer Bruder Jakob Einstein besucht von 1867 bis 1869 die Polytechnische Schule in Stuttgart und schließt als Ingenieur ab. Im Krieg von 1870/71 ist er Soldat bei den Pionieren.[204] Ab 1876 betreibt er in München ein Geschäft für Wasserleitungen und Installationsarbeiten. München als Standort ist zukunftsträchtig, das langsame Umsteigen auf Elektrotechnik zusammen mit Albert Einsteins Vater Hermann ab 1880 umso mehr. 16 Jahre arbeiten die Brüder Einstein als gleichberechtigte Teilhaber zusammen, zuerst in München, dann in Italien.

Hermann Einstein heiratet am 8. August 1876 in Cannstatt bei Stuttgart im provisorischen Israelitischen Betsaal[205] die attraktive 18-jährige Pauline Koch. Sie erhält eine hohe Mitgift. Man zieht ins Haus Münsterplatz 50 (A 175) in Ulm, um dort im zweiten Stock einen eigenen

Haushalt zu unterhalten.[206] Das Haus ist im Kern ein jahrhundertealtes Fachwerkhaus und 1944 zerstört worden.[207] Ist die aus wohlhabenden Verhältnissen aus Cannstatt kommende Pauline Einstein damit zufrieden? Mitte 1878 bemerkt sie, dass sie schwanger ist. Ende 1878 zieht man in das Haus Bahnhofstraße 20. Und dort kommt am 14. März 1879 um 11.30 Uhr Albert Einstein zur Welt. Das allerdings weiß man nur durch den Eintrag im Geburtenbuch des Ulmer Standesamts für die Geburt von Albert Einstein. Vom nahen Bahnhof fährt der Zug nach Cannstatt und Stuttgart ab, aber auch nach München. Vermutlich besucht der junge Vater Hermann Einstein mehrfach seinen Bruder Jakob in München, bevor er sich dazu entscheidet, als gleichberechtigter Teilhaber in die Firma von Jakob Einstein einzusteigen. Sicher bespricht er das Projekt, in München mit dem Bruder gemeinsam die Firma für Wasserleitungen und Installationstechnik zu betreiben, auch mit seiner Ehefrau und seinem Schwiegervater Julius Koch (1816–1895), der als reicher Kornhändler in Cannstatt ein gewiefter Geschäftsmann ist. Julius Koch weiß, dass die Cannstatter Bettfedernfabrik Straus & Cie der bescheidenen Ulmer Bettfedernfabrik Israel & Levi weit überlegen ist, in Bezug auf Technologie, Innovation und Umsatz. Julius Koch gehört demzufolge zu den Befürwortern des Umzugs von Ulm nach München, zumal er später Kapital in die Firma der Brüder Einstein in München steckt.

Die Bettfedernfabrik Israel & Levi im Weinhof 19 (1863–1880 bzw. 1902/1904)

Der Begriff „Fabrik" ist für die Bettfedernfabrik „Israel & Levi" im Ulmer Haus Weinhof 19 etwas hoch gegriffen. So groß sind die Räume nicht. Immerhin hat man Maschinen zum Reinigen und Glätten der Federn mit einer Technologie von 1853. Hermann Einstein erzielt mit der Teilhaberschaft an der Bettfedernfabrik Israel & Levi so viel Gewinn, dass er dem Schwiegervater nachweisen kann, seine Frau Pauline geb. Koch standesgemäß verhalten zu können.[208] Warum bietet Moses Levi einem aus Buchau Zugezogenen die Teilhaberschaft an der Ulmer Bettfedernfabrik an? Offensichtlich ist Pauline Israel (geb. Rescher), die Witwe des alten Teilhabers Heinrich Israel, zwischen dem 2. Juli 1865 und dem 1. Juli 1868 entweder gestorben oder von Ulm weggezogen. Sie wird jedenfalls im Adressbuch von 1858 nicht mehr genannt. Es spricht alles dafür, dass Hermann Einstein ihren vom Ehemann Heinrich Israel († Ulm 1863) geerbten Anteil an der Bettfedernfabrik Israel & Levi erwirbt. Es gibt immerhin einen Hinweis darauf, dass Hermann Einsteins Mutter (geb. Moos) aus Kappe eine Verwandte von Moses Levi ist, dass also zwei entfernte Cousins Teilhaber werden.[209] Das passt insofern, als auch die Familie Levi aus Buchau stammt und einen Vorfahren

Abb. 15
Das Haus „Engländer" (Weinhof 19):
Säulenhalle im Erdgeschoss: Ort der
Bettfedernfabrik 1852/53 – 1904.

„Moos aus Kappel bei Buchau" hat. Man bleibt vermutlich mit den Geschäftsaktivitäten in der Verwandtschaft.

Die entscheidenden Jahre für Hermann Einstein in Ulm sind die Jahre 1876–1880. Pauline geb Koch ist eine ausgesprochen gute Partie und das jüngste von vier Kindern des reichen Kornhändlers Julius Koch in Cannstatt. Pauline spielt ausgezeichnet Klavier und kleidet sich modisch. Wie kommt ein Ulmer Teilhaber der Bettfedernfabrik im „Engländer" zu einer solchen Frau? Hermann Einstein knüpft offenbar mit Hilfe seines Hechinger Vetters Rudolf Einstein (1843–1927) Kontakte zu den Kochs in Cannstatt. Rudolf Einstein und Hermann Einstein haben den gleichen Großvater, nämlich Rupert Einstein (1759–1834) in Buchau. Der Hechinger Weberei-Fabrikant Rudolf Einstein heiratet am 1. Juli 1871 Fanny geb. Koch (1852–1926). Diese ist Pauline Kochs ältere Schwester. 1919 wird Rudolf Einstein Albert Einsteins Schwiegervater. Hermann Einstein ist am 30. August 1847 in Buchau geboren und stirbt am 10. Oktober 1902 in Mailand im Alter von 55 Jahren. Er macht von allen Ulmer Einstein-Geschwistern die beste Partie. Seine Frau Pauline geb. Koch ist am 8. Februar 1858 in Cannstatt geboren und stirbt am 20. Februar 1920 in Berlin mit 62 Jahren.

Von Ulm aus zieht das junge Paar mit dem fünfzehn Monate alten Albert bereits im Juni 1880 nach München. Das weiß man, weil Hermann Einstein sich am 21. Juni 1880 in München polizeilich anmeldet.[210]

Auf den Erwerb des Ulmer Bürgerrechts verzichten Helene Einstein und ihre Söhne Hermann, Jakob und Heinrich Einstein. Deshalb waren rechtlich gesehen Albert Einstein und seine Eltern nie Ulmer Bürger. Sie waren Einwohner Ulms. Hermann und Jakob Einstein halten sich das Wegziehen von Ulm offen. Für einen Aufenthalt von Jakob Einstein in Ulm gibt es derzeit keinen Beleg. Vermutlich kommt er aber oft zu Besuch.

Das Ulmer Haus Weinhof 19 und Albert Einsteins Vater Hermann Einstein

Das Haus Weinhof 19 (A 90) beherbergte zwischen 1852/54 und um 1902 eine Bettfedernfabrik, von 1852/54 bis 1862 als Firma „Straus & Israel", danach bis um 1902 als „Israel & Levi". Haus und Bettfedernfabrik befanden sich von 1852 bis 1912/14 im Besitz von jüdischen Deutschen. Dann (1912/14) kaufte die Stadt Ulm das Gebäude von Kaufmann Eugen Levi, der zwischen 1902 und 1904 von Ulm nach Cannstatt gezogen ist. Das Haus Weinhof 19 wird auch heute noch „Engländer" genannt, weil der Gastwirt 1749 seiner Wirtschaft den damaligen Modenamen „König von England" gegeben hat. Den Akten des Landesdenkmalamts Tübingen zufolge ist das Haus Weinhof 19 ein Kaufleutehaus. Im letzten Drittel des 16. Jahrhunderts wurde im Erdgeschoss ein Spitzgratgewölbe mit zugespitzten Spitzen in ein bereits vorhandenes Fachwerkhaus aus den 1420er-Jahren eingezogen. Auch der seriell hergestellte Stuckdekor gehört zu den Statussymbolen eines Kaufleutehauses. Weil durch Kriegszerstörungen solche Bauten in Ulm selten geworden sind, kommt dem Haus Weinhof 19

Abb. 16
Wo die Einsteins in Ulm um 1870 begannen:
das Haus „Engländer" in rekonstruiertem Bauzustand der Zeit vor dem Zweiten Weltkrieg, Modell von 1955 im Haus der Stadtgeschichte Ulm.

Abb. 17
Das Haus „Engländer" (Weinhof 19 / Ecke Kronengasse) im Januar 2017.

eine besondere Denkmalbedeutung zu, weswegen einschneidende bauliche Änderungen des Gebäudes nicht zulässig sind. Im zweiten und dritten Jahrzehnt[211] des 19. Jahrhunderts ist das Haus Weinhof 19 von Grund auf saniert worden. Eine weitere Grundsanierung hat das Haus erst 1980/81 erhalten. Dabei sind viele wertvolle Ausstattungselemente verloren gegangen, z. B. ein holzgetäfelter Raum in einem der Obergeschosse.

Anders als Albert Einsteins Geburtshaus Bahnhofstraße 20 ist das Haus Weinhof 19 nicht von jüdischen Bauherren erbaut worden. Die Erdgeschoss-Innenräume im Weinhof 19 enthalten keinerlei Reste, welche auf die Nutzung als Bettfedernfabrik schließen lassen. Das Haus Weinhof 19 wird in jüdischem Besitz zwischen 1852/54 und 1912/14 baulich gesehen durch die Nutzung in 60 Jahren in keiner Weise geprägt. Modernisiert wird es im ersten Viertel des 19. Jahrhunderts unter den Gastwirten der Wirtschaft „König von England" Georg Adam Nestle († Ulm 1813) und David Laible (1784–1832).[212] Auf diese beiden Wirte geht nach Günter Kolb (Landesdenkmalamt Tübingen) die Modernisierung der Nordfassade mit Giebel mit regelmäßiger Fensterrasterung zurück, ebenso die Obergeschosse nach Westen und Osten. Offen bleibt die Frage, wann im Erdgeschoss an der Westfassade die großen Fenster ausgebrochen wurden. Günter Kolb erklärt 2010, dies könne durchaus erst in den frühen 1920er-Jahren geschehen sein. Er nennt als Vergleichsbeispiel das Haus Frauenstraße 19.[213] Dort seien die großen Fenster im Erdgeschoss erst in diesen Jahren ausgebrochen worden.[214]

Albert Einsteins Großmutter Helene Einstein (geb. Moos) zieht im Haus Weinhof 19 um 1870 im ersten Stock ein. Der Hausbesitzer und andere Teilhaber der Bettfedernfabrik Moses Levi wohnt im zweiten Stock.[215] Dass Helenes Sohn Hermann Einstein als Teilhaber

der Bettfedernfabrik geführt wird, ist nur für die Jahre 1878 bis 1880 durch die Gewerbesteuerakten belegt.

Hermann Einsteins jüngste Schwester Friederike Einstein (1855–1938) heiratet am 26. November 1876 in Ulm den Weißwarenhändler Adolph Moos (1853–1926). Auch für Friederike Einstein ist an Aussteuer und Mitgift zu denken. Die beste Bildung erhält der jüngere Bruder von Hermann Einstein, nämlich Jakob Einstein. Er wird sein Geschäft in München im Lauf der 1880er-Jahre ganz auf Elektrotechnik verlagern. Für die neue Elektrobranche muss er sich viel neues Wissen aneignen. Helene Einstein zieht – vermutlich verursacht durch den Wegzug des Sohnes Hermann Einstein und damit sein Ausscheiden als Teilhaber der Bettfedernfabrik „Israel & Levi" – zur ältesten Tochter Jette Dreyfus ins Haus Stubengasse 1. Dort wohnt sie bis zu ihrem Tod am 20. August 1887 im ersten Stock im Haushalt von Kosman Dreyfus.

Der Pechvogel der Familie: Onkel August Einstein in Ulm

Der älteste Ulmer Onkel von Albert Einstein ist August Einstein. Seine Kaufmannslehre macht er wohl noch in Buchau. Er erwirbt am 12. April 1870 das Ulmer Bürgerrecht für sich und seine Braut Bertha Perlen, die er in Esslingen am 24. Mai 1870 heiratet. Denkbar ist, dass August Einstein bereits am 11. Mai 1868 mit den Eltern nach Ulm zieht, weil ein Zuzug ohne Ulmer Bürgerrecht rechtlich möglich war. August Einstein führt das väterliche Geschäft nach dem Tod des Vaters im Jahr 1868 unter dessen Namen „Abraham Rupert Einstein" fort.[216] 1878 ging August Einstein mit seinem Geschäft in Konkurs. Immerhin wurde keine Strafzahlung festgesetzt.[217] Dem Adressbuch von 1876 zufolge hat August Einstein sein Geschäftslokal im Haus Weinhof 19 im Parterre, während dort parallel dazu die Bettfedernfabrik „Israel & Levi" betrieben wird. Die einzige sinnvolle Erklärung dafür dürfte sein, dass ihm Moses Levi und sein Bruder Hermann Einstein für eine Übergangszeit Unterschlupf im nordwestlichen Raum des Erdgeschosses mit separatem Eingang bieten. Dem Adressbuch von 1878 zufolge wohnt August Einstein dann privat im Haus Weinhof 19 (im zweiten Stock wie Moses Levi), betreibt aber sein Geschäft in der Profosengasse. 1880 hat August Einstein immerhin noch ein Gewerbekapital von 2.375 Mark. In den Gewerbesteuerakten rangiert August Einsteins Geschäft mit rückläufigem Gewerbekapital auf dem letzten Platz von insgesamt vier Anbietern. Für die Jahre 1888–1891 ist die Nummer 1 unter den Damenkonfektionsgeschäftsbetreibern Leopold Bernheimer mit durchweg 12.267 Mark Gewerbekapital, Nummer 2 ist August Heyd mit durchweg 5.755 Mark, Nr. 3 sind gemeinsam Max Weglein und August Einstein mit jeweils durchweg 2.375 Mark. Dabei bleibt es bei August Einstein noch 1889 und 1890. Allerdings sinkt sein Gewerbesteuerkapital für die Jahre 1891 bis 1893 auf jeweils 1.555 Mark.[218]

August Einstein kann es sich leisten, 1878 in die Wohnung seines Bruders Hermann im zweiten Stock des Hauses Münsterplatz 50 als Nachmieter einzuziehen. Auch betreibt er seit 1880 im Haus Sattlergasse 9 im Erdgeschoss eine „Damenmäntelfabrik". Davon ist auch noch im Adressbuch von 1894 die Rede. Danach aber lässt der Hauseigentümer, der Buchhändler und Verleger des „Ulmer Tagblatts" Kommerzienrat Friedrich Wilhelm Ebner (1826–1895)[219], seine beiden Häuser in der Sattlergasse abreißen und einen Neubau in gelborangenen Klinkerbacksteinen errichten. 1894 muss August Einstein ausweichen. Er wohnt fortan in der Kronengasse 9 und hat zeitweise ein Warendepot für seine Warenagenturen in der Vestgasse. Das Haus stand an der heutigen Südostecke der Stadtbibliothek. Indessen war das Gewerbekapital für das Warendepot derart minimal, dass man sich fragt, wovon er bis zu seinem Tod im Jahr 1907 überhaupt lebte. 1901–1904 versteuert August Einstein für den Verkauf von Tabak und Wagenfett 80 Mark Gewerbekapital, in den Jahren danach überhaupt nichts mehr.

Auf- und Abstieg: Onkel Kosman Dreyfus und Tante Jette geb. Einstein in Ulm

Die sehr hohe Mitgift seiner Braut Jette Einstein von 12.000 Gulden ist 1864 offenbar Teil des Startkapitals von Kosman Dreyfus.[220] Die Hochzeit findet am 25. Mai 1864 in Buchau statt. Gemeinsam mit seinem Bruder Max Dreyfus erwirbt er bis 1865 das Haus Stubengasse 1.[221] Ein „Häuschen" wird es Albert Einstein beim Ulm-Besuch mit der Mutter 1913 nennen. Es liegt in der zweiten Reihe und wird im Zweiten Weltkrieg zerstört. Im Süden baut man die Gasse zur Neuen Straße hin zu. Als Straßennamen gibt es sie nicht mehr. Man muss wissen, dass Kosman Dreyfus einen Großhandel mit Manufakturwaren betrieb. Dafür reicht ihm die zentrale Lage des Hauses Stubengasse 1 zwischen Münster und Rathaus.

Kosman Dreyfus ist von 1868 bis 1891 Israelitischer Gemeindevorstand. 1891 wird er mit einem Pokal für seine Verdienste geehrt. So steht es 1891 in der „Allgemeine[n] Zeitung für das Judenthum".[222] Bis Anfang 1891 gehört Kosman Dreyfus zu den Honoratioren in Ulm. Nun scheidet er nach 23-jähriger Amtstätigkeit aus dem Ulmer Gemeindevorsteheramt aus. Ihm wird vom „Gesamtkollegium" ein Pokal überreicht in „Anerkennung seiner vieljährigen ersprießlichen Wirksamkeit namens der Gemeinde".[223] In seine Amtszeit fallen die Finanzierung und der Bau der Synagoge und die Stiftung der Israelitischen Gemeinde Ulm zum 500. Jubiläum der Grundsteinlegung des Ulmer Münsters. Kosman Dreyfus ist angesehen, aber kein guter Geschäftsmann. Sein Gewerbesteuerkapital geht fast ständig zurück. Bei der ersten Steuereinschätzung sind es zusammen mit Bruder Max Dreyfus 16.732 Mark, 1878/79 nur noch 10.075 Mark, 1880 10.855[224] und 1883–1887 8.715[225]. 1889–93 versteuert Kosman Dreyfus alleine 5.875 Mark.[226] Mit 65 schließt Kosman Dreyfus 1900 das Geschäft. In einem Brief an die Mutter schreibt Einstein von „Onkel Cosmans Sünden". Damit meint er vermutlich finanzielle Verluste des Onkels.[227] Zwischen 1912 und 1914 zieht Kosman Dreyfus den Adressbüchern zufolge vom ersten in den zweiten Stock des Hauses Stubengasse 1. 1913 wohnen bei Kosman Dreyfus zwei Töchter. Die eine, Anna, ist verwitwet, die andere, Marie (geb. Dreyfus), verließ offenbar bereits 1910 ihren Mann[228] und lässt sich wenig später scheiden. Was aus dem Sohn Martin Dreyfus geworden ist, der nach München zog, ist unbekannt. Allerdings ist er dabei, als der Vater am 21. Januar 1918 stirbt, und meldet dessen Tod beim Standesamt.

Onkel Adolph Moos und Tante Friederike (geb. Einstein): sozialer Aufstieg in Ulm

Einsteins jüngste Ulmer Tante ist Friederike Moos (geb. Einstein). Sie heiratet einen Textilkaufmann, der sich so weit nach oben arbeitet, dass bereits vor dem Ersten Weltkrieg vom Geschäft drei Familien leben können. Nach der Expansion besitzt man die miteinander verbundenen beiden Gebäude des Geschäfts (Lange Straße 9 und Münsterplatz 29), nicht aber die drei Wohnhäuser in der Neustadt, in denen jede der drei Familien Wohnungen anmietet. Der soziale Aufstieg setzt sich in der Nachfolgegeneration zunächst fort, endet aber dann durch die NS-Diktatur. Aufwärts geht es mit dem Weißwarengeschäft, als Adolph Moos zwischen 1880 und 1883 das Haus Lange Straße 11 kauft.[229] Zusätzlich mietet Adolph Moos zwischen 1886 und 1891 das Ladengeschäft im Erdgeschoss des Hauses Lange Straße 9.[230] Nun trennt die Brautgasse die beiden Geschäfte. Zwischen 1898 und 1900 kauft Adolph Moos das Haus Lange Straße 9. Zwischen 1900 und 1902 kauft er das daran nördlich anschließende Haus Südlicher Münsterplatz 29.[231] Jetzt kann das Geschäft rasch expandieren. Man verkauft Weiß- und Aussteuerwaren, Wäsche und Trikotagen und richtet auch einen Großhandel für diese Waren ein. Raum für Warenmagazine bietet das Haus Südlicher Münsterplatz 29 genug. Entsprechend rasch steigt das Gewerbesteuerkapital des Geschäfts. Adolph Moos setzt sich bereits vor dem Ersten Weltkrieg zur Ruhe. Den Adressbüchern von 1914 bis 1935 zufolge sind die beiden Söhne Hugo und Carl Moos Teilhaber am Geschäft. Eigentümer der beiden Häuser bleibt Adolph Moos und nach seinem Tod seine Witwe († 1938). Den Adressbüchern von 1935 und 1939 zufolge gibt man im Haus Lange Straße 9 den Handel en detail auf und betreibt im Haus Südlicher Münsterplatz 29 die Großhandlung weiter. Hauseigentümer sind nach dem Tod der Mutter Hugo und Carl Moos. Bevor Carl Moos 1939 mit seiner Familie in die USA emigriert, ist an den Verkauf der beiden Häuser zu denken.

Die Einstein-Verwandten in München, Cannstatt und Hechingen: Koch und Einstein

Nach seinen ersten fünfzehn Monaten in Ulm lebt der junge Albert Einstein von Juni 1880 bis 1894 in München. Die Expansion der Münchner elektrotechnischen Firma bewirken die beiden Teilhaber, die Brüder Jakob und Hermann Einstein. Der Aufstieg ihres Unternehmens ist nicht ohne reichliche Kredite der Koch-Verwandten möglich. Die Koch-Verwandten sind bisher in der Einstein-Literatur kaum beachtet worden. Albert Einsteins reicher Großvater mütterlicherseits heißt Julius Koch (1816–1895). Er macht in Cannstatt Karriere und lebt als Witwer und Geldgeber in München. Ihm folgt als Kreditgeber der reiche Einstein-Verwandte und Julius-Koch-Schwiegersohn Rudolf Einstein in Hechingen/Hohenzollern. Julius Koch und Rudolf Einstein finanzieren den Betrieb der Brüder Einstein in München durch Kredite.

Was bedeutet es für Albert Einstein, dass die materiellen Verhältnisse der Eltern Hermann und Pauline Einstein 1894 so brüchig werden, dass sie München verlassen, um zusammen mit Onkel Jakob Einstein in Pavia eine neue elektrotechnische Fabrik aufzuziehen? Erneut mit einem hohen Kredit von Rudolf Einstein, also des Schwagers der Ehefrau Pauline geb. Koch. Die Eltern lassen ihren Sohn Albert bei entfernten Verwandten in München zurück. Dort soll er noch gut zweieinhalb Jahre zur Schule gehen, um das Abitur zu machen. In deutscher Unterrichtssprache. Man muss wissen: Albert Einstein ist reifer, als es sein Alter annehmen lässt. Er verlässt München am 29. Dezember 1894 mit 15 ¾ Jahren. Er flieht zu den Eltern in Mailand. Die Flucht ist aber auch Selbstbefreiung. Er lässt sich zuvor vom Hausarzt in München ein Attest ausstellen.[232] So entkommt er dem Luitpold-Gymnasium in München, dessen militärischen Drill er hasst.

In Mailand und Favia erlebt Albert Einstein bei den Eltern bis September 1895 eine prekäre Situation. Sie sind hoch verschuldet. Die elektrotechnische Fabrik „Garrone & Cie" in Pavia, an der die Gebrüder Hermann und Jakob Einstein Teilhaber sind, endet im Frühsommer 1896 im Konkurs. Aus den Schulden kommen Albert Einsteins Eltern danach nicht mehr heraus. Sie können Alberts Unterhalt nicht mehr bezahlen. Wer fortan Einsteins Schulbesuch und Studium finanziert, ist noch zu zeigen. Aus der Perspektive der Überschuldung der Eltern seit 1894 betrachtet Einstein auch seine eigene Zukunft. Auf der väterlichen Seite von Einsteins Verwandten gibt es dauerhaften Wohlstand nur bei den Ulmern Adolph und Friederike Moos. Sonst gibt es auf Dauer gesehen vor allem Abstieg in mehr oder weniger prekäre Verhältnisse.

Ganz anders sieht es bei Albert Einsteins Großeltern mütterlicherseits aus. Großvater Julius Koch heißt ursprünglich Derzbacher und stammt aus dem Dorf Jebenhausen im württembergischen Oberamt Göppingen. Dort erlernt er das Bäckerhandwerk. Bevor er heiratet, nimmt er den stark verbreiteten christlichen Namen Koch an, ein Akt der Akkulturation, also der Annäherung an Nichtjuden ohne Assimilation. Julius Koch hat weiter reichende Pläne. Seine Frau ist fast neun Jahre jünger als er. Sie ist ebenfalls jüdische Deutsche aus Jebenhausen und hat den Namen Jette geb. Bernheimer, lässt sich aber „Jutta" Koch nennen, erneut ein Beleg für Akkulturation. Julius Kochs Bruder Heinrich nimmt als einziger der Geschwister von Julius Koch auch den Nachnamen Koch an. Im Alter von 36 Jahren, 1852, zieht Julius Koch mit seinem Bruder Heinrich nach Cannstatt am Neckar. Dort gründen sie eine Getreidehandlung im Haus Brückenstraße 44, in dem man zugleich wohnt. Später zieht man in das Haus Badstraße 20. Julius und „Jutta" Koch haben vier Kinder. Julius Koch ist ein tatkräftiger Mensch, denn er steigt bis zum königlich württembergischen Hoflieferanten für Frucht, also Getreide, auf. Woher die beiden Brüder Koch das Startkapital nehmen, ist nicht bekannt.

Die Aufstiegsstrategie der Brüder Koch besteht darin, sich durch Namenswechsel der christlichen Mehrheitsgesellschaft formal anzupassen, zudem in die unmittelbare Nähe der württembergischen Landeshauptstadt Stuttgart zu ziehen und dort geschäftstüchtig als Kaufleute zu agieren, nicht aber zum Christentum zu konvertieren. Man zieht zwar wie die Einsteins auch in eine Mittelstadt, nämlich nach Cannstatt am Neckar. Aber das sehr nahe gelegene Stuttgart wird bereits 1874 Großstadt. 1905 wird Cannstatt nach Stuttgart eingemeindet. Binnen weniger Jahre steigen die Brüder Koch zu überregional bedeutenden Korn- und Fruchthändlern auf. Als „Jutta" Koch 1885 stirbt, zieht der verwitwete Julius Koch im Alter von 69 Jahren nach München zur jüngsten Tochter Pauline. Großvater Julius Koch erlebt in München, wie seine Enkel heranwachsen, wie aus dem Kind Albert Einstein ein Jugendlicher wird und wie dessen 1881 in München geborene Schwester Maja Einstein heranwächst. Julius Koch leiht seinem Schwiegersohn Hermann Einstein erhebliche Summen, um die kapitalschwache

„Elektrotechnische Fabrik Jakob Einstein & Cie" zu stützen, die er mit seinem Bruder Jakob Einstein betreibt. Auch Hermann Einsteins Hechinger Schwager Rudolf Einstein stützt mit Krediten. Das ist in jüdischen Familien ein Akt der Familiensolidarität.

Jakob Einstein ist gelernter Ingenieur und für das Technische in der Firma bzw. Fabrik zuständig. Er ist mit Ida Einstein (geb. München 1865) verheiratet. Bei der Eheschließung muss Ida noch sehr jung gewesen sein. Ida und Jakob Einstein haben zwei Kinder, nämlich Robert(o) (1884–1945) und Edith (geb. 1888). Als 1894 die Fabrik in München aufgelöst und eine neue Firma im italienischen Pavia gegründet wird, will der bereits 78 Jahre alte Julius Koch nicht mitkommen. Sein in die Firma investiertes Kapital hat er vermutlich nicht zurückerhalten. Seine Söhne Jakob und Caesar Koch leben nicht mehr in Deutschland. Großvater Julius Koch zieht 1894 offensichtlich nach Hechingen zu seiner ältesten Tochter Fanny und deren Mann, dem erfolgreichen Weberei-Fabrikanten Rudolf Einstein. Dort stirbt Julius Koch an Albert Einsteins 16. Geburtstag, am 14. März 1895. Begraben wird Julius Koch auf dem jüdischen Friedhof in Hechingen.

Im preußischen Hechingen unterhalb der Burg Hohenzollern lebt Julius Kochs Tochter Fanny (geb. 1852) mit ihrem Ehemann Rudolf Einstein (geb. Buchau 1843) in Wohlstand, ja in zunehmendem Reichtum. Die beiden heiraten in Cannstatt am 1. Juli 1871.[233] Zum Zeitpunkt der Eheschließung ist Rudolf Einstein bereits Teilhaber der Baumwollweberei Baruch und Söhne. Alle drei Töchter kommen in Hechingen zur Welt, leben aber später verheiratet in Berlin: Hermine (1872–1943, verheiratete Gumpertz), Paula (1858–1955, verheiratete Mayer) und die zweitgeborene Elsa Einstein (1876–1936). Sie verbringt in der Kleinstadt Hechingen ihre ersten 23 Jahre, bis sie 1896 den Kaufmann Max Löwenthal (1864–1914) heiratet, von dem sie sich 1908 in Berlin scheiden lässt. Seit 1912 hat Elsa eine Affäre mit Albert Einstein und ab Frühjahr 1914 eine feste Beziehung. 1919 heiraten die beiden.

Rudolf Einstein investiert sein Geld nicht in ein Haus mit großem Grundstück wie später die Einstein-Brüder in München, sondern ins Geschäft und in lukrative Anlagemöglichkeiten. Die Familie wohnt mitten in der Hechinger Altstadt im Haus Schloßstraße 16, einem sehr geräumigen, aber doch alten Gebäude. Rudolf Einstein ist ein sehr erfolgreicher Weberei-Fabrikant. Er ist ein Enkel von Albert Einsteins Urgroßvater Rupert Einstein (geb. Buchau 1834). Einer seiner Söhne heißt Raphael Einstein (geb. Buchau 1806). Dieser heiratet Jette Baruch und damit ein Mitglied der Hechinger Weberei-Fabrikanten-Familie Baruch, in welche der Sohn Rudolf Einstein als Teilhaber einsteigt, als man einen geschäftstüchtigen Verwandten braucht. Die Baumwollweberei „Baruch & Söhne" ist der größte Betrieb in Hechingen.

1862 und 1863 hat die Firma Baruch & Söhne in der Friedrichstraße, dem ehemaligen jüdischen Viertel, ein neues Fabrikanwesen errichtet, das in den folgenden Jahren immer wieder erweitert wird. Die Produktpalette ist breit gefächert: farbige Hemdenstoffe, glatt und geraut, Schürzenzeuge, Hosen- und Rockstoffe, Flanelle, die den elsässischen an Qualität nicht nachstehen.[234] Bei der Württembergischen Landesgewerbeausstellung 1881 wird Baruch & Söhne mit einer Goldmedaille prämiert. Zu diesem Zeitpunkt beschäftigt die Firma 450 Arbeiter und produziert mit einer Leistung von 40 PS, eine in der damaligen Zeit in Hohenzollern enorme Leistungskraft. In den 1880er-Jahren wird der Betrieb in der Friedrichstraße mit elektrischem Licht sowie einer Telefonanlage ausgestattet. Im Jahr 1900 wird eine Speiseanstalt für die Belegschaft eingerichtet. Zu Beginn des 20. Jahrhunderts ist Baruch & Söhne eine der führenden Baumwollwebereien Süddeutschlands.[235] 1904 veräußern die Inhaber ihre Anteile an die ebenfalls jüdische Göppinger Weberei Abraham Gutmann, in deren Besitz Baruch & Söhne schließlich übergeht.[236] 1910 ziehen Rudolf und Fanny Einstein nach Berlin, wo bereits alle drei Töchter leben.

Die Kochs sind geschäftlich weitaus erfolgreicher als die Ulmer Einsteins. Julius und „Jutta" Koch haben vier Kinder, zwei Söhne und zwei Töchter. Die Söhne Caesar und Jakob Koch haben offenbar im Getreide-Großhandel noch größeren geschäftlichen Erfolg als der Vater, die ältere Tochter Fanny heiratet den Weberei-Fabrikanten Rudolf Einstein in Hechingen, der es zu beträchtlichem Vermögen bringt. Nur die jüngste Tochter, Pauline Koch, heiratet mit Hermann Einstein einen Mann, dessen Geschäftskarriere abstürzt. Das weiß man aber 1876 noch nicht. Paulines Brüder Jakob Koch und Caesar (der Name ist nach Vater Julius Koch Programm) Koch betreiben von Zürich und von anderswo aus Kornhandel in internationalem Stil. Das sollte auch für Albert Einstein wichtig werden.

Ein überraschender Fund gelang dem Autor am 16. Januar 2018 im Stadtarchiv Zürich. Der Fund beleuchtet Jakob Kochs (1850–1925) Zeit in Riesbach und Zürich zwischen 1885 und 1891, bietet aber auch völlig Neues für die Zeit davor. Im Stadtarchiv Zürich befinden sich Standesamts-Urkunden aus Straßburg, Ulm und München zu Jakobs Familie. Riesbach liegt nördlich des Zürichsees und wurde bereits 1893 nach Zürich eingemeindet. Die bisherige Forschung geht davon aus, dass Jakob Koch mit Familie als Kornhändler direkt von Cannstatt nach Zürich und von dort aus 1891 weiter nach Genua in Italien und schließlich 1901 nach Berlin gezogen ist. Neu ist: Jakob Koch ist in den Jahren 1877/78 in Ulm und von 1880 bis 1886 in München als Kaufmann nachweisbar, einmal durch einen Eintrag im Ulmer Adressbuch von 1878 und dann durch die Geburt zweier Söhne in Ulm. Jakob Koch wohnt am Münsterplatz im Haus C 130 (Westlicher Münsterplatz 7). Julie Koch, geb. Dreyfus, wurde am 10. Februar 1859 in Sierenz im Elsass geboren (17 km nördlich von Basel), bevor dieses 1871 von Deutschland annektiert wurde. Dort lebten die Brauteltern, Louis Dreyfus und Rachel Levy, bevor sie vielleicht nach Straßburg gezogen sind, denn dort wird am 31. Mai 1877 geheiratet. Normalerweise wird am Wohnort der Braut geheiratet. Es gibt ein Indiz dafür, dass die Eltern weiter in Sierenz wohnen. Trauzeugen sind nämlich Barbier Carl Kauffmann, 31 Jahre alt, und Holzhändler Sigmund Roos.[237] In Ulm geboren werden die Söhne Alfred (geb. 26.5.1878) und Robert (geb. 18.4.1879).[238]

Die Schwägerinnen Pauline und Julie Koch (geb. 1859, geb. Dreyfus) sind etwa gleich alt. Als angeheiratete Verwandte in einer fremden Stadt freunden sich die beiden Frauen rasch an. Pauline macht in den späten 1890er-Jahren mit ihrer Schwägerin Julie Koch Urlaub in Mettmenstetten südlich von Zürich. Dabei sind auch ihre Kinder Albert und Maja Einstein. Die Kosten bezahlt Tante Julie. Befreundete Verwandte ist auch die ums Eck verschwägerte Clementine Marx, geb. Einstein.[239] Sie spielt wie Pauline Einstein sehr gut Klavier und ist die Schwester von Pauline Einsteins Schwager Rudolf Einstein in Hechingen. Pauline, Julie und Clementine Marx sind drei energische und ehrgeizige, miteinander verwandte Frauen. Sie verbindet, dass sie vor der Heirat außerhalb von Ulm aufgewachsen sind, Clementine in Buchau. Ob Jakob Koch seinen Kornhandel in Ulm von zu Hause aus betrieben hat, bleibt offen. Ein „Geschäftslokal" für ihn wird im Adressbuch von 1878 nicht genannt. Im Ulmer Gewerbesteuer-Cataster wird er nicht aufgeführt, obwohl es von 1878 bis 1880 15 „Fruchthändler" in Ulm gibt.

Sicher vor dem 1. Juli 1880 zieht die vierköpfige Familie Robert Koch wie Hermann und Pauline Einstein mit dem kleinen Albert nach München. Wo die Kochs zunächst in München wohnen, ist vielleicht im Stadtarchiv München zu klären. Später wohnen sie den Akten von Riesbach im Stadtarchiv Zürich zufolge in München in der Adlzreiter Straße 14.[240] Also an der gleichen Adresse wie die Familien von Hermann und Jakob Einstein. Das erklärt, warum Vater Julius Koch im Garten der Einstein-Brüder ein eigenes Haus bauen lässt, als er nach dem Tod seiner Frau 1885 nach München zieht. Es ist anzunehmen, dass er in diesem Haus mit seinem ältesten Sohn Jakob Koch samt Frau und Kindern wohnt. In München kommt das dritte Kind zur Welt: Manuel Louis Koch (geb. 21.8.1887). Er könnte klein gestorben sein, weil in einer Zürcher Bürgeraufstellung von 1904 nur die drei Kinder Alfred, Robert und Alice genannt werden, wobei als Wohnsitz der Eltern Berlin angegeben wird.[241] Die Geburtsscheine für die Söhne Alfred und Robert Koch sind in Ulm am 5. August 1886 ausgestellt worden und befinden sich heute bei den Akten von Riesbach im Stadtarchiv Zürich. Der Vater, also Jakob Koch, zieht offensichtlich schon 1886 nach Riesbach bei Zürich, die Frau kommt mit den Kindern nach der Geburt des Sohnes Manuel Louis Koch nach. Offensichtlich verspricht sich Jakob Koch vom Getreidehandel in einer Nachbargemeinde von Zürich mehr als von der Fortsetzung des Geschäfts in München. Für Zürich sprechen die positiven Erfahrungen des jüngeren Bruders Caesar Koch in der Limmatstadt, die dieser dort zwischen 1867 und 1879 sammelte. Die Schweiz benötigt Getreideimporte aus dem Ausland. Gemessen an seinen

Steuerzahlungen ist Jakob Koch in Riesbach wohlhabend, aber nicht reich.[242] Jakob Koch ist bis 1894 Besitzer der Firma Fleischmann & Cie. Die Nachfolger in der Firma sind auf Korneinfuhr aus Rumänien, Ungarn und Serbien spezialisiert. War das bereits unter Jakob Koch so? Vielleicht können künftige Recherchen das klären. Bereits 1891 zieht Jakob Koch mit seiner Familie nach Genua. Dort könnte Tochter Alice Koch geboren sein (1891–1953 [243] oder geb. 1892 [244]). 1901 zieht Jakob Koch samt Familie nach Berlin. Man wohnt in Charlottenburg. Dort kommt Albert Einstein im Frühjahr 1912 unter, als er Berlin besucht und Cousine Elsa Einstein wiedersieht.

Der Erfolg von Einsteins Verwandten der Koch-Seite steht in scharfem Kontrast zu den späteren geschäftlichen Misserfolgen von Hermann Einstein. Ohne finanzielle Unterstützung von Rudolf Einstein ist es Hermann Einstein nicht möglich, bis zu seinem Tod 1902 ein selbständiges elektrotechnisches Geschäft in Oberitalien zu führen. 1902 übernimmt Onkel Rudolf Einstein an Stelle des Sohnes Albert Einstein die Versorgung der Witwe, also von Einsteins Mutter Pauline.

Albert Einsteins Geburtshaus in Ulm: Bahnhofstraße 20

Hermann und Pauline Einstein ziehen Ende 1878 in ein modernes Haus, das erst 1870 bis 1872 als Gründerzeitbau errichtet wurde. Es ist der erste größere Neubau, den jüdische Deutsche in Ulm errichten. Bauherr und Besitzer ist 1870 der Ulmer Handelsmann Joseph Weil (1819–1880). Im Adressbuch von 1873 wird Joseph Weil auch Bauunternehmer genannt. An die Stelle des ursprünglich vorgesehenen Teilhabers, des Bauunternehmers Christian Stöhr, tritt 1871 der Ulmer Kaufmann Kosman Erlanger (1824–1896) als Teilhaber.[245] Die Hausbesitzer Weil und Erlanger wohnen dem Adressbuch von 1873 zufolge im ersten Stock. Im zweiten und dritten Stock gibt es Mieter. Wie und ob die Mansarden genutzt werden, ist nicht klar. In den Adressbüchern von 1876, 1878 und 1880 fällt auf, dass der erste Stock nie als von Bewohnern belegt mitgeteilt wird. Ohnehin sind die Einträge in den Ulmer Adressbüchern dieser Jahre keineswegs fehlerfrei. Bevor hier eine falsche „Einstein-Fährte" gelegt wird, ist auf die späteren Adressbucheinträge hinzuweisen. Ihnen zufolge hat der Hausmiteigentümer Kosman Erlanger das Lager für sein Textilgeschäft im Haus. Dafür käme auch der erste Stock in Frage. Es ist logisch, dass die Einsteins zwischen Ende 1878 und Juni 1880 nicht in einem der genannten Adressbücher aufgeführt werden können. Stichtag für 1878 und 1880 ist der 1. Juli.

Trotzdem wird die Frage immer wieder von Neuem gestellt: Wo im Haus haben 1879/80 die Einsteins gewohnt? Und wo im Haus ist Albert Einstein geboren worden? Diese Fragen sind nicht mehr zu klären, weil die einzige Schriftquelle für das Wohnen im Geburtshaus Bahnhofstraße 20 [246] der Geburtseintrag von Albert Einstein im Geburtenbuch des Standesamts der Stadt Ulm ist. Hermann Einstein ist mit Frau und Kind am 1. Juli 1880 bereits weggezogen und seit gut einer Woche in München polizeilich gemeldet, seit 21. Juni 1880.[247]

Maja Einstein-Wintelers Legende ist zu bezweifeln. Sie schreibt in der Rückschau (frühestens 1924) Folgendes: „Sowohl das zugebrachte Frauenvermögen, als auch der Gang des Geschäfts, hätten der jungen Familie ein nicht nur sorgenfreies, sondern auch reichlich behäbiges Leben gestattet. Die Zukunft schien gesichert, u. der Charakter der beiden Eheleute harmonierte in so vollkommener Weise, dass die Ehe während des ganzen Lebens nicht nur keine Trübung erfuhr, sondern sich bei jeder Schicksalswendung als das einzig Feste u. Zuverlässige erwies. Wäre der Vater in Ulm verblieben, so wäre auch dem Sohne Albert eine sorgenfreiere Jugend beschieden gewesen."[248]

Wir wissen aus den erhalten gebliebenen Ulmer Gewerbesteuerakten, wieviel Gewerbesteuerkapital für die Bettfedernfabrik Israel & Levi im Erdgeschoss des Hauses Weinhof 19 berechnet wurde. Wir können von der Gründung der Fabrik – vielleicht ab um 1870 mit neuer Teilhaberschaft – mit einem Steuer-Kapital von 22.567 Mark rechnen. Bis 1877 und 1878 ergibt sich ein Rückgang auf 18.417 Mark. Das ist ein Rückgang um gut 18 %. 1879 stagniert das Geschäft. Das Gewerbekapital liegt erneut bei 18.417 Mark. Dass es 1880 weiter zurückgeht, nämlich auf 14.360 Mark (1881 desgleichen)[249], ist logisch, weil Hermann Einstein als Teilhaber ausfällt und zu einem nicht bekannten Zeitpunkt von Moses Levi ausbezahlt wird.

Die Ulmer Maschinenfabrik von Philipp Jakob Wieland hat 1877 bis 1880 ein Gewerbekapital von 46.684 Mark, 1881 ergibt sich eine Steigerung auf 58.460 Mark.[250] Ziehen wir noch jüdische Geschäftsleute zum Vergleich heran: Die Brüder Thalmessinger betreiben ihre Firma Bankcommandit Ulm Thalmessinger & Cie. Im Anfangsjahr, also 1877 oder davor, beträgt das Gewerbekapital 50.000 Mark, 1879–1881 dagegen nur noch 37.875 Mark.[251] Stagnation des Geschäftsgangs ist also angesagt.

Die Stagnation des Gewerbekapitals der Bettfedernfabrik Israel & Levi von 1878 auf 1879 macht Hermann Einstein und seiner Ehefrau Sorgen. Ein sicheres Auskommen, und das noch auf Jahrzehnte, bietet die Teilhaberschaft Hermann Einsteins an der Ulmer Bettfedernfabrik Israel & Levi gewiss nicht. Wer den württembergischen Markt kennt, weiß, dass die in Cannstatt seit 1863 wirkende jüdische Bettfedernfabrik Straus & Cie. durch technische Innovation längst Marktführer wurde.[252] Um damit Schritt zu halten, hätte man in die Bettfedernfabrik Israel & Levi erheblich investieren müssen und höchstwahrscheinlich größere Fabrikräume gebraucht. Technologisch produziert man 1880 in Ulm auf dem Stand der Investitionen von 1852. Im 19. Jahrhundert ist das Innovationstempo zwar noch nicht so hoch wie im 20. Jahrhundert. Aber auch Hermann Einsteins Schwiegervater, der gewitzte Geschäftsmann Julius Koch, weiß, dass für die Ulmer Bettfedernfabrik Israel & Levi keine prosperierende Zukunft zu erwarten ist. Gründer und Inhaber der Cannstatter Bettfedernfabrik war Seligman Löb Straus (1815–1819). Bis 1863 war er zusammen mit Hayum (Heinrich) Levi Teilhaber der Bettfedernfabrik im Haus Weinhof 19 in Ulm. Danach sah er in einer Neugründung ohne seinen Teilhaber in Cannstatt weit bessere Chancen. Der enorme Erfolg der Cannstatter

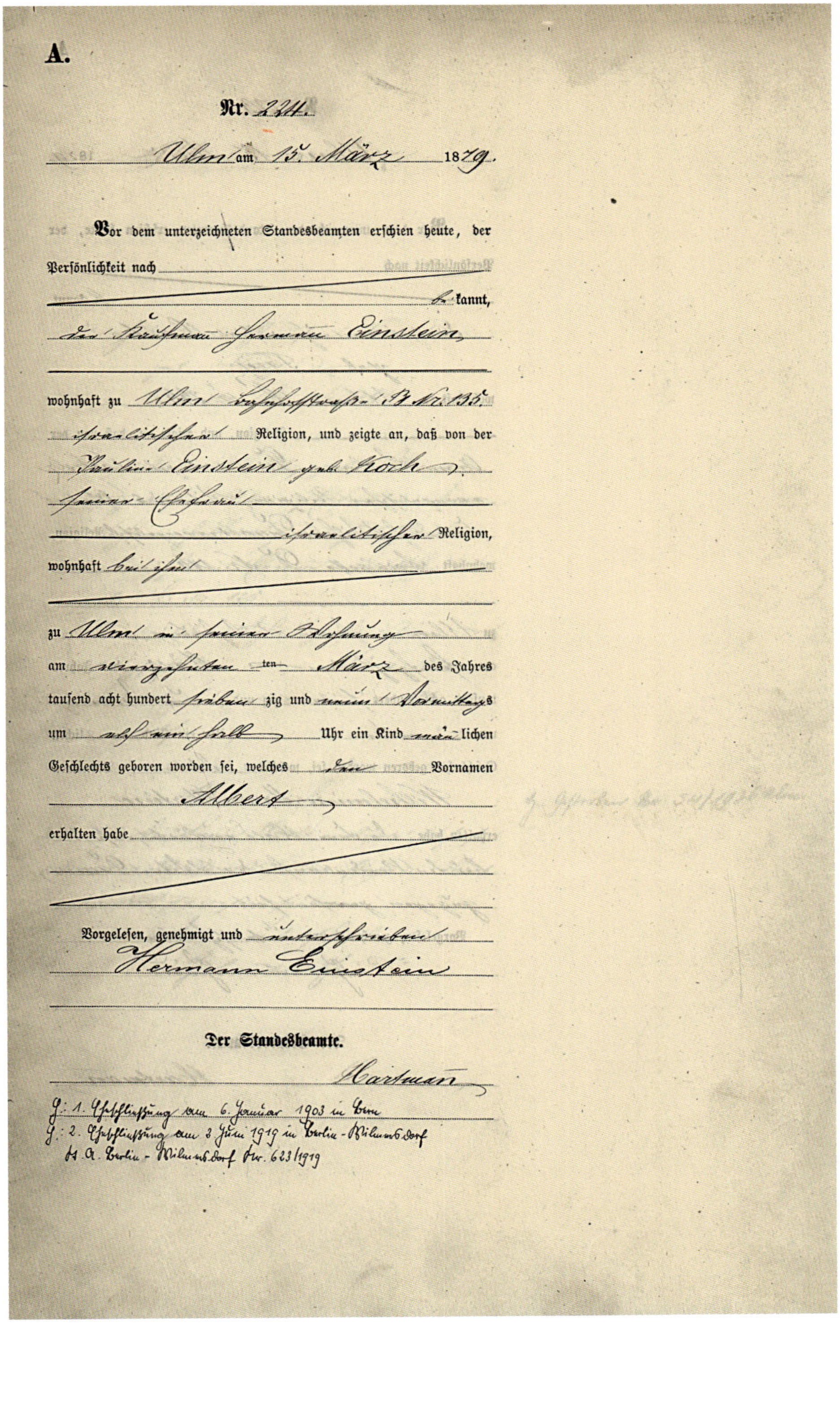
A.

Nr. 224.

Ulm am 15. März 1879.

Vor dem unterzeichneten Standesbeamten erschien heute, der Persönlichkeit nach bekannt,

der Kaufmann Hermann Einstein,

wohnhaft zu Ulm Bahnhofstraße B Nr. 135,

israelitischer Religion, und zeigte an, daß von der

Pauline Einstein geborene Koch,

seiner Ehefrau,

israelitischer Religion,

wohnhaft bei ihm

zu Ulm in seiner Wohnung

am vierzehnten März des Jahres

tausend acht hundert siebenzig und neun Vormittags

um elf ein halb Uhr ein Kind männlichen

Geschlechts geboren worden sei, welches den Vornamen

Albert

erhalten habe.

Vorgelesen, genehmigt und unterschrieben

Hermann Einstein

Der Standesbeamte.

Hartmann

G: 1. Eheschließung am 6. Januar 1903 in Bern

G: 2. Eheschließung am 2. Juni 1919 in Berlin-Wilmersdorf

StA. Berlin-Wilmersdorf Nr. 623/1919

Abb. 18
Geburtseintrag von Albert Einstein aus dem Geburtenregister des Standesamts.

Bettfedernfabrik gab dem recht.[253] Infolgedessen geriet die Ulmer Bettfedernfabrik auf ganz Württemberg gesehen immer mehr ins Hintertreffen. Der Besitzer des jahrhundertealten Hauses Weinhof 19, Moses Levi, leistet sich mit seiner Wohnung im zweiten Stock deutlich weniger Wohnkomfort als offenbar Hermann Einstein, der im modernen Haus Bahnhofstraße 20 wohnt.

Maja Winteler-Einsteins Urteil, ihre Eltern hätten in der Ulmer Bettfedernfabrik Israel & Levi ein sicheres Auskommen gehabt, ist stark zu bezweifeln, wenn man die Entwicklung der Bettfedernfabrik-Branche und die Angaben in den Ulmer Gewerbesteuerunterlagen betrachtet. Sie urteilt um 1924 über etwas, was sich ein Jahr vor ihrer Geburt ereignete. Und dabei ist sie natürlich auf die Erzählungen der Verwandten angewiesen. Ihr Bericht ist allerdings für vieles andere die einzige Quelle und insofern unentbehrlich.

1876 bis 1894: Jakob und Hermann Einsteins Firmen in München und Pavia

Eine kleine Firma „für Wasserbeförderung und Central-Heizungen" betreibt der Ingenieur Jakob Einstein seit 1876 in München.[254] 1880 gewinnt er seinen älteren Bruder, den Kaufmann Hermann Einstein, dafür, die Teilhaberschaft an der Bettfedernfabrik Israel & Levi in Ulm aufzugeben und im Sommer als Teilhaber in seine Firma einzusteigen. Sie heißt nun Firma Jakob Einstein & Cie in München. 1882 kaufen die Brüder zwei Drittel der Anteile der Firma Kiessling & Cie. Diese mechanisch-technische Werkstätte und Kesselflickerei erwarb sich in der Herstellung von Gasboilern einen guten Ruf. Nun legt Hermann Einstein den größten Teil der Mitgift seiner Frau produktiv und gewinnbringend an.[255]

Im Haus Müllerstraße 3, in dem die Firma betrieben wird, in unmittelbarer Nähe des Sendlinger Tors, wohnen Hermann Einsteins junge Familie und der noch ledige Ingenieur Jakob Einstein. Man verlagert den Geschäftsbereich allmählich auf die Elektrotechnik. Über die hohen Risiken der jungen Elektrobranche weiß man 1880 noch nicht Bescheid. Jakob Einstein sorgt dafür, dass man in die damals recht neue Elektrotechnik investiert. 1882 nimmt die Firma Einstein & Cie an der Internationalen Elektrotechnischen Ausstellung in München teil und zeigt ihre Produkte: Dynamos, Bogenlampen und Glühbirnen, auch eine vollständige Telefonanlage. Der Elektrotechnikzweig der Firma entwickelt sich derart positiv, dass die Brüder Einstein 1885 ihre Anteile der Firma Kiessling & Cie verkaufen. 1885 gründen sie die Firma Elektrotechnische Fabrik Jakob Einstein & Cie und beleuchten das Oktoberfest. Daraus entwickelt sich schnell ein regional bedeutendes Unternehmen.[256] Albert Einsteins Schwester Maja Einstein beschreibt ihren Onkel Jakob Einstein als die treibende Kraft im Münchner

Geschäft. Sie nennt ihn „übereifrig" und „stets auf Neues u. auf Veränderung bedacht".
Er war „durch keinen Misserfolg belehrbar" und der „hartnäckigste Optimist".[257] Nun kaufen
sie ein größeres Anwesen im Münchner Vorort Sendling mit der Adresse Rengerweg 14, der
1887 in Adlzreiterstraße umbenannt wird. Dort erwerben sie ein einstöckiges komfortables
Wohnhaus und erweitern es durch einen geräumigen Anbau, so dass beide Familien genügend Platz finden.[258] Darin wohnen Albert Einsteins Eltern Hermann und Pauline Einstein mit
den Kindern Albert und Maja in München zusammen mit Jakob und Ida Einstein und deren
Kindern Robert(o) und Edith. Das Haus umgibt ein großer Garten. Der Traum einer Idylle
zerplatzt 1894 noch vor den Augen der Kinder. Dort, wo vorher Garten war, werden große
Mietskasernen hochgezogen. Das „Kindheitsparadies" wird zerstört.

Die neu gegründete Elektrotechnische Fabrik Jakob Einstein & Cie wird in Gebäuden in der
nahe gelegenen Lindwurmstraße 125 eingerichtet. All das wäre ohne Kredite von Julius Koch
und Rudolf Einstein nicht möglich.[259] Man produziert auch Stromzähler, zu denen es eine
Patentschrift mit Zeichnungen von 1890[260] gibt. Hergestellt werden auch Dynamo-Maschinen.[261] Es gibt Zeichnungen von elektrischen Bogenlampen, von der erstmaligen elektrischen
Beleuchtung des Oktoberfests 1885 als Postkarte von ca. 1895 und von der Schwabinger
Beleuchtungsanlage von 1889. Eine Innenansicht der Fabrik ist erhalten.[262] Bereits 1885
stellt man auf dem Münchner Oktoberfest 16 Bogenlampen auf, welche über eine 6 ½ km
lange Freileitung von dem Fabrikgebäude in der Lindwurmstraße mit Strom versorgt werden.
Die Elektrotechnische Fabrik Jakob Einstein & Cie erlebt Höhen und Tiefen. Über betriebswirtschaftliche Details weiß man nicht Bescheid, obwohl es eine Dissertation über die Firma
gibt.[263] Diese bietet wenig Neues. Deshalb ist man auf verstreute Nachrichten in der Literatur
angewiesen und auf die knappe, aber präzise Beschreibung der Geschichte des Unternehmens von Jürgen Neffe von 2005.[264] Die elektrotechnische Fabrik der Gebrüder Einstein
in München muss sich auf dem Markt gegenüber wesentlich größeren und kapitalstärkeren
Firmen behaupten. Man beschäftigt in den besten Zeiten 150 bis knapp 200 Angestellte und
Arbeiter und setzt stets auf kostengünstigere Gleichstromanlagen. Man stellt auch Ingenieure
an. Einsteins Mutter Pauline musiziert mit einigen von ihnen. Heute gibt es wenige Hinterlassenschaften, die an die Existenz der Elektrotechnischen Fabrik J. Einstein & Cie. erinnern.
Da ist ein Foto von 1891, das den Werkssaal innen zeigt, und dann ein Stromzähler zur
Ermittlung des Stromverbrauchs.[265] Zu ihm gibt es eine Patentschrift von 1890 mit einer
Skizze.[266] Schließlich gibt es Annoncen der Firma von 1878 und 1891.[267] Das Aufgeben der
Gebrüder Einstein in München von 1894 ist lange Jahre nicht vorherzusehen. Ebenso wenig
der Konkurs in Italien von 1896. Zunächst ist es spannend, ob sich der Aufstieg auch trotz

der immer schärfer werdenden Konzentration in der Elektrobranche halten lässt. 1887 versorgt man das siebte Deutsche Turnfest mit Strom, weil man die AEG als Konkurrenten unterbietet.[268] 1889 beleuchten die Einstein-Brüder die damals noch unabhängige Gemeinde Schwabing.

Neffe nennt neben der Umstellung großer Teile der Branche von Gleichstrom auf Wechselstrom zwei weitere Faktoren für das Scheitern. Die Kreditlinie der Firma bei Banken ist nicht ausreichend. 1894 verliert Julius Koch sein in die Firma gestecktes Kapital vermutlich komplett. Schließlich gilt Jakob Einstein als jähzornig. Mit dem Leiter der Technischen Versuchsanstalt liefert er sich eine regelrechte Fehde.[269] Noch 1891 nimmt man an der Elektrizitätsausstellung in Frankfurt am Main teil. Nach 1891 beginnt der langsame Niedergang der Einstein'schen Fabrik. Ob dann tatsächlich die Vergabe der Beleuchtung von München 1892 an Schuckert den Niedergang der Firma J. Einstein & Cie bewirkt, lässt sich nicht eindeutig beweisen. Den lukrativen Auftrag erhält die Konkurrenzfirma, weil sie ein günstigeres Angebot macht.[270] Auf Dauer kann man als Familienunternehmen nicht gegen die großen Unternehmen, z. B. AEG Siemens oder Schuckert, bestehen. Wechselstromanlagen herzustellen, ist wesentlich kapitalintensiver als Gleichstromanlagen, so dass es in der Elektrobranche zu einem Konzentrationsprozess kommt.[271] Die Gebrüder Einstein schließen deshalb 1894 zum 1. Juli die Münchner Fabrik mit Verlusten und verlegen ihre Geschäftätigkeit nach Mailand. Die AEG übernimmt in München das Lager und die Kunden.[272] Die Elektrotechnische Fabrik Jakob Einstein & Cie in München wird ohne Insolvenz aufgelöst.[273]

Die Brüder Jakob und Hermann Einstein vermeiden eine drohende Insolvenz, indem sie nach Italien ziehen Dort rechnen sie sich bessere Chancen für eine elektrotechnische Fabrik aus. Zunächst in Mailand und danach in Pavia. Auch in Italien bleiben die Gebrüder Einstein bei Gleichstromanlagen. Dort verspricht eine Firmengründung in Pavia guten Erfolg. Die Gebrüder Einstein nehmen den italienischen Partner Lorenzo Garrone als Teilhaber in die Firma. Man errichtet in Pavia einen beträchtlichen Fabrikkomplex. Dass Garrone die Einsteins intrigant in den Bankrott hineinführt und daraus selbst Vorteil zieht, wie mancherorts erwogen wird, lässt sich derzeit nicht beweisen. Maja Einstein berichtet, ihr Vater könne Onkel Jakob nie etwas abschlagen. Sie schiebt die Schuld für die geschäftlichen Misserfolge der Firmen auf den Onkel und sucht den Vater zu entlasten. So geht es auch in Italien weiter.[274] Der Vorschlag, das Geschäft dorthin zu verlegen, ging von Lorenzo Garrone aus, dem italienischen Vertreter des Einstein'schen Geschäfts. Dieser führte bis 1894 schon in mehreren Städten Italiens als Pionier die Elektrizität ein. Jakob Einstein entscheidet sich sofort dafür und überzeugt seinen Bruder Hermann. Die Firma wird 1894 nach Pavia verlegt. Die Gebrüder Einstein ziehen mit ihren Familien 1894 nach Mailand und 1895 nach Pavia.[275] Bereits 1896 meldet man Konkurs an. Nun geht vieles verloren, das „Frauengut" Pauline Einsteins, aber auch „bedeutende Zuschüsse der Verwandten". Damit gemeint sind 10.000 Lire Schulden an Rudolf Einstein in Hechingen, der als reicher Schwager mit Krediten aushalf.[276]

Dies entspricht einem Betrag von 8.100 Reichsmark. Nach heutiger Kaufkraft entspricht dies 160.000 Euro.[277] Nun trennen sich die Wege der beiden Brüder Hermann und Jakob Einstein. Jakob heuert als angestellter Ingenieur in Lecce in Apulien an, wo eine elektrifizierte Bahn von Lecce zum Küstenort San Cataldo gebaut wird.[278]

Es ist nicht bekannt, ob und wie Jakob Einstein seine Schulden vom Konkurs von Pavia im Jahr 1896 loswurde. Die Überlieferung zu seinem Leben setzt erst im Jahr 1906 wieder ein. Nun lebt er in Wien und ist Direktor der elektrotechnischen „Electra. Apparatebau-Gesellschaft", die auch Stromzähler herstellt. Aus dem Wiener Adressbuch geht hervor, dass die Gesellschaft ein Kapital von 100.000 Kronen hat.[279] Die Firmenadresse ist Promenade 25 (IX. Bezirk). Zeichnungsberechtigt ist der Geschäftsführer H. Aron, der gelernter Ingenieur ist.[280] Privat wohnt Jakob Einstein im Haus Grenzgasse 11 (XVIII. Bezirk). Er wird auch „Prokurist" genannt. Am 8. September 1912 stirbt Jakob Einstein in Wien. In der „Neuen Wiener Presse" erscheinen zwei Traueranzeigen[281], eine der Firma und eine der erwachsenen Kinder Robert(o) und Edith Einstein. Jakob und Ida Einstein haben sich 1909 scheiden lassen.[282] Ida ist 1913 ein zweites Mal verheiratet und lebt in Osnabrück.[283] Ein Jahr später ist sie in Genua bei der Hochzeit ihres Sohnes Robert(o) Einstein.

Für Hermann Einstein kommt dagegen das Arbeiten als Angestellter nicht in Frage. Für ihn und für seine Frau ist die Aufgabe der selbständigen Existenz aus Statusgründen unmöglich. Tochter Maja Einstein schreibt, für die Mutter wäre ein „Tieferstehen auf der gesellschaftlichen Skala" unerträglich. Infolgedessen richtet Hermann Einstein nun in Mailand erneut „eine elektrische Fabrik ein". Rudolf Einstein borgt trotz der hohen Verluste neues Kapital. Technischer Leiter der kleinen Firma wird Sebastian Kornprobst, den man bereits aus München nach Pavia mitbrachte. Allerdings geht auch dieses Unternehmen in Insolvenz, so dass das investierte Kapital zum größten Teil verloren geht. Deshalb ist Hermann Einstein noch höher bei seinem Schwager Rudolf Einstein verschuldet.

Hermann Einstein erhält dennoch erneut von Rudolf Einstein frisches Kapital, mit dem er elektrische Zentralen einrichtet, welche ganze Ortschaften mit elektrischer Beleuchtung versorgen. Dieses Unternehmen ist erfolgreich. Allerdings leidet Hermann Einsteins Gesundheit unter den „vielen Widerwärtigkeiten" dermaßen, dass er an einem schweren Herzleiden erkrankt. Nach kurzer Zeit stirbt er am 10. Oktober 1902 in Mailand.[284] Zu dem Zeitpunkt ist sein Sohn gerade ein Vierteljahr als Experte III. Klasse am Patentamt in Bern angestellt. Wider Willen gibt der Vater dem Sohn auf dem Totenbett die Erlaubnis zur Heirat mit Mileva. Begraben ist Hermann Einstein auf dem cimitiero centrale, also auf dem Zentralfriedhof in Mailand. Der Sohn riet dem Vater bereits 1894 dazu, wie sein Bruder Jakob Einstein als Angestellter seinen Lebensunterhalt zu verdienen.[285] Statusdenken ist Albert Einstein nicht so wichtig wie seinen Eltern. Freiheit, seinen wissenschaftlichen Neigungen nachzugehen umso mehr, bei sehr guter Bezahlung.

Abb. 19
Albert Einstein (r.) und seine Schwester Maja.

Werdegang eines Nonkonformisten
Der junge Albert Einstein: 1879–1902

Kindheit und Jugend: Disziplin, Selbststudium, Schulkarriere – bis 1896

Albert Einstein ist ein ungewöhnliches Kind. Als Kleinkind beginnt er erst spät zu sprechen. Die Eltern holen deswegen sogar ärztlichen Rat ein. Einstein bildet sich durch Lesen von Mathematik- und Physik-Literatur selbst fort. Er folgt dem Unterricht im Gymnasium oft nur mit Widerwillen. Ähnliches gilt in abgemilderter Form für sein Studieren und Lernen am Zürcher Polytechnikum. Einstein ist auch Autodidakt und nicht nur Schüler und Student. Ohne selbständiges Lernen kann nichts wirklich Neues entstehen.

Doch wie wird man ein Ausnahmetalent? Ein Jahrhundertwissenschaftler? Warum gelingt gerade Albert Einstein eine Reihe von Jahrhundertentdeckungen in der Physik, welche sich bis heute als richtig erweisen? Oft nennt man Einstein ein „Genie".[286] Heute wird der Begriff ‚Genie' für Wissenschaftler weitgehend vermieden, weil er auf Irrationalem gründet, vor allem aber, weil er inflationär gebraucht wurde. Insbesondere Adolf Hitlers Selbstinszenierung als Politiker- und Künstlergenie ließ den Geniebegriff fragwürdig werden.[287] Einstein wird heute meist nur noch von Journalisten bzw. Wissenschaftsjournalisten als Genie bezeichnet, nur selten von Wissenschaftlern. Jürgen Neffe etwa entwirft für Einstein das „Psychogramm eines Genies".[288] Die „Geniezeit" des späten 18. Jahrhunderts mit ihrer Idee vom künstlerisch schöpferischen „Originalgenie" bewirkt im 19. und 20. Jahrhundert einen regelrechten Geniekult. Das Genie verlässt die schönen Musen. Der Nobelpreisträger für Chemie Wilhelm Ostwald (1853–1932) nimmt 1908 den Geniebegriff für solche Naturforscher in Anspruch, die ein „Glücksfall" für die Wissenschaft seien. Dem Historiker Wolfram Pyta zufolge markiert die Karriere des genialen Physikers Albert Einstein den Höhepunkt eines Diskurses über das Genie, der längst seine Eierschalen sprengte. Von hier aus sei es kein weiter Sprung mehr zur Übertragung des Geniebegriffs auf den Bereich des Sports.[289]

Man könnte Albert Einstein einen äußerst kreativen Hochbegabten nennen.[290] Einstein überspringt eine Schulklasse. Weil er zu Hause Privatunterricht hat, kommt er mit sechs Jahren am 1. Oktober 1885 gleich in die Klasse 2 der Volksschule.[291] Ein halbes Schuljahr „schwänzt" er in Mailand. Und das letzte Jahr an der Kantonschule Aarau besteht für Einstein in der Gewerbeabteilung aus den zwei halbjährigen Klassen 3 und 4. Infolgedessen beginnt Einstein das Studium am Zürcher Polytechnikum bereits mit 17 ½ Jahren. Und das, obwohl er von Ende Dezember 1894 bis Herbst 1895 so gut wie überhaupt keine Schule besucht, sondern sich zu Hause als Autodidakt vorbereitet. Einstein selbst bezeichnet sich für seine Schulzeit vor Aarau als „Einspänner". Einzelgänger ist er seit dem Schulbesuch in Aarau nicht mehr. Denn dort und danach in Zürich findet er Freunde und kommuniziert mit ihnen lebhaft.[292]

Das Luitpold-Gymnasium in München verlässt Einstein Ende Dezember 1894. Die dortige Militärbegeisterung, den strengen Drill und das Auswendigpauken hat er gründlich satt. Er lässt sich vom Hausarzt in einem Attest „neurasthenische Erschöpfung" bescheinigen. Nun wird ihm die Entlassung aus der Schule in der Obersekunda[293] gewährt.[294] Es folgen neun Monate Selbststudium in Italien. 1895 besucht Einstein nur kurze Zeit die Internationale Schule der Protestanten in Mailand. Neben Physik und Mathematik bildet sich Einstein auch in klassischer deutscher Literatur fort.[295] Er nutzt die Freiheit vom Schulbesuch gut, denn in Aarau gelingt es ihm, der die Untersekunda (Kl. 10) in München nicht ganz zur Hälfte besuchte, diese nicht nachholen zu müssen. Mit Ausnahme des Französisch-Lehrers plädieren alle Aarauer Lehrer für ein schnellstmögliches Abschließen der Schulzeit.

Die Aufnahmeprüfung für das Polytechnikum Zürich im Oktober 1895 besteht Einstein nicht. Er verdankt die Chance der Empfehlung eines Freundes der Familie Einstein, des gebürtigen Ulmers Gustav Maier (1844–1923), der bis 1881 Leiter der Reichsbank-Filiale in Ulm war. Maier lebt seit 1891 in Ermatingen/Kt. Thurgau und seit 1895 in Zürich.[296] Er genießt als zum reformierten Glauben konvertierter Jude und Direktor der Reichsbank in Zürich in der dortigen Gesellschaft beträchtliches Ansehen. Maier empfiehlt Einstein als „Wunderkind". Seine Leistungen in Französisch und Chemie, aber auch in anderen Fächern, sind zu schwach. Dagegen bietet er in Physik und Mathematik längst Universitätsniveau. Einstein ist später damit zufrieden, dass noch ein letztes Jahr Schule in Aarau folgte und er die vorgezogene Aufnahmeprüfung fürs Polytechnikum nicht schaffte. Ab Ende Oktober 1895 besucht Einstein auf Empfehlung von Gustav Maier ein Jahr lang die Kantonsschule in Aarau. Er unterhält eine platonische Liebe zu Marie Winteler, Tochter seines Pensionsherrn Jost Winteler, eines Gymnasialprofessors für Griechisch und Latein. Bei ihm hat Einstein keinen Unterricht. Paul Wintelers aufgeklärtes, demokratisch-republikanisches Denken regt Einstein in höchstem Maß an, auch sein Pazifismus. Winteler und Maier sind beide Pazifisten. Einstein wird in Wintelers Familie aufgenommen wie ein eigenes Kind. Einstein nennt Paul Winteler und dessen Frau „Vater" und „Mutter". Die Kantonsschule Aarau ist eine gute liberale Schweizer Schule, moderner als das Münchner Luitpold-Gymnasium. Plötzlich macht Einstein der Unterricht Freude. In Aarau erlebt er, wie die Schüler freundlich und achtungsvoll behandelt werden. Hauptziel ist gründliches Denken, nicht Vielwissen. Es gibt ein hochmodernes Physiklabor. Bei der Maturaprüfung im Herbst 1896 schließt Einstein mit ausgezeichneten, sehr guten und guten Noten ab. Nur eine Schwäche bleibt – Französisch.[297] Einsteins Ziel ist es, Wissenschaftler an einer Hochschule oder Universität zu werden, nicht Professor an einem Gymnasium. Bei seiner Begabung, seinem Ehrgeiz und seinem Fleiß kommt gar nichts anderes in Frage.

Die rascheste Möglichkeit, die Hochschulreife an der Kantonsschule Aarau zu erwerben, bietet die Gewerbeabteilung, deren Klasse 3 Einstein besucht, um ein halbes Jahr später in die nur ein halbes Jahr dauernde Abschlussklasse 4 versetzt zu werden. Er rechtfertigt trotz ungenügender Französisch-Kenntnisse das ihm gewährte Entgegenkommen. In der Gewerbeabteilung schließt er als Jahrgangsbester ab.[298] Albert Einstein wird 1897 als Schüler der vierten Klasse genannt.[299] Albert ist der mit Abstand jüngste von anfangs zwölf und bei der Prüfung nur noch neun Schülern der Klasse.[300] In Aarau entschließt sich Einstein dazu, am Polytechnikum Zürich Physik zu studieren, weil das seinen Neigungen entspricht. Nicht Elektrotechnik, wie es die Eltern sehnsüchtig erwarten, in der Hoffnung, er könne als Ausnahmetalent die Misere des elektrotechnischen Geschäfts des Vaters ein für alle Mal beenden.

Bislang betrachten wir Einsteins Entwicklung bis zum Alter von 16 Jahren und sieben Monaten. Die entscheidende Frage lautet: Was lässt Albert Einstein zu einem außerordentlichen Physiker heranreifen? Es geht dabei um die Addition verschiedener Faktoren. Manches treibt Einstein regelrecht an. Doch ohne eine außergewöhnliche Denkfähigkeit und ein ‚Ausnahme-Gehirn' wären all diese Faktoren zusammen nicht geeignet, aus Einstein den exzellenten Physiker zu machen, der er wurde. Der Werdegang des „Mannes des Jahrhunderts" lässt sich durchaus rational erklären, auch wenn oft Details fehlen. Als Kind fängt Albert Einstein sehr spät zu sprechen an, offenbar erst mit drei Jahren. Die Eltern machen sich deshalb große Sorgen und „befürchte(n), er würde nie sprechen lernen".[301] Das Kind spricht stets ganze Sätze und murmelt sie vor sich hin, bevor es sie ausspricht.[302] Das Münchner Hausmädchen nennt ihn deshalb „Depperter".[303] Erst mit sieben legt Albert die Eigenart ab. An Spielkameraden mangelt es ihm nicht. Da gibt es die Schwester, die fast gleich alten Cousins Robert Einstein und Robert Koch und noch etliche andere Kinder. Der große Garten lädt zum Spielen ein. Das Kind Albert bleibt gern allein. Eine seiner Leidenschaften ist es, mit Spielkarten große und hohe Kartenhäuser zu bauen. Mit 14 Stockwerken![304] Das erfordert nicht nur eine ruhige Hand, sondern Präzision in der Feinmotorik, Ausdauer und allerhöchste Konzentration. Noch vor dem Eintritt in die Volksschule gibt der Vater dem kleinen Albert einen Kompass. Und der erfreut das Kind ungemein. Er veranlasst Albert, verwundert und intensiv darüber nachzudenken, wie es der Magnetnadel gelingt, stets Norden anzuzeigen. Hinter den Dingen müsse etwas stecken, was verborgen sei.[305]

Hinzu kommen spezielle Bauklötze, Laubsägearbeiten und Spiele mit dem Metallbaukasten oder das Betreiben einer kleinen Dampfmaschine. Als Schüler ist Albert in München ein Einzelgänger. Er wird dort aber auch zum Einzelgänger gemacht. In der Rückschau schreibt er über den Antisemitismus der Klassenkameraden: „Unter den Kindern war besonders in der Volksschule der Antisemitismus lebendig. Er gründete sich auf die den Kindern merkwürdig bewußten Rassenmerkmale und auf Eindrücke im Religionsunterricht. Thätliche Angriffe und Beschimpfungen auf dem Schulweg waren häufig, aber meist nicht gar zu bösartig. Sie genügten immerhin, um ein lebhaftes Gefühl des Fremdseins schon im Kopf zu befestigen."[306]

Hat Albert Einstein von Geburt an ein Ausnahmegehirn? Oder formt sich sein Gehirn erst im Laufe der Entwicklung bis zum Erwachsenwerden um? Die zweite Variante vertritt Manfred Spitzer. Er ist an der Universität Ulm Hirnforscher und Lehrstuhlinhaber für Psychiatrie und Psychotherapie. Gegen Einsteins testamentarischen Willen, aber „auf Wunsch seines Sohnes Hans Albert Einstein", entnimmt Dr. Harvey bei Einsteins Autopsie dem Toten das Gehirn. Vom Gewicht her (1.230 Gramm) liegt Einsteins Gehirn im „völlig normalen Bereich". Mit bloßem Auge kann man keine wesentlichen Auffälligkeiten sehen. Deswegen wird das Gehirn mikroskopisch untersucht. Dünne Schnitte werden an einige weltberühmte Neuro-Anatomen verschickt. Erst Mitte der 1980er-Jahre kommt die amerikanische Wissenschaftlerin Marian Diamond zu dem Befund, „dass Einsteins Gehirn sowohl im rechten und linken superioren Frontalhirn als auch im rechten und linken inferioren Parietallappen ein größeres Verhältnis von Gliazellen zu Neuronen aufw(ei)st als normal." Spitzer zufolge ist der „Unterschied besonders groß im linken inferioren Parietalhirn, dem Bereich des Gehirns, dem auch in anderen Studien eine besondere Bedeutung für mathematische Begabung zugewiesen wird". „Weil es sich bei Gliazellen um Gewebe handelt, das die Neuronen stützt und ernährt (sowie möglicherweise beim Rechnen der Neuronen mithilft), lässt sich hieraus zumindest die Vermutung ableiten, dass dieser Befund mit der außerordentlichen Begabung in Verbindung steht".[307] Posthume psychologische Analysen sind bekanntlich ein auch in Fachkreisen äußerst zweifelhaftes Unternehmen. Unstrittig ist: Albert Einstein ist ein höchstbegabter Egozentriker. Ein pathologischer Fall ist er sicher nicht.

Bereits für den Schüler Albert Einstein ist das Selbststudium wichtiger als das parallel erduldete schulische Lernen. Neffe zufolge treibt das „Flow-Erlebnis‚‚im Kopf" den jungen Einstein voran. Ja, er geht so weit, von einer „Sucht nach ‚Erlebnishöhepunkten'" zu sprechen. Einstein hat eine „maßlose Wissbegier". Seine Verwandten erleben ihn als einen über Fragen der Mathematik versunkenen Menschen, der wie in Trance inmitten beträchtlichen Lärms meditiert.[308] Einstein schöpft „aus dem fortgesetzten Flow-Erlebnis seiner jungen Jahre als reifender Wissenschaftler seine revolutionäre Kraft".[309] Es beglückt ihn, den Satz des Pythagoras auf Anregung von Onkel Jakob Einstein nachzuweisen und dafür einen richtigen, ganz neuen Weg zu finden. Einstein wird sich durch solche Erlebnisse seiner Fähigkeiten bewusst.[310] Sein Selbstbewusstsein steigt. Er schreibt selbst: „Der Erwachsene denkt nicht über Raum-Zeit-Probleme nach. Ich dagegen habe mich so langsam entwickelt, dass ich erst anfing, mich über Raum und Zeit zu wundern, als ich bereits erwachsen war."[311]

Der Vater Hermann Einstein ist für den Sohn Albert kein starkes Vorbild. Der Vater ist heiter und gemütlich und in seinem Beruf wenig erfolgreich. Wenn Einstein etwas von seinem Vater übernimmt, dann ist es die Heiterkeit seiner jüngeren Jahre. Ein Vorbild bietet Onkel Jakob Einstein auch nur teilweise. Er besuchte die Polytechnische Schule in Stuttgart und ist Ingenieur. Er begeistert den jungen Albert Einstein für Mathematik, Physik und Technik, vor allem für Elektrotechnik. Zweifellos liebt Albert den Vater und seinen Onkel Jakob. Seine Haltung ihnen gegenüber wird aber – je länger, desto mehr – ambivalent, spätestens in den frühen 1890er-Jahren, als die elektrotechnische Fabrik der beiden immer mehr ins Trudeln gerät. Dennoch beschäftigt sich Albert Einstein in der Einstein'schen Fabrik intensiv mit Elektrotechnik. Noch skeptischer beobachtet er bis 1896 die Entwicklung der großen Fabrik in Pavia, die im Bankrott endet. 1893 war Albert Einstein kein Kind mehr. Er gerät als Jugendlicher in eine gewisse Opposition zu den Eltern. Sein ausgezeichnetes Urteilsvermögen lässt ihn frühzeitig durchschauen, wie prekär die geschäftliche Lage von Vater und Onkel ist. Die Misserfolgsjahre bestärken Einstein darin, seine Zukunft in sicheren Anstellungen zu suchen und auf Dauer gesehen als ordentlicher Professor hochdotierter Staatsbeamter zu werden. Der junge Albert Einstein arbeitet öfters im Konstruktionsbüro von Onkel Jakob Einstein mit Der sagt einmal Folgendes zu einem Gehilfen: „Wissen Sie, das ist schon fabelhaft mit meinem Neffen, wo ich und mein Hilfsingenieur uns Tage lang den Kopf zerbrochen haben, da hat der junge Kerl in einer knappen Viertelstunde die ganze Geschichte heraus gehabt. Aus dem wird noch mal was."[312]

Was also treibt Einstein an? Was fördert ihn? Wir wissen zuverlässig, dass die Mutter Großes mit ihrem Sohn vorhatte. Er sollte erfolgreich werden und, wenn schon nicht selbständiger Elektrotechnik-Unternehmer, dann doch ein Meister seines Fachs werden, beispielsweise als Universitätsprofessor. Die Mutter zeigt stolz die ausgezeichneten Zeugnisse des Sohnes in der Verwandtschaft herum. Vor allem die Mutter fordert es äußerst konsequent ein, dass der Sohn erst sämtliche Hausaufgaben fertig vorweist, bevor er anderes tun darf. Sie sorgt dafür, dass Einstein Geigenunterricht bekommt. Geige zu spielen, macht ihm erst ab dem Alter von zwölf Jahren Freude. Ab dem Alter von 13 begeistert er sich für Mozart-Sonaten, später auch für Beethoven, welcher der Lieblingskomponist der Mutter ist. Einsteins Mutter spielt ausgezeichnet Klavier und begleitet ihren Sohn, musiziert aber auch mit jungen Ingenieuren der Firma ihres Mannes und des Schwagers. Albert Einstein wird lebenslang ein Liebhaber-Musiker bleiben, der gerne mit anderen zusammen musiziert, auch mit Wissenschaftlerkollegen. Einsteins Geigenspiel ist nicht konzertant, aber bei Hausmusik kann es sich hören lassen. Albert ist ein gefragter Mitspieler von Quartetten. Als Kind und Jugendlicher übt und spielt er intensiv Geige. Nun ist bekannt, dass intensives Spielen und Beherrschen eines Instruments einen Menschen vorzeitig reifen lässt. Zudem fördert Musizieren die Konzentrationsfähigkeit in hohem Maße. Musikalität kommt bei Mathematikern und Physikern überdurchschnittlich häufig vor. Der Ehrgeiz der Mutter wächst angesichts des Geschäftserfolgs ihrer beiden Brüder und ihres Schwagers Rudolf Einstein. Bereits Einsteins Schwester stellt bei ihrem 15-jährigen Bruder fest, dass ihm das Geigenspiel keineswegs Zerstreuung gewesen sei. Das Musizieren versetzt ihn „vielmehr in eine ruhige Geistesstimmung, die ihm das Nachdenken erleichterte".[313] Vielfach wird davon berichtet, dass Einstein mitten im Geigenspiel unterbricht, weil ihm spontan eine neue physikalische Einsicht in den Sinn kommt. Die notiert er dann.

Mit zwölf Jahren hat Einstein die Freude am Geige spielen und den Ehrgeiz, sich zu vervollkommnen, internalisiert. Noch viel mehr trifft das für seine Neugier, seinen Wissensdurst in Bezug auf Physik und Mathematik zu. Einstein entwickelt eine leidenschaftliche Begeisterung dafür. Man möchte sagen, er „brennt" förmlich für diese Wissenschaften. Konzentrationsfähigkeit und eiserne Selbstdisziplin erwirbt Albert bereits als Kind beim Hausaufgabenmachen und beim Geigenspiel. Das alleine erklärt nicht Albert Einsteins außergewöhnlichen Erfolg. Schule ist für Einstein in München eher ein Störfaktor. Der nahezu militärische, wilhelminische Drill ist für Einstein abstoßend. Er rebelliert nicht offen als Schüler gegen das geistlose Paukschulsystem, aber ihm ist bewusst, dass seine Angebote intellektuell gesehen begrenzt sind. Es wundert deshalb nicht, dass es in der Untersekunda zu einem Vorfall kommt: Der neue Klassenlehrer, ein Altsprachler, versucht Einstein loszuwerden, weil er ihn stört. Er bemerkt ihm gegenüber, „es werde nie in seinem Leben etwas Rechtes aus ihm werden"[314]. Auf Einsteins Bemerkung, „daß ich mir doch nichts hätte zuschulden kommen lassen", antwortete er nur: „Ihre bloße Anwesenheit verdirbt mir den Respekt in der Klasse".[315]

Als größeres Kind von zehn bis zwölf Jahren durchläuft Einstein eine religiöse Phase. Während dieser Zeit kritisiert er heftig, dass sich seine Familienangehörigen nicht an die Gebote der koscheren Küche halten. Mit zwölf Jahren wird Einstein Agnostiker. Die Tatsache, dass seine Familienangehörigen mehr oder weniger säkular leben und nicht die Synagoge besuchen, beruht auf Skeptizismus. Man ist auf die jüdische Tradition zwar stolz, hält aber die Gebräuche der Synagoge für Aberglauben. Man glaubt, die moderne Welt würde säkulare Juden als gute Staatsbürger anerkennen.[316] Und der Skeptizismus, das Zweifeln an den Grundlagen des Glaubens und Lebens, wirkt sich förderlich für innovatives wissenschaftliches

Denken aus. Der in späten Jahren von ihm propagierte kosmische Glauben widerspricht dem Agnostizismus nicht, denn Einstein geht es bei seiner kosmischen Religiosität um das „Staunen über die Harmonie der Naturgesetzlichkeit".[317] Damit hängt Einsteins häufiges Verwenden des Gottesbegriffs zusammen.[318] Am besten beschreibt Einstein selbst seine Art von Religiosität: „[Die] Religion [des Forschers] liegt im verzückten Staunen über die Harmonie der Naturgesetzlichkeit, in der sich eine so überlegene Vernunft offenbart, dass alles Sinnvolle menschlichen Denkens und Anordnens dagegen ein gänzlich nichtiger Abglanz ist. Dieses Gefühl ist das ‚Leitmotiv' seines Lebens und Strebens, insoweit dieses sich über Knechtschaft des selbstischen Wünschens erheben kann. Unzweifelhaft ist dieses Gefühl nahe verwandt demjenigen, das die religiösen schöpferischen Naturen aller Zeiten erfüllt hat."[319]

Mit nur 13 Jahren arbeitet der junge Autodidakt Kants „Kritik der reinen Vernunft" durch, angeleitet durch Max Talmud. Einmal in der Woche wird der arme jüdische Medizinstudent Max Talmud (1869–1941) aus München zum Essen eingeladen. Er leiht Albert Einstein populärwissenschaftliche Bücher über Naturwissenschaften und Mathematik, darunter Aaron Bernsteins enzyklopädische Volksbücher mit einem Überblick über den damaligen Stand der Naturwissenschaften.[320] Einstein führt mit Talmud lebhafte Diskussionen. Dieser nennt sich später Talmey und macht in New York als Arzt Karriere. Es geht bei den Gesprächen um nichts weniger als darum, die Welt zu erklären. Einstein lebt in einer wissenschaftsgläubigen Zeit, in der die Naturwissenschaften einen immer höheren Rang erhalten und als wahrer Fortschrittsmotor gelten. Wie das physikalische Denken den jungen Einstein immer mehr begeistert, kann im Einzelnen nicht belegt werden. Bemerkenswert ist aber die Begeisterung des Zwölfjährigen für die Schönheit der Euklidischen Mathematik. Einstein eignet sich begeistert das abstrakte physikalische und mathematische Denken im Selbststudium an, nicht im Fachunterricht am Gymnasium. Ihn treiben primäre Motivation und extreme Neugierde an. Später erklärt er mit Understatement: „Ich habe keine besondere Begabung, sondern bin nur leidenschaftlich neugierig."[321] Er weiß, dass er in höchstem Maße begabt ist. Im Selbststudium erarbeitet sich Einstein die wichtigsten Bereiche der höheren Mathematik. Das reicht „von der analytischen Geometrie über die unendlichen Reihen bis zur Differential- und Integralrechnung."[322] Außer seinem Onkel Jakob Einstein hat in seiner Umgebung niemand Ahnung von höherer Mathematik. Das gilt auch für die meisten Mitschüler und Lehrer.[323] Jürgen Renn erklärt, bereits der junge Albert Einstein eigne sich ein eigenständiges wissenschaftliches Denken an.[324]

Das obrigkeitsstaatliche Gymnasium mit seinem pedantischen Zwang zum Auswendiglernen ist Einstein zuwider. Der dort erteilte Unterricht ist geeignet, Neugierde abzutöten, und zielt darauf ab, den Schüler zu einem gehorsamen Untertanen abzurichten. Dem stellt der junge Einstein konsequent sein Selbststudium entgegen. Mit zunehmenden Kenntnissen wächst sein Selbstbewusstsein. Infolgedessen kann ihn die Schule nicht verderben. Mit 67 Jahren erinnert sich Einstein an das Münchner Bildungserlebnis. Er beschreibt seine Abkehr vom jüdischen Glauben, zu der er durch die Lektüre populärwissenschaftlicher Bücher kam: „Die Folge war eine geradezu fanatische Freigeisterei, verbunden mit dem Eindruck, dass die Jugend vom Staate mit Vorbedacht belogen wird; es war ein niederschmetternder Eindruck. Das Misstrauen gegen jede Art von Autorität erwuchs aus diesem Erlebnis, eine skeptische Einstellung gegen die Ueberzeugungen, welche in der jeweiligen sozialen Umwelt lebendig waren – eine Einstellung, die mich nicht wieder verlassen hat, wenn sie auch später durch bessere Einsicht in die kausalen Zusammenhänge ihre ursprüngliche Schärfe verloren hat." [325]

1894 flieht Einstein aus der Münchner Paukschule zu den Eltern nach Italien. Aber nicht in Panik, sondern äußerst geschickt mit Attest. Zudem lässt er sich von einem seiner Lehrer schriftlich bestätigen, dass er den Abiturstoff für die Fächer Mathematik und Physik vollständig beherrscht. Diese Bestätigung wird im Oktober 1895 am Zürcher Polytechnikum akzeptiert. Der 15 ½-Jährige agiert ungewöhnlich reif und vorausschauend.

Großvater Julius Koch ist weitgehend eine carte blanche, was den direkten Einfluss auf Albert Einstein anbelangt. Aber der Großvater war ein Modell für Erfolg durch Disziplin und Realismus. Für Albert Einstein, der ja nie als Selbständiger tätig wird, gibt es da schon etwas zu lernen. Später nützt ihm das vielleicht beim Einwerben von gut bezahlten Nebentätigkeiten. In Bezug darauf erweist sich Einstein später jahrzehntelang als Meister. Wir dürfen annehmen, dass man in den Familien von Hermann und Jakob Einstein den Vater und Schwiegervater Julius Koch mit höchstem Respekt behandelt, nicht nur, weil er Kapital in die chronisch unterfinanzierte elektrotechnische Fabrik gibt. Nein, weil er ein äußerst erfolgreicher Geschäftsmann ist und sich hocharbeitete. Großvater Koch verkörpert für Einstein ein gutes Modell dafür, dass für Geschäftserfolg pragmatischer Realismus nötig ist, also das präzise Einschätzen der eigenen Chancen und Grenzen.

Man weiß nicht viel über Caesar Koch (1854–1941), aber das ehrgeizige Programm seines Vaters erfüllt er. Als Getreidegroßhändler ist er in Zürich, in St. Petersburg, in der Ukraine, in Argentinien, in London und schließlich im belgischen Antwerpen tätig.[326] Dem jungen Albert schenkt er eine kleine Dampfmaschine. Zum 70. Geburtstag schickt Einstein seinem Onkel einen Gratulationsbrief mit einer Zeichnung dieser Dampfmaschine.[327] Seinem Onkel sendet Einstein seine erste wissenschaftliche Abhandlung vom Sommer 1895, geschrieben im halben Jahr der Schulverweigerung und des Selbststudiums.[328] Der Titel der Abhandlung lautet „Über die Entstehung des Ätherzustandes im magnetischen Feld".[329] Onkel Caesar Koch steht bei Einstein hoch im Kurs.[330] Es ist nicht genau zu beweisen, aber möglicherweise bewundert der junge Einstein die Tatkraft, den unerschütterlichen Optimismus und die Zukunftsgewissheit seines Onkels. Sein Selbstbewusstsein ist gefestigt und nicht zu erschüttern. Um so etwas zu lernen, braucht man Leitbilder und innere Stärke zugleich. Einstein besucht später oft Onkel Caesar Koch in Belgien.[331]

Wer begeistert den jungen Albert Einstein für die Mathematik? Es ist nicht der Vater, der ja gerne Mathematik an der Technischen Hochschule studieren wollte. Es ist Onkel Jakob Einstein. Er lernte die Grundlagen der Mathematik an der Polytechnischen Schule Stuttgart. Er beherrscht sein Metier, aber tut sich als Elektroingenieur in vielem schwer.[332]

Von Albert Einsteins Onkel Jakob Koch erfährt man aus den Quellen wenig. Allerdings ist es seinem beträchtlichen Berufserfolg als Großhandelsmann im Kornhandel in Zürich und auch in Genua geschuldet, dass Einstein als Schüler in Aarau und Student in Zürich seinen Unterhalt bezahlt bekommt. Die Gönnerin ist Tante Julie Koch, also die Ehefrau von Onkel Jakob Koch. Die beiden wohnen mit Tochter Alice bereits seit 1891 in Genua.

Betrachten wir die Verwandten auf Albert Einsteins väterlicher Seite, so finden wir geschäftlichen Aufstieg und tiefen Fall bei Albert Einsteins Vater Hermann Einstein und Onkel August Einstein. Solange Albert Einstein den Unterhalt der Mutter nicht bestreiten kann, übernimmt das Rudolf Einstein. Bei letzterem im Haushalt in Hechingen und Berlin kann Einsteins Mutter bis 1911 leben. Wo immer wir bei Albert Einsteins Verwandten auf der Koch-Seite schauen, finden wir Wohlstand, ja Reichtum von selbständigen Kaufleuten bzw. eines selbständigen Fabrikanten. Entsprechend stark muss das Anspruchsdenken von Albert Einsteins Mutter gegenüber ihrem Ehemann gewesen sein. Selbständig und nicht in Anstellung beschäftigt zu sein, ist für sie aus Statusgründen ein Wert an sich. Für Hermann Einstein steht der Weg nicht offen, als gut bezahlter Angestellter sein Glück zu machen. Er ist ja ein hoch verschuldeter Kaufmann, der zwei Konkurse erlitt. Sein Bruder Jakob Einstein dagegen kann als angestellter Ingenieur seinen Lebensunterhalt verdienen. Wie er mit seinen Schulden umgegangen ist, ist nicht bekannt.

Albert Einstein wird kein selbständiger Geschäftsmann. Insofern eifert er nicht direkt dem Koch-Modell nach. Allerdings dürfte dieses Modell für ihn eine Rolle dabei spielen, das jeweils Beste bei Verhandlungen über Einkünfte als Professor oder bei Nebeneinkünften herauszuholen. Als Ausreißer nach unten erweist sich 1932 die Forderung nach 3.000 Dollar im Jahr für fünf Monate Tätigkeit am Institute for Advanced Study in Princeton. Er erhält 10.000 Dollar und kurz darauf wegen eines Kollegen 15.000 Dollar im Jahr. Albert Einstein ist ein sozialer Aufsteiger. Er entstammt einer Familie von Selbständigen, die in der Elektrobranche tätig, aber am Ende hoch verschuldet ist.

Albert Einstein wird 1894 beim Wegzug seiner Familie bei entfernten Verwandten in München als Pensionsgast untergebracht. Wer dies war, ist nicht geklärt. Ziel ist, dass Albert noch zweieinhalb Jahre das Luitpold-Gymnasium in München besucht. Ihn erst Italienisch lernen und danach in Italien das Gymnasium abschließen zu lassen, erscheint den Eltern nicht sinnvoll zu sein. Am 29. Dezember 1894 meldet sich Einstein an seiner Schule ab und fährt zu den Eltern nach Mailand, wo man darauf wartet, dass die neue Fabrik in Pavia fertig gebaut ist. Vermutlich sind drei Dinge für ihn bei diesem Entschluss leitend: Er hat es satt, eine wilhelminische Paukschule zu besuchen. Er hat vermutlich Heimweh nach seiner Familie. Ihm ist klar, dass die Zeit drängt. Bis zum 14. März 1896 muss er es erreichen, aus der württembergischen Staatsbürgerschaft entlassen zu werden. Sonst ist er in Deutschland zum Militärdienst verpflichtet, selbst wenn er im Ausland lebt. Auch wenn die Entlassung bewilligt wird, muss er sich die meiste Zeit außerhalb des Deutschen Reichs aufhalten. Sonst lebt die ihm verhasste deutsche Militärpflicht wieder auf. Einstein entscheidet also Ende 1894 weitblickend, willens- und durchsetzungsstark, denn der Vater muss den Antrag stellen. In Mailand besucht Einstein nur kurz die protestantische Internationale Schule. Er ist erfüllt von optimistischer Zukunftsgewissheit. Nun bereitet sich Einstein gut neun Monate auf die Aufnahme im Zürcher Polytechnikum vor. Dies soll als Externer gelingen, ohne Abitur, das man in der Schweiz Matura nennt. Was bei einer Externen-Prüfung am Zürcher Polytechnikum geprüft wurde, war ihm nicht bekannt. Nicht zureichend waren seine Kenntnisse in sprachlich-deskriptiven Fächern, ungenügend seine Französisch-Kenntnisse. Einstein reagiert auf den Misserfolg in der Rückschau gelassen: Die Prüfung „zeigte mir schmerzlich die Lückenhaftigkeit meiner Vorbildung, trotzdem die Prüfenden geduldig und verständnisvoll waren. Daß ich durchfiel, empfand ich als voll berechtigt." [333]

Letztes Jahr an der Schule: Kantonschule Aarau 1895–1896

Aarau ist für Einstein schon insofern prägend, als er erkennt, was er wirklich studieren will. Eben nicht Elektrotechnik der Eltern wegen, sondern Physik und Mathematik aus eigener Neigung. Sein Pensionsvater, der an der Kantonsschule Aarau ebenfalls Lehrer ist – für Latein und Griechisch –, prägt die künftige politische Grundhaltung von Einstein: pazifistisch, republikanisch und demokratisch wie die Schweiz und antiwilhelminisch, d. h. gegen den preußisch-deutschen militaristischen Obrigkeitsstaat. Winteler und Einstein sind internationalistisch gesinnt, nicht nationalistisch. In diesem Denken wird Einstein während seines Studiums durch seinen Förderer Gustav Maier bestärkt. Dieser schreibt am 26. Oktober 1895 einen Brief an Jost Winteler. Kurz nach Einstein kommt sein Vetter ersten Grades Robert

Koch zu Jost Winteler als Pensionsgast. Er ist zwar etwa gleich alt, aber von den Leistungen her deutlich schwächer als Albert Einstein, so dass er in Klasse 2 aufgenommen wird. Die beiden sind die einzigen jüdischen Schüler an der Kantonschule Aarau. Gustav Maier teilt mit, Einstein sei „viel reifer" und bedürfe „daher der Aufsicht weniger als sein Vetter" Robert Koch.[334] Einstein ist an der Kantonsschule Aarau für seinen Vetter Robert Koch Kamerad und vielleicht auch eine Art Nachhilfelehrer, denn Roberts Leistungen in Mathematik sind ungenügend. Robert Koch besteht die Matura-Prüfung erst zwei Jahre nach Albert Einstein und schließt 1898 mit mäßigem Erfolg ab. Er erklärt, Jura studieren zu wollen.[335] Er wird später wie der Vater Getreidehändler. 1925 trifft ihn Einstein in Buenos Aires, wohin er auswanderte.[336]

Am 3. Oktober 1896 erhält Albert Einstein an der Kantonsschule Aarau sein Maturazeugnis und damit die Berechtigung zum Studium am Zürcher Polytechnikum. Er ist Jahrgangsbester in der Gewerbeabteilung. Außer in Französisch und Sport hat er nur sehr gute und gute Noten. Derzeit spricht nichts dafür, dass Onkel Caesar Koch in Antwerpen Albert Einsteins Schulbesuch und Studium finanziert. Diese Behauptung geistert ohne Beleg durch die Einstein-Literatur.[337]

Studium am Zürcher Polytechnikum und Selbststudium 1896–1900

Albert Einstein beginnt im Sommer 1898 die Vorbereitung auf die Zwischenprüfung am Polytechnikum im Oktober. Wochenlang ist er mit der Mutter und mit Schwester Maja in Mettmenstetten / Kt. Zürich und schlägt sich mit der „Thermodynamik" von Helmholtz herum. Bald kommt Tante Julie Koch dazu. Einstein nennt sie in einem Brief „ein veritables Ungeheuer": „Hier im Paradies [Hotelpensionsnamen in Mettmenstetten] ist es fortgesetzt sehr schön, zumal wir wunderbares Wetter haben. Doch haben wir immer unangenehme Besuche von Mamas Bekannten, deren stumpfsinnigem Geschwätze ich durch die Flucht zu entrinnen pflege, wenn nicht grade gegessen wird. Zum Schluß kommt noch meine Tante von Genua [Julie Koch], ein veritables Ungeheuer von Arroganz & stumpfsinnigem Formalismus."[338] Kein Einstein-Biograf hat bisher erklärt, dass Einstein auf dem Papier seinen Abscheu ausdrückt. Bei Tante Julie Koch kann er es sich nicht leisten wegzugehen, wenn ihm Gespräche nicht passen. Da heißt es höflich zu sein und freundlich, ja sogar schmeichlerisch aufzutreten. Kurz, Einstein ist genötigt, gegenüber seiner Tante Julie Koch mehr als nur die Form zu wahren. Deswegen spricht er von „Formalismus". Aber dafür gibt es jeden Monat 100 Schweizer Franken. Und davon kann der Student Einstein gut leben. Er kann sogar so viel sparen, dass er später die Gebühren für den Erwerb des Zürcher Bürgerrechts und der Schweizer Staatsbürgerschaft zahlen kann. Und was für ein schreckliches „Ungetüm" ist nun Tante Julie Koch wirklich? Sie ist Durchschnitt, sie ist keine Akademikerin, aber selbstbewusst, nicht zuletzt wegen des Reichtums ihres Manns. Sie steht offenbar gerne im Mittelpunkt. Sie ist geltungsbedürftig. Und sie ist dominant. Einstein fühlt sich Tante Julie Koch in jeder Hinsicht überlegen. Aber er ist gezwungen, das Idealbild des jungen, höflichen und gescheiten und deshalb förderwürdigen jungen Mannes zu verkörpern. Die anderen Sommergäste sollen die Tante um den attraktiven Violinspieler beneiden. Einstein muss sich, wenn es um seinen Unterhalt während Schule und Studium geht, keine Sorgen machen, solange er der Tante gegenüber funktioniert.

Den Unterhalt während der vier Jahre Studium am Zürcher Polytechnikum von 1896 bis 1900 zahlt Einsteins Tante Julie Koch. Da scheint sich dann doch der Familiensinn durchzusetzen. Albert Einstein beschreibt seine Tante Julie in einem Brief an Julia Niggli (1873–1959)[339] vom 6. [?] August 1899 erbarmungslos. Diese ist eine ehemalige Mitschülerin von Einstein und interessiert sich für eine Stelle als Hauslehrerin von Tante Julies Tochter Alice (1891–1953).[340] Der 19-jährige Einstein erweist sich als Menschenkenner: „Sie kennen ja meinen Vetter Robert Koch [er besuchte wie Julia Niggli die Kantonschule in Aarau, er zwischen 1895–1898]. Seine Mutter [Tante Julie Koch] braucht eine Gouvernante für ihr einziges Töchterchen (7 Jahre). Meine Tante ist eine Frau von natürlichem Verstand, wahrheitsliebend, oberflächlich gebildet, gerecht, eitel, herrschsüchtig, aber leidenschaftslos & mitteilsam dabei. Sie will, daß man artig ist mit ihr, ist aber selbst durchaus korrekt. Aber ziemlich taktlos ist sie & hat wenig Zartgefühl. Sie ist die Herrin & d.[er] Herr des Hauses. Die Küche ist gut – sie ist eine tüchtige Hausfrau. Sie wären also nur fürs Kind da, ein wirklich intelligentes, gutes Kind, wenn auch ein wenig verwöhnt. Sie bewohnen ein Haus in G[enua] – für alle leiblichen Bedürfnisse ist jedenfalls gesorgt. Auch können Sie Stadt & Land kennen lernen. Meine Tante läßt sich wirklich nichts so angelegen sein als die Erziehung ihrer Kinder. Über die Bezahlung kann ich Ihnen nichts sagen, darüber sollten Sie mir schreiben. Ich verstehe ja nichts davon. Sie müßten sich nur mit der Tante abfinden – die andern haben nichts zu sagen."

Albert Einsteins Abneigung gegenüber seiner Gönnerin Julie Koch hält auch im Sommer 1901 an: „Leider werden uns hier wieder alle möglichen Leute (z. B. von Genua) besuchen, was mir ein wahrer Greuel ist."[341] Über seine Eltern und deren Alltagssorgen schreibt Einstein am 23. März 1901 Folgendes: „Meine Alten thun auch ihr Möglichstes [zur Beruhigung der Nerven], denn die Armen haben stets Ärger und Sorgen wegen des leidigen Geldes. Mein lieber Onkel Rudolf (der Reiche) sekiert sie schrecklich."[342] Einsteins Eltern hatten bei ihrem Verwandten hohe Schulden und dieser wollte als guter Geschäftsmann Sicherheiten haben. 1901 finanziert er Hermann Einsteins Konzessionen, die es ihm ermöglichen, in Canneto sull'Oglio und Isola della Scala Kraftwerke zu bauen und zu installieren.[343] Rudolf Einstein bleibt Hauptgläubiger bis zu Hermann Einsteins Tod.[344] Für die Schulden haben aber nur die Eheleute wechselseitig aufzukommen, nicht der Sohn. Albert Einstein ist zeitweise in Winterthur Vertretungslehrer. Dort macht er sich Sorgen um die Eltern. Er schreibt, sie scheinen ihm „wieder einmal auf dem Hund zu sein". Der Grund ist Majas Bitte an ihn, 100,50 Schweizer Franken zu schicken. Die Eltern haben am 6. August 1901 silberne Hochzeit. Da werde es wohl traurig werden.[345] Albert Einstein kann zwei Monate lang im Fach Mathematik am Technikum Winterthur Prof. Rebstein vertreten, auch in darstellender Geometrie. Er hat von Mai bis Juli 1901 30 Stunden in der Woche zu halten. Unerschrocken geht er an die Aufgabe heran: „der wackre Schwabe forcht sich nit", womit er Ludwig Uhlands Heldenballade „Schwäbische Kunde" aus dem Jahr 1814 zitiert, das zum geflügelten Wort wird.[346]

Bei der Zwischenprüfung am Polytechnikum Zürich ist Einstein wie schon in Aarau Jahrgangsbester. Er lernt fleißig und lässt sich die Vorlesungsmitschriften von seinem Freund Marcel Grossmann geben, der 1907 Professor für Mathematik (darstellende Geometrie) an der ETH Zürich wird, nachdem er zeitweise als Gymnasiallehrer in Frauenfeld und Basel beschäftigt war. „Stopfkur" nennt Einstein seine Anstrengungen. In der Rückschau bezieht er sich auf sein Studium nach der Zwischenprüfung: „Ich merkte bald, dass ich mich damit zu begnügen hatte ein mittelmäßiger Student zu sein. Um ein guter Student zu sein, muss man eine Leichtigkeit der Auffassung haben, Willigkeit, seine Kräfte auf all das zu konzentrieren, was einem vorgetragen wird, Ordnungsliebe, um das in den Vorlesungen Dargebotene schriftlich aufzuzeichnen und dann gewissenhaft auszuarbeiten. All diese Eigenschaften fehlten mir gründlich, was ich mit Bedauern feststellte. So lernte ich allmählich mit einem einigermassen schlechten Gewissen in Frieden zu leben und mir das Studium so einzurichten, wie es meinem intellektuellen Magen und meinen Interessen entsprach. Einigen Vorlesungen folgte ich mit gespanntem Interesse. Sonst aber schwänzte ich viel und studierte zu Hause die Meister der theoretischen Physik mit heiligem Eifer. Dies war an sich gut und diente auch dazu, das schlechte Gewissen so wirksam abzuschwächen, dass das seelische Gleichgewicht nicht irgendwie empfindlich gestört wurde. Dieses ausgedehnte Privatstudium war einfach die Fortsetzung früherer Gewohnheit. Mit Eifer und Leidenschaft aber arbeitete ich in Professor H.F Webers physikalischem Laboratorium. Auch faszinierten mich Professor Geisers Vorlesungen über Infinitesimalgeometrie, die wahre Meisterstücke pädagogischer Kunst waren und mir später beim Ringen um die allgemeine Relativitätstheorie sehr halfen. Sonst aber interessierte mich in den Studienjahren die höhere Mathematik wenig." [347]

Nach der Zwischenprüfung lässt Einstein sein Studium teilweise schleifen und widmet sich v. a. dem elektrotechnischen Labor und dem Selbststudium. Dafür zahlt er einen hohen Preis.

Nur knapp besteht er das Abschlussexamen, und das nur als fünfter. Am 28. Juli 1900 erhält Einstein das Diplom als Fachlehrer in mathematischer Richtung.

Er reicht eine Dissertation ein, die aber nicht angenommen wird und die er wieder zurückzieht. Der gleiche Vorgang wiederholt sich Anfang 1902.[348]

Nach dem Examen muss Einstein selbst seinen Unterhalt verdienen. Er kann nicht auf Empfehlungen seiner Zürcher Professoren zählen. Gymnasiallehrer will er aber auf keinen Fall werden. Nach zahllosen Ablehnungen bei Bewerbungen um eine Assistentenstelle – in vielen Fällen erhält Einstein gar keine Antwort auf die Bewerbung – wendet sich Einstein hilfesuchend an seinen Studienfreund Marcel Grossmann. Dessen Vater, ein Gymnasialprofessor, ist mit dem Direktor des Patentamts in Bern befreundet. Dort gibt es Bedarf an einem Experten III. Klasse. Für Einstein ist diese Aussicht der rettende Strohhalm. Er kommt aus dem weltstädtischen Zürich in das behaglichere Bern, das immerhin eine eigene Universität besitzt. Er muss nicht in irgendeine Schweizer Kleinstadt an eine Kantonsschule oder ein Gymnasium. Um in der Schweiz Staatsbeamter zu werden, muss Einstein die Schweizer Staatsangehörigkeit beantragen. 1901 beauftragt die Zürcher Polizei deshalb eigens einen Privatdetektiv in Mailand, um über Einsteins Leumund und Familienverhältnisse Bescheid zu wissen. Nun wird Einstein am 21. Februar 1901 Schweizer Staatsbürger.[349] Von der Militär-Dienstpflicht bleibt er in der Schweiz verschont. Er leidet unter „Krampfadern, Plattfüße[n] und Fußschweiß", wie ein befreundeter Arzt attestiert.[350] Einstein trägt in der Regel keine Socken. Knapp zwei Jahre überbrückt er in prekärer Beschäftigung als Lehrer in Winterthur und Schaffhausen und als Nachhilfelehrer in Bern. Ob Einstein im Lauf der ersten fünf Monate des Jahres 1902 tatsächlich von seiner Tätigkeit als Nachhilfelehrer leben kann, bleibt offen. Am 8. [?] Februar 1902 teilt er Mileva mit: „Mit den Privatstunden geht es gar nicht schlecht. Ich habe schon zwei Herrn, einen Ingenieur & einen Architekten gefunden & noch mehr in Aussicht. Denen zusammen halte ich dann so eine Art Privatkolleg & bekomme pro Mann und Stunde 2 fr. Das ist doch ganz hübsch."[351] Mag sein, dass er doch noch von der Koch-Verwandtschaft weiterhin unterstützt wird. Belege gibt es dafür nicht.

Ab 16. Juni 1902 ist Einstein als Experte III. Klasse am Patentamt in Bern angestellt. Der scheinbare Karriereknick nach dem Examen am Polytechnikum erweist sich auf Dauer gesehen als Vorteil.

Abb. 20
Marcel Grossmann, Einsteins Studienfreund, ab 1907 Professor für Mathematik an der Universität Zürich.

Einstein und Mileva Marić: Leben als Bohemiens, Ehepaar und Familie

Bevor Albert Einstein und Mileva Marić im Januar 1903 heiraten, leben sie in getrennten Zimmern, danach ziehen sie in die erste gemeinsame Wohnung. Natürlich besucht Albert Mileva in ihrem Zimmer und bleibt auch über Nacht. Von einer symbiotischen Beziehung kann nicht die Rede sein. In den Semesterferien ist Einstein fast dauernd unterwegs, meist bei den Eltern und Verwandten.

Einstein empfindet ein Lebensgefühl in Opposition zu den hergebrachten Normen. In anderen, zeitweise sogar in der eigenen Schwester, sieht er Philister, also kulturlose Menschen. Gegenüber den Philistern erheben sich für ihn die wahren Kulturträger sozusagen als kreative Ausnahmemenschen. Ihnen fehlt zwar materielle Sicherheit, aber sie fühlen sich durch Intellekt und Wissenschaft als den meisten anderen Menschen überlegene Persönlichkeiten. Von Bohème spricht Einstein selbst. Es geht hier aber nicht um einen völlig disziplinlosen Lebensstil, sondern um das Rezipieren der modernsten Physik. Die Lektüre von Helmholtz oder Boltzmann ist Einstein wichtiger als der Besuch des von ihm als medioker empfundenen Physikprofessors Weber am Zürcher Polytechnikum. Ort des Selbststudiums ist nicht nur das eigene Zimmer oder das von Mileva. Nein, Einstein hält sich bevorzugt in Cafés auf. Nicht wenige Vorlesungen und Übungen des Pflichtpensums schwänzt er. Schließlich bewahren ihn nur die penibel geführten Mitschriften seines Freundes Marcel Grossmann vor dem Scheitern im Schlussexamen. Machte das Abschließen der Zwischenprüfung als Jahrgangsbester Einstein übermütig? Auf die Dauer seiner Wissenschaftlerkarriere gesehen bringen ihn das Selbststudium und die Rezeption der wichtigsten physikalischen Neuerscheinungen weiter als streberhaftes Pauken des Polytechnikum-Pflichtwissens. Das Erstaunlichste an den knapp zwei Jahren prekärer Beschäftigung ist, dass Einstein sein optimistisches Selbstvertrauen zu keinem Zeitpunkt verlässt. Heute würde man von weit überdurchschnittlich entwickelter mentaler Stärke sprechen, um das zu erklären.

Zwischen Patentamt, Selbststudium und Familie

Es ist erstaunlich. Neben der 48-Stunden-Arbeitswoche im Patentamt bringt Albert Einstein auch noch Zeit und Kraft auf, sich dem Selbststudium und seiner Familie zu widmen. Allerdings ist der Club „Olympia" mit den Freunden Habicht und Solovine eine Männerangelegenheit. Oft unternehmen die drei Männer gemeinsame Wanderungen. Man diskutiert über philosophische und physikalische Texte, konzentriert, aber locker, mitunter humorvoll, ja mit Witz und Schabernack.

Wenn man sich bei Einstein zu Hause trifft, dann sitzt Mileva Einstein dabei, sagt aber nichts. Johann Conrad Habicht (1876–1858) studierte bis 1904 Philosophie und v. a. Mathematik. Er wird danach Gymnasiallehrer, zuletzt in Schaffhausen.[352] Maurice Solovine (1875–1958) stammt aus Rumänien, studiert Philosophie und lebt ab 1906 in Paris, wo er philosophische und naturwissenschaftliche Texte veröffentlicht bzw. übersetzt, darunter auch einige von bzw. über Albert Einstein. Erst 1913 werden die beiden einander in Paris wiedersehen.

Abb. 21
„Akademie Olympia" in Bern, um 1903: Konrad Habicht,
Maurice Solovine, Albert Einstein.

Einstein und die Frauen

Albert Einstein und die Liebe

Einstein hatte es nicht nötig, Frauen durch Jobversprechungen unter Druck zu setzen. Ihm haben viele Frauen gefallen. Und er war vielen willkommen. Konrad Wachsmann berichtet für die Jahre 1929 bis 1931: „Er wirkte auf Frauen etwa so wie ein Magnet auf Eisenpulver."[353] Das war beim jungen Einstein offenbar nicht anders. Einsteins Liebschaften sind aus heutiger Sicht unterhaltsam. Sie sind für sein öffentliches Wirken nebensächlich, weil sie nur im Privatleben Konsequenzen hatten. Trotzdem lassen die Liebschaften erkennen, was für ein Mensch Albert Einstein war. Sein Verhalten gegenüber Frauen entsprach dem eines bestimmten bildungsbürgerlichen Männertyps seiner Zeit. Nonkonformist wird er in Bezug auf Beziehungen in den frühen 1920er-Jahren, spätestens ab 1923, als er die Affären nicht mehr heimlich betreibt, sondern sie recht offen auslebt, ohne Rücksicht auf seine zweite Ehefrau Elsa Einstein. Elsa hält am bürgerlichen Treueideal fest und reagiert gekränkt, wenn sie etwas von den Affären ihres Mannes mitbekommt. Dann beginnt der Ärger zwischen den Eheleuten gewöhnlich mit einer Eifersuchtsszene Elsas. Mehrfach erklärt einer von beiden, sich scheiden zu lassen.[354] Die beiden bleiben beieinander. Wachsmann teilt Einstein mit, Elsa sei als Ehefrau für ihn, „so gut wie [irgend] möglich". Einsteins Autonomie-Ideal entspricht es dennoch mehr, eine zweite Ehe ganz zu vermeiden. Allerdings wäre das für ihn weniger komfortabel.

Albert Einsteins Stil in Liebesbriefen ist elegant und direkt. In seinen Briefen variiert Einstein das Spiel der Verführung. Seinen frühen Liebesbriefen an Mileva Marić zufolge ist Einstein tatsächlich romantisch verliebt. Zugleich inszeniert er diese Verliebtheit. Es gibt ein Foto der beiden als junges Paar. Ihr Blick ist sehr selbstbewusst. Aber es gibt eben nicht nur Albert Einstein und Mileva Marić. Es gibt zwei Liebschaften daneben, bevor und während Albert und Mileva ab Frühjahr 1898 einander lieben und ab 1903 miteinander verheiratet sind. Einsteins Beziehung mit der Jugendliebe Marie Winteler dauert offensichtlich bis 1909. Einstein hält Affären vor Mileva geheim. Sie ist extrem eifersüchtig. Im Frühjahr 1912 beginnt Einstein in Berlin eine Affäre mit seiner Cousine Elsa. Ende Juli 1914 führt er in Berlin die Trennung von Mileva und den Söhnen energisch herbei. In Zürich findet 1919 die Scheidung statt. Und kurz darauf heiratet Albert Einstein in Berlin „seine" Elsa.

Einstein empfindet nach der Eheschließung längst keine Leidenschaft mehr für Elsa.[355] Neffe hat Hausangestellte, ehemalige Liebste oder deren Nachfahr(inn)en befragt. Namen werden keine genannt, auch nicht das Datum der Zeitzeug(inn)en-Befragungen. Einsteins Beziehung mit seiner ehemaligen Sekretärin Betty Neumann 1923/24 macht es möglich, erstmals sein neues Verhaltensmuster zu erläutern. Er ist Elsa gegenüber rücksichtslos und egozentrisch. Warum agiert er so? Für ihn sind beide Heiraten die Erfüllung einer Pflicht. Die entscheidende Veränderung ergibt sich wohl Ende 1919. Da ist Einstein nicht mehr nur ein Physiker-Star. Sein Weltruhm steigt, bis er als Jahrhundertfigur gefeiert wird. Ist es der Ruhm, der sein Selbstbewusstsein derart steigert, dass er künftig weniger Rücksicht auf Ehefrau Elsa nimmt? Oder ist es die Tatsache, dass Elsa durch den Verlust ihres Vermögens materiell von ihm abhängig wird? Beides war wohl wichtig. Trotzdem gibt es keine stichhaltigen Beweise.

Bei Einladungen zu Hause ist Elsa die Hausherrin in der Haberlandstraße 5. Einstein ist der Hausherr im Sommerhaus Caputh, das 1929 fertig wird. Nie werden nur Wissenschaftler eingeladen, immer auch Gäste, an denen Elsa liegt. Am besten geht es Elsa offenbar, wenn sie mit Albert Einstein gemeinsam auf Reisen ist. Sie genießt die Rolle an der Seite eines Weltstars. Sie ist ein heiterer, ja sogar vergnügungssüchtiger Mensch. Allerdings leidet Elsa unter Alberts egozentrischer Rücksichtslosigkeit. Sie lässt es ihn spüren, indem sie, wenn sie mit Affären oder eindeutigen Indizien dafür konfrontiert ist, tagelang eisig wird.[356] Einstein flieht dann entweder zu Freunden oder zieht sich ähnlich verstimmt in sich selbst zurück. Nur überwiegen die entspannten, heiteren Tage bei weitem, so berichtet es Konrad Wachsmann. Wachsmann hat in den Jahren 1929 bis 1931 häufig Kontakt zu den Einsteins in Caputh und Berlin. Wachsmann erklärt Elsa, warum Einstein ein Schlafzimmer brauche, das weitab von den anderen Zimmern liege. Ihr Mann schnarche „unglaublich laut": „man kann nicht neben ihm schlafen".[357] Elsa ist Einsteins Mutter ausgesprochen ähnlich. Einstein fühlt sich unter jüdischen Deutschen wohl, vor allem, wenn sie Stil haben und agnostisch gesinnt sind. Seit 1917 lebt Einstein in Elsas Wohnung. Er will nur von Elsa gesund gepflegt werden. Zurück in die Zeit um 1900. Warum verliebt Einstein sich 1898 in die einzige Mitstudentin? Warum muss es gerade eine dunkelhaarige Serbin aus Österreich-Ungarn sein? Eine Frau, die vier Jahre älter ist? Eine Frau, die ein wenig hinkt, weil sie als Kind an Knochentuberkulose litt? Einstein hat schwarze, gelockte Haare. Nach der schwarzhaarigen, auf ihre Art durchaus attraktiven Mileva muss er nicht lange suchen. Zudem fasziniert ihn Milevas strahlende Intelligenz. Er nimmt ihre Wissenschaftsbegeisterung ernst und empfindet sie als seinesgleichen. Mileva Marić gibt seinem Werben nicht gleich nach. Sich als agnostischer Jude in eine Nichtjüdin zu verlieben, ja sie heiraten zu wollen, bedeutet Rebellion gegen die Eltern. Diese wünschen sich natürlich eine Jüdin als Schwiegertochter. Mileva Marić steht nicht derart unter Überwachung, was Männerkontakte anlangt, wie die jungen Schweizerinnen, die Einstein bei gesellschaftlichen Anlässen trifft. Diese wohnen oft zu Hause. Wer bei ihnen zum Zug kommen will, muss sie in der Regel vorher heiraten.

Heiraten ist damals erst angesagt, wenn der Mann seine Frau ernähren kann. Das dauert bei Einstein nach dem Examen am Zürcher Polytechnikum zwei Jahre und gut fünf Monate Selbst nachdem er im Februar 1901 Schweizer Staatsbürger wird, dauert es noch ein Jahr und vier Monate, bis er im Juni 1902 eine feste Anstellung als Experte III. Klasse am Patertamt Bern erhält. Da ist er 23 Jahre alt. Als Albert Einstein und Mileva Marić 1903 heiraten. ist der Zauber der jungen Liebe zu einem Gutteil bereits vorbei. So heiratet er sie aus Pflichtgefühl am 6. Januar 1903.

Jugendliebe Marie Winteler 1895–1896

Voraus geht in Aarau die Jugendliebe zu Marie Winteler (* Burgdorf 1877, † Meiringen/ Kt. Bern 24.9.1957), der hübschen Tochter des Gastgebers Jost Winteler, in dessen Haus Einstein als Pensionsgast lebt. Die Liebe ist zunächst platonisch, zärtlich und schwärmerisch. Marie Wintelers spätere Auskunft zur Beziehung mit Einstein war folgende: „Wir haben uns innig geliebt, aber es war eine durchaus ideale Liebe." [358] Im Besitz des Historischen Museums der Stadt Bern befinden sich 17 Briefe Einsteins an Marie Winteler.[359] Diesen Briefen ist zu entnehmen, dass es 1909 offenbar mehrere Treffen der beiden gab, bei denen es zu Intimitäten kam. Dem trauert Albert Einstein 1910 nach. Allerdings hat Marie Winteler Einsteins Drängen Alexandra Vlachos zufolge nicht nachgegeben, eine heimliche Beziehung miteinander zu leben. Später habe Einstein den Kontakt von sich aus aufgegeben. Bei sämtlicher Briefen Einsteins an Marie Winteler handele es sich um einseitige Liebesbriefe von Albert Einstein.[360] Einstein bewahrt nur sehr wenige Liebesbriefe, die an ihn gerichtet sind, auf. Seit 2015 sind ein Brief von Albert[361] und zwei Briefe von Marie Winteler bekannt.[362] Bereits seit 1987 war Folgendes bekannt: Offenbar im Mai 1897 teilt Albert Einstein Maries Mutter Pauline Winteler in gefühligem Schreibstil mit, dass er an Pfingsten nicht kommen werde. Er wolle nicht „ein paar Tage Wonne mit neuem Schmerz" erkaufen. Er habe Marie schon zu viel Kummer gemacht.[363]

Jedenfalls weiß man über Kontakte von Albert Einstein und Marie Winteler ansatzweise Bescheid. Die Briefe sind transkribiert und wissenschaftlich bearbeitet. Nur einer dieser Briefe ist ediert.[364] Einsteins letzter Brief stammt aus dem Jahr 1910. Ein Jahr später heiratet Marie Winteler Albert Müller, den Geschäftsführer einer Uhrenfabrik in Büren/Kt. Bern, von dem sie sich 1927 scheiden lässt. Der Ehe entstammen zwei Kinder.[365] Es genügt zu sagen, dass Einstein Marie Winteler über viele Jahre hinweg sehr gefällt. Noch 1910 schreibt Einstein Marie Winteler Folgendes: „Geliebte Marie! Heute morgen wollte ich zu Dir fahren, weil ich es vor Sehnsucht nicht mehr auszuhalten können glaubte." Er schreibt auch: „Ich denke an Dich in innigster Liebe in jeder freien Minute und bin so unglücklich, wie nur ein Mensch sein kann." An anderer Stelle: „Weißt Du noch, wie selig wir waren auf dem Gurten, im Bremgartenwald und in Zollikofen? Für mich bedeuten diese schönen Stunden den Höhepunkt des Lebens."[366] Der Direktor des Berner Historischen Museums Jakob Messerli berichtet 2015 aber auch davon, Einstein schreibe in einem der Briefe von „verfehlter Liebe" und von „verfehltem Leben".[367] Zudem meint er, Einsteins Briefe an Marie Winteler würden ihn „als großen Schwerenöter in Liebesdingen" zeigen. In einem anderen Brief habe sich Einstein als einen „unverbesserlichen Mistfink" bezeichnet.[368] Ganz so heimlich ist Einsteins Liebe zu Marie Winteler doch nicht. Sonst hätte nicht Julia Niggli an die mit ihr befreundete Schwester von Marie, Rosa Winteler, am 29.12.1899 aus Frankfurt a.M. geschrieben: „Wie steht es nun mit ihm und Marie? – Hoffentlich wird mit der Zeit doch alles gut enden."[369] Ein endgültiges Urteil ist nur auf der Basis aller erhaltenen Einstein-Briefe an Marie Winteler in Bern möglich. Es ist schwer vorstellbar, dass sich Einstein und Marie Winteler bloße Sehnsuchtsbriefe geschrieben haben Eine zeitweise Beziehung zwischen den beiden ist bis zum Beweis des Gegenteils wahrscheinlich. Von der Liebsten der Jahre 1923/24, Betty Neumann, sind auch keine Briefe erhalten. Dennoch lässt sich die Entwicklung der Beziehung aus Einsteins Briefen gut rekonstruieren.

Beziehung zu Mileva Marić bis zur Heirat im Januar 1903

Einstein berichtet Mileva über vieles vom Polytechnikum und sendet herzliche Grüße. Er spricht noch von einem Zürcher „Philister".[370] Diese Einteilung der Gesellschaft in Kulturmenschen und Philister, d.h. kulturlose Menschen, dürfte mit der Rezeption von Friedrich Nietzsche (1844–1900) zusammenhängen. Nietzsche teilt die Menschheit in Herrenmenschen und Sklavenmenschen ein. Einstein zählt sich selbst, aber auch Mileva, zu den Herrenmenschen, eine bewusste Inszenierung. Die Grußformel deutet bereits auf Intimitäten, auch wenn man sich noch siezt: „Seien Sie herzlich gegrüßt u.s.w., letzteres besonders, von Ihrem Albert. Gruß von meiner Alten."[371] Es folgt Anfang August 1899 ein Brief aus der Hotel-Pension Paradies in Mettmenstetten/Kt. Zürich[372], wo die Mutter zusammen mit Albert und dessen Schwester Maja Urlaub macht und wohin später Tante Julie Koch aus Genua dazukommt.[373] Im ersten Brief ist bemerkenswert, wie Einstein eine Entfremdung von Mutter und Schwester beschreibt: „Meine Mutter & Schwester empfinde ich ein wenig engherzig & philiströs bei aller Sympathie, die ich für sie empfinde. Es ist merkwürdig, wie allmählich die Lebensweise uns ändert mit allen Tönen unserer Seele, so daß die engsten natürlichen Bande der Familie zur Gewohnheitsfreundschaft heruntersinken & man sich im Innern gegenseitig so unbegreiflich ist, daß man in keiner Weise lebendig mitfühlen kann, was das andere bewegt." Zu beobachten ist der Ablösungsprozess eines reifer werdenden jungen Mannes.

Im zweiten Brief spricht Einstein Mileva als „L[iebes] D[oxerl]" an.[374] Er meint die liebende Verkleinerungsform des süddeutschen Wortes „Docke", d.h. „Püppchen". Diese Deutung ist neu. Später wird die Anrede zärtlicher: „mein liebstes Doxerl […] mein Schätzchen!"[375] Mileva schreibt „Mei liebs Joahnesl"[376]. Am 10. [?] August 1899 schreibt Einstein Mileva aus der Sommerfrische in Mettmenstetten. Er lobt sie, weil sie eifrig für ihr Examen lernt: „Sie sind halt ein Hauptkerl [sic!] & haben viel Lebenskraft und Gesundheit in Ihrem kleinen Leibchen."[377] Einstein gefällt es, dass Mileva eine zierliche Figur hat.

Im August 1899 verliebt sich Einstein in Mettmenstetten in die Schwägerin des Wirts Robert Marstaller, Anna Schmid. Einstein nennt sie Annelie. Ihm gefällt die „aufgeweckte, junge, lustige Frau".[378] Einer Ferienromanze mit Küssen und Umarmungen will Einstein nicht widerstehen, zumal er wegen einer Verletzung gerade nicht Geige spielen kann. Es gibt sogar einen knappen Briefwechsel zwischen Einstein und ihr. Anna heiratet später den Basler Wagnermeister Georg Meyer. Nachdem Einstein 1909 zum a.o. Professor an der Universität Zürich berufen wird, sendet Anna Meyer eine Gratulationskarte. Einstein sendet sogleich einen Brief und lädt Anna dazu ein, ihn im Physikalischen Institut in Zürich zu besuchen.[379] Beide Ehepartner bemerken das Geschriebene und reagieren mit heftiger Eifersucht. Albert Einstein sucht Meyers Aufregung durch einen Brief zu dämpfen. Darin spricht er auch von „starker Eifersucht" seiner Ehefrau, die ihn erheblich ärgert.[380] Anna Meyer und Albert Einstein treffen sich trotzdem 1909 noch einmal, wahrscheinlich in Basel. Und wohl erst jetzt werden sie intim miteinander.[381] Neun Monate später wird in der bis dahin kinderlosen Ehe von Anna und Georg Meyer das einzige Kind geboren. Es heißt Erika Meyer und heiratet später Charles Schaerer. Erika Schaerer, geb. Meyer, versucht lange, Kontakt mit Albert Einstein aufzunehmen. Einstein reagiert nie.[382]

Im Jahr 1900 kommt es im Sommerurlaub in Melchtal zum Streit zwischen Sohn und Mutter Einstein. Dabei sind Schwester Maja und Tante Julie Koch. Anlass ist Einsteins Beziehung zu Mileva, im darüber berichtenden Brief von Einstein „Dockserlaffäre" genannt.[383] Einstein erklärt der Mutter, er werde Mileva Marić heiraten. Er berichtet, die Mutter habe ihm unverzüglich eine „gehörige Szene" gemacht: „Mama warf sich auf ihr Bett, verbarg den Kopf im Kissen und weinte wie ein Kind. Als sie sich von dem ersten Schreck erholt hatte, ging sie sofort zu einer verzweifelten Offensive über: ‚Du vermöbelst Dir Deine Zukunft und versperrst Dir Deinen Lebensweg'. ‚Die kann ja in gar keine anständige Familie'. ‚Wenn sie ein Kind bekommt, dann hast Du die Bescherung.'" Abends habe sie ihm Folgendes vorgehalten: „ ‚Sie ist ein Buch wie Du – Du solltest aber eine Frau haben'. ‚Bis du 30 bist, ist sie eine alte Hex' etc. Doch da sie sieht, daß sie vorläufig absolut nichts ausrichtet, sondern mich nur böse macht, hat sie einstweilen die ‚Behandlung' aufgegeben." Das heftige Agieren der Mutter bewirkt noch mehr Nähe und Zärtlichkeit zwischen den beiden Liebenden, so in Einsteins Brief vom 1. August 1900: „Ich sehne mich furchtbar nach einem Brief von meiner geliebten Hex. Ich kann es kaum fassen, daß wir noch so lange getrennt sind – jetzt sehe ich erst, wie furchtbar lieb ich Dich habe! Laß Dirs ja recht gut gehen, damit Du mir ein blühendes Schätzchen wirst und toll wie ein Gassenbub".[384] Grußformel „Sei herzinnigst geküßt von Deinem Albert." Verliebte Schwärmerei auch in Einsteins Brief von Mitte August 1900: „Wie hab ich nur früher allein leben können, Du mein kleines Alles. Ohne Dich fehlts mir an Selbstgefühl, Arbeitslust, Lebensfreude – kurz ohne Dich ist mein Leben kein Leben."[385]

Den Brief aus Mailand vom 20. August 1900 beginnt Albert Einstein mit einem vierstrophigen Vierzeiler-Gedicht. Scheinbar hätten seine Eltern nichts mehr gegen seine Beziehung zu Mileva einzuwenden. Einstein ist überglücklich: „O wie ich mich freue, bis ich Dich wieder ans Herz drücken kann! / In den ersten Tagen des Oktobers wird's sein! / Jetzt sollst Du mirs aber schön haben, / Du mein einziges süßes Weiberl."[386] Einsteins Liebe und Sehnsucht flammen in Briefen immer dann auf, wenn die Liebste sich in unerreichbarer Ferne aufhält. Er durchschaut bald, dass bei den Eltern nur ein fauler Frieden herrscht. Einsteins Mutter Pauline sorgt für neuen Ärger. Mileva bekommt einen Brief von zu Hause, „der mir alle Lust nimmt nicht nur zu meinem Vergnügen[,] sondern auch zu leben". Nun sagt sie das geplante Treffen mit Einstein ab.[387] Einen Tag darauf sagt sie doch zu. Sie hat Sehnsucht, denn Albert ist wieder einmal in Mailand.[388]

Ungefähr in der zweiten Aprilhälfte 1901 zeugt Einstein mit Mileva ein Kind, also offenbar kurz vor ihrem glücklich verlaufenen Treffen in Como, über das Mileva einen besonders zärtlichen Brief schreibt. Ihr Wunsch, endlich mit Albert verheiratet zu sein, wird nun immer stärker.[389] Bis Mileva Einstein von der Schwangerschaft berichtet, dauert es einige Zeit. In Einsteins Brief vom 28. [?] Mai 1901 ist noch nicht davon die Rede. Erst im Brief vom 4. [?] Juni 1901 spricht er die Schwangerschaft Milevas an.[390] Mit warmherzigen, anteilnehmenden Fragen: „Wie geht's Dir denn immer mit dem Studium und mit dem Kinderl und mit der Laune? […] Sei mir besonders gebusselt, damit es an der letzteren nie fehle. Was die Gegenwart zu wünschen übrig läßt, wird schon die Zukunft bringen, aber gründlich."[391] Einstein verbreitet also Optimismus. Ernsthaft schreibt er an Mileva am 7. Juli 1901. Er ist bereit, jede, „wenn auch noch so ärmliche Stelle sofort" anzunehmen.[392] Sobald er eine feste Stelle habe, werde er sie heiraten. Man stelle die Eltern beider Seiten einfach vor vollendete Tatsachen. Dann würden seine Eltern sich rasch damit versöhnen. Er hofft, dass ihm der Vater seines Freundes Michele Besso, Guiseppe Besso, helfen kann. Wenn nicht er, dann der Direktor der Schweizerischen Unfallversicherungs-Aktiengesellschaft Winterthur, Heinrich Langsdorf (1834–1901). Einstein klammert sich vergeblich an zwei Hoffnungsanker.

Mit der hochschwangeren Mileva will sich Albert Einstein wegen der prüden Schweizer Gesellschaft nicht sehen lassen. Es würde Milevas Ansehen in Zürich schaden, wenn ihre Schwangerschaft dort bekannt würde. Einstein ist mittlerweile Privatlehrer in Schaffhausen. Am 19. Dezember 1901 schreibt er einen Jubelbrief. Zuerst entschuldigt er sich wegen der verspäteten Gratulation zu Milevas Geburtstag am 8. Dezember. Dann folgt die Nachricht, am Patentamt Bern schaffe dessen Direktor Friedrich Haller (1844–1936) eigens für ihn eine neue Stelle.[393] Stolz schreibt er: „Jetzt darf ich bald mein Doxerl in den Arm schließen und es vor aller Welt mein eigen nennen. Bald bist Du grad so meine ‚Studentin' als wie in Zürich. Freust' Dich? […] Ich bin ganz rappelköpfig vor Vergnügen."[394] Die Weihnachtsfeiertage werde er mit seiner Schwester im „Paradies" in Mettmenstetten verbringen.[395]

Schließlich dankt Einstein am 28. Dezember 1901 für ein „feins Paket" zu Weihnachten, das Mileva ihm schickt. 3.500 Franken im Jahr sei die Minimalbesoldung. Die steige aber auf bis 4.500 Franken pro Jahr. Es folgt die übliche Beschwörung von sich und Mileva als intellektuellem Doppelwesen: „Bis Du mein liebes Weiberl bist, wollen wir recht eifrig zusammen wissenschaftlich arbeiten, daß wir keine alten Philisterleut werden, gellst. Meine Schwester kam mir so philiströs vor."[396] Erneut als Inszenierung ist die Wir-Form bei einer Bemerkung zur Entwicklung der Relativitätstheorie zu sehen, welche Einsteins alleiniges Werk ist: „Wie glücklich und stolz werde ich sein, wenn wir beide zusammen unsere Arbeit über die Relativitätsbewegung siegreich zu Ende geführt haben!"[397] Mileva Marić fehlt dazu das mathematische Können.

Wann im Januar 1902 das Lieserl zur Welt kommt, ist nicht bekannt. Einstein dankt Mileva am 4. Februar 1902 für die Nachricht von der Geburt. Er verhält sich empathisch und nicht egozentrisch. Es ist nicht klar, ob das Lieserl adoptiert wird oder klein stirbt.

Noch auf dem Totenbett bringt Albert Einstein im Oktober 1902 in Mailand seinen Vater Hermann dazu, der Heirat mit Mileva Marić zuzustimmen. Nun ist Einsteins Mutter machtlos. Bei der standesamtlichen Trauung in Bern am 6. Januar 1903 ist von beiden Seiten keine Verwandtschaft dabei.[398] Einstein beurteilt die Ehe mit der Nichtjüdin Mileva Marić in der Rückschau als eine Tat aus „Pflichtgefühl": „Ich hatte da mit innerem Widerstreben etwas

Abb. 22
Albert Einstein und Mileva Marić,
Bern 1903.

unternommen, was eben über meine Kräfte ging." [399] Zwischen Einstein und seinen Eltern steht unausgesprochen der Vorwurf, dass er als erster in der Familie eine Nichtjüdin heiratet. Einstein sagt zu Ehen zwischen Juden und Nichtjuden Jahrzehnte später in Princeton: „Das ist gefährlich – aber schließlich ist jede Ehe gefährlich." [400]

Einstein wohnt seit 1902 in Bern, wo es ihm gut gefällt. [401] Am 6. Januar 1903 heiraten Albert Einstein und Mileva Marić in Bern standesamtlich. Mitte Februar 1903 beschreibt Einstein das Eheleben positiv: „Ich […] führe mit meiner Frau ein sehr nettes behagliches Leben. Sie sorgt ausgezeichnet für alles, kocht gut und ist immer vergnügt." [402] Indessen sind Kochen, Haushalt und später Kinder nicht das Programm, das die akademisch gebildete Mileva Marić auf Dauer zufriedenstellen kann. Noch dazu lebt sie mit einem Mann, der immer mehr in die Sphären der Wissenschaft und der Männerfreunde entschwindet.

Beziehung der Eheleute Albert und Mileva Einstein

Für Einstein ist es fortan unmöglich, sich selbst und Mileva als doppeltes Wissenschaftlerwesen zu begreifen. Einstein entfremdet sich langsam, aber stetig von ihr. Etwa im September 1903 wird Mileva erneut schwanger. Der Sohn Hans Albert (genannt „Albertli") wird am 14. Mai 1904 in Bern geboren. Nun ist Mileva vollends auf die Rolle der Mutter und Hausfrau fixiert. Sie verliert je länger, desto mehr an Selbstvertrauen. Bei den häuslichen Treffen Einsteins mit seinen Freunden Johann Conrad Habicht (1876–1958)[403] und dem jüdischen Rumänen Maurice Solovine (1875–1958)[404] sitzt Mileva mit am Tisch, sagt aber kein Wort zur Sache, um die es geht. Dabei debattieren die drei Männerfreunde in der so genannten „Akademie Olympia" häufig auch über Philosophie, nicht nur über Physik und Mathematik. Hat Mileva keinen inneren Antrieb mehr, sich intellektuell fortzubilden? Während ihr Ehegatte immer selbstbewusster zur Geistesgröße aufsteigt, bleibt sie intellektuell entweder stehen oder lässt sogar nach. Symptomatisch ist ein Bericht ihrer Freundin Helene Savić. Sie ging neben Einstein und sprach mit ihm. Dabei sprachen sie öfters andere als Frau Einstein an, derweilen ging Mileva hinter den beiden her.

Mileva verstummt fortschreitend und zieht sich in sich zurück. Sie engagiert sich vor allem für die Belange der beiden Söhne. Sie resigniert und wird schließlich immer depressiver. Das wiederum veranlasst Einstein immer mehr dazu, in die Arbeit zu fliehen. Über Jahre hinweg wirkt ein destruktiver Mechanismus. Am Ende ist die Ehe zerrüttet.

Einstein zwischen Mileva und Elsa

Einsteins Beziehung mit Elsa ab April 1912 ist eher ein Symptom für die bereits vorher bestehende Zerrüttung von Einsteins Ehe. Dafür spricht auch, dass Einstein die Beziehung mit Elsa mehrere Monate lang unterbricht[405], weil er um den Bestand seiner Ehe fürchtet. Es dauert zehn Monate, bis Einstein Elsa wieder einen Brief schreibt. Jedenfalls ist der nächste Brief an Elsa vom 23. März 1913 geschrieben. Dass die beiden in der Zwischenzeit doch korrespondieren, ist nicht belegbar.

Im April 1912 trifft Albert Einstein in Berlin seine Kindheitsfreundin und Cousine Elsa, geb. Einstein, geschiedene Löwenthal. Sie ist wohlhabend, heiter, selbstbewusst und hat zwei jugendliche Töchter aus erster Ehe. Einsteins Entscheidung vom 13. Juli 1913, als Professor nach Berlin zu gehen, ist zugleich eine Entscheidung, die Liebe mit Elsa auszuleben. Elsa ist bildungsfreudig, aber nicht akademisch gebildet. Sie hat einen gesunden Geltungsdrang und traut sich, Einstein in vielem zu widersprechen. Insofern ist sie für ihn eine ebenbürtige Partnerin. Wissenschaft interessiert sie nicht.

Wann bekommt Mileva etwas von der Affäre ihres Mannes mit Elsa mit? Es ist nicht belegt. Sie muss es aber irgendwann spüren. Letzten Endes zu retten ist Einsteins Ehe mit Mileva seit seiner Entscheidung für Berlin am 13. Juli 1913 nicht mehr.

Die Initiative zur Beziehung geht von Elsa aus. Einstein schreibt: „Wie lieb von Dir, dass Du nicht zu stolz bist, auf solche Art mit mir zu verkehren! Ich habe Dich in diesen wenigen Tagen so lieb gewonnen, dass ich Dir's kaum sagen kann."[406] Einstein verspricht, zu Semesterende wiederzukommen, und bedauert es, dass sie beide nicht in der gleichen Stadt wohnen. Die Grußformel am Schluss ist entschlossen: „Sei geküsst von Deinem Albert". Einstein vernichtet Elsas Briefe auf ihren klugen Rat hin. Am 23. März 1913 sendet er Elsa „herzliche Grüße" und bezeichnet erstmals seine Ehefrau als „mein Kreuz".[407] Offenbar am 11. August 1913 schreibt Einstein einen Brief an Elsa, demzufolge alles klar ist: Er werde im Frühjahr 1914 nach Berlin kommen. Und schon stimmt die Grußformel wieder: „Sei geküsst von Deinem Albert."[408] Hinzu kommt: „Nach Berlin freue ich mich sehr, und zwar hauptsächlich, weil ich mich auf Dich freue. [...] Meine Frau geht mit sehr gemischten Gefühlen hin, weil sie die Verwandten fürchtet, vielleicht am meisten Dich (hoffentlich mit Recht!). Du kannst aber sehr wohl mit mir zusammen Dich freuen, ohne dass sie gekränkt zu werden braucht. Etwas, was sie nicht besitzt, wirst Du ihr nicht nehmen können." Elsa setzt sich sogar bei Fritz Haber für eine gute Bezahlung für Ihren Vetter Albert Einstein ein. Einstein imponiert das als mutiger Liebesbeweis.[409] Es folgt ein Satz, demzufolge Einstein liebesbedürftig und selbstbewusst zugleich ist: „Du musst jetzt aber auch recht lieb mit mir sein und Dich dieses Weltbürgers annehmen, der mehr beneidet als beneidenswert ist." Zuvor bemitleidet er Elsa wegen der bei ihr festgestellten Herzerweiterung und vom Arzt verordneten Bettruhe. Er versucht sie aber auch zu beruhigen.

Einstein grenzt sich nun in den Folgemonaten gegenüber seiner Ehefrau in Zürich innerlich ab. Er spricht überhaupt nicht mehr von seinen Verwandten, weder über Elsa noch über seine Mutter noch über die übrigen Verwandten. Er lässt Mileva direkt nach Weihnachten 1913 nach Berlin fahren und dort mit Hilfe der Habers selbst eine Wohnung aussuchen. Insgeheim weiß er ohnehin, dass seine Frau das bestmögliche Objekt anmieten würde.[410] Schließlich agiert er auf bewährte Weise: Er flieht in die Arbeit.

Allerdings entschließt sich Einstein noch nicht in Zürich dazu, die Trennung herbeizuführen. Dazu kommt es erst in Berlin. Um die Mediation kümmert sich sein Berliner Freund Fritz Haber. Einstein kann jederzeit bei Verwandten „abtauchen" und seine Cousine Elsa gibt ihm Rückhalt und Trost. Von Ehefrau Mileva berichtet er Elsa: „Meine Frau heult mir unausgesetzt vor von Berlin und ihrer Angst vor den Verwandten. Sie fühlt sich verfolgt und hat Angst."[411] Elsa schreibt er, um Rechtfertigung bemüht, er behandle seine „Frau wie eine Angestellte". Er könne sie allerdings nicht kündigen. Er habe sein eigenes Zimmer und „vermeide es, mit ihr allein zu sein".[412] Als seine Frau im März mit den Kindern nach Locarno geht, um Eduards akut gewordenes Leiden auszukurieren, ist ihm das gerade recht. Die Einzelheiten der Trennung Einsteins von Frau und Söhnen werden in Kapitel 1 behandelt.

Ab 1914: Leben in Berlin und Heirat Elsa Einsteins aus Pflichtgefühl

Einsteins Erleichterung in den Monaten nach der Trennung von Ehefrau und Söhnen ist groß: „Mit der Trennung bin ich sehr zufrieden, trotzdem ich nur höchst selten etwas von meinen Buben höre. Der Frieden und die Gemütsruhe thun mir ungemein wohl, nicht minder das äusserst wohlthuende, wirklich hübsche Verhältnis zu meiner Cousine, dessen Dauercharakter durch die Unterlassung der Ehe garantiert ist."[413] Noch entschiedener äußert sich Einstein gegenüber seinem Zürcher Freund Heinrich Zangger: „Das Leben ohne meine Frau ist für mich persönlich eine wahr[e] Wiedergeburt. Es ist mir zumute, wie wenn ich zehn Jahre Zuchthaus hinter mir hätte. In Gefühlsdingen ist der Mensch so sonderbar. [...] Mein menschlicher und wissenschaftlicher Verkehr ist klein, aber sehr harmonisch und reizvoll, das äussere Leben zurückgezogen und einfach. Ich muss sagen, dass ich mir als einer der glücklichsten Menschen vorkomme."[414] Was Einsteins Recht, seine Söhne zu sehen, anlangt, vermittelt Michele Besso am 30. Oktober 1915. Er meint, es sei besser, wenn Einstein die Söhne in der Schweiz treffe, als sie nach Berlin einzubestellen.[415]

Lange Zeit ist Einstein entschlossen, Elsa nicht zu heiraten. Dies teilt er Zangger mit: „Bei aller Hochachtung für deren anständigen Charakter und deren Güte, und auch mit Rücksicht darauf, dass sie ein erwachsenes Töchterlein von 18 Jahren hat [Ilse Löwenthal] kann ich mich nicht zu einer zweiten Ehe entschliessen, auch nicht zu einer zweihäusigen. Der Snobismus ist nämlich hier so entwickelt, dass diese Frauen durch mich nicht an Ansehen verlieren, sondern im Gegenteil gewinnen. Das Streben, mich in die Ehe hineinzuzwängen, geht von den Eltern meiner Cousine aus [Rudolf und Fanny Einstein] und ist in der Hauptsache auf Eitelkeit zurückzuführen, wenn auch daneben das in der alten Generation noch sehr lebhafte moralische Vorurteil mitwirkt. Wenn ich mich fangen lasse, wird mein Leben kompliziert, und vor allem würden es meine Buben wahrscheinlich schwer empfinden. Ich glaube daher, ich darf mich weder durch meine Zuneigung noch durch Thränen rühren lassen, sondern muss bleiben, wie ich bin."[416] Falls er doch je eine zweite Ehe eingehe, sei er auch bei großen materiellen Verlusten dazu entschlossen, sie zu beenden, falls es notwendig sei. Elsa müsse wegen des Krieges mit beträchtlichen Vermögensverlusten rechnen.[417]

Schließlich erfüllt Einstein dann doch sein Heiratsversprechen. Dem Scheidungsurteil des Bezirksgerichts Zürich vom 14.2.1919 zufolge muss er zwei Jahre lang bis zu einer Wiederverheiratung warten. Darüber setzt er sich hinweg. Die standesamtliche Trauung von Albert Einstein und Cousine Elsa findet am 2. Juni 1919 im Rathaus von Berlin-Wilmersdorf statt. Trauzeugen sind Elsas Mutter, also Tante Fanny Einstein (geb. Koch, 67 Jahre alt) und Einsteins Schwager, der Kaufmann Ludwig Gumpertz. Er ist 63 Jahre alt und wohnt in Berlin in der Königin-Augusta-Str. 28.[418] Albert Einstein stellt gegenüber der Jüdischen Gemeinschaft von Berlin am 5. Januar 1921 klar, dass er Jude in Bezug auf Nationalität und Abstammung, nicht aber auf die Konfession sei. Er lässt mitteilen: „Kein Mensch kann gezwungen werden, einer Kultusgemeinschaft beizutreten. Jene Zeiten sind Gottlob ein für alle Mal vorbei."[419]

Abb. 23
Albert Einstein mit seiner zweiten Ehefrau Elsa,
Berlin 1921.

Warum nun hat Albert Einstein Elsa so schnell geheiratet? Er selbst nennt es Erfüllung einer Pflicht. Viele Einstein-Biografen werden nicht müde, darauf hinzuweisen, dass Elsa die Ehefrau ist, die Einstein von 1919 bis 1934 knapp 17 Jahre lang betrügt. Indessen muss man darauf hinweisen, dass die beiden von Frühjahr 1912 bis mindestens etwa Frühjahr 1918 sechs Jahre in Liebe miteinander leben. Die beiden hüten das Geheimnis ihrer Liebe gut. Von Einsteins Kollegen am Kaiser-Wilhelm-Institut weiß z. B. nur Fritz Haber darüber Bescheid.

Elsa Löwenthal ist für Albert Einstein alles andere als eine vorübergehende Affäre. Wie seine Mutter Pauline ist Elsa etwas füllig. Sie ist selbstbewusst und meist guter Dinge, ja geradezu vergnügungssüchtig. Sie kocht gute schwäbische Küche, sorgt für Behaglichkeit und ist unkompliziert im Umgang mit anderen Menschen, auch wenn sie berühmt sind. Natürlich ist für Komfort gesorgt. Das Haus Haberlandstraße 5 hat einen Portier, einen Aufzug und einen separaten Eingang für das Dienstpersonal. Man wohnt behäbig in der Sieben-Zimmer-Wohnung im dritten Stock. Es spricht viel dafür, dass es Einstein gefällt, dass Elsa seiner Mutter ähnelt. Auch Wesensverwandtschaften sind im Spiel. Indessen will er nach der Trennung von Mileva trotz des Heiratsversprechens an Elsa vom Sommer 1914 im Folgejahr 1915 Elsa gar nicht heiraten, auch nicht mit zwei getrennten Wohnungen. Der Druck zu heiraten gehe von Elsas Eltern aus. Onkel Rudolf Einstein, also der Schwiegervater, habe ihn darauf hingewiesen, dass Elsas gesellschaftliches Ansehen unter einer wilden Ehe zu leiden habe. Zudem würden sich dadurch die Heiratschancen der beiden Stieftöchter verschlechtern. Noch im Juli 1918 schreibt Einstein, er wolle Elsa nicht heiraten.

Obwohl Elsa später auf Beweise fortgesetzter Untreue gekränkt reagiert, vertragen sich die beiden im Alltag. In der Öffentlichkeit lässt sich Einstein oft mit fremden Frauen sehen, im Theater oder Konzert, in der Oper oder wo auch immer. Allerdings ist bei großen öffentlichen Anlässen fast immer Elsa die Frau an seiner Seite, vor allem auf größeren Reisen. Auf diesen ist Elsa Manager und Dolmetscherin für ihren Mann, denn ihr Französisch und Englisch ist erheblich besser.

Mindestens bis zur Hyperinflation von 1923 ist Elsa Einstein als vermögende Frau nicht zwingend darauf angewiesen, von Einstein verhalten zu werden. Elsas Eltern verlieren einen Großteil ihres Vermögens in der Hyperinflation, so dass Einstein sie finanziell unterstützt.[420] Offensichtlich ist Einstein gut damit beraten, Elsa zu heiraten, weil sie für ihn sorgt, nicht zuletzt in Bezug auf seine Gesundheit und gesunde Ernährung. Einstein verdankt Elsa mit großer Wahrscheinlichkeit sein Leben, denn nur durch ihre Sorge und Pflege erholt er sich 1917 von einem schweren Magenleiden. Angeblich kann Einstein mit Geld überhaupt nicht umgehen. Beim Einwerben von zusätzlichen Einkünften ist er dagegen ein Meister.

Die Beziehung zwischen Albert Einstein und seiner Cousine Elsa ist 1919, im Jahr der Heirat, nicht mehr so frisch. Einstein erwägt im Mai 1918 möglicherweise ernsthaft, ob er seine deutlich jüngere, 20-jährige Stieftochter Ilse an Stelle von Elsa heiraten soll. Isaacson bezweifelt den Wahrheitsgehalt, denn einzige Quelle ist ein Brief Ilses.[421] Neffe glaubt an die Wahrheit der Geschichte und zitiert den Brief von Albert Einsteins späterer „Stieftochter" Ilse Löwenthal, welche sich bereits Ilse Einstein nennt, vom 22. Mai 1918. Ilse Einstein weiß angeblich nicht mehr recht, was sie tun soll und erbittet deshalb von dem Berliner Professor der Medizin Georg Nicolai Rat: „Gestern plötzlich wurde die Frage gestellt, ob A. Mama oder mich heiraten wole. […] Albert selbst lehnt jede Entscheidung ab, er ist bereit mich oder Mama zu heiraten. Daß A. mich sehr lieb hat, vielleicht so lieb wie mich nie mehr ein Mann haben wird, weiß ich, hat er mir auch selbst gestern gesagt. Einesteils würde er sogar mich lieber als Frau haben, da ich jung bin und er Kinder von mir haben könnte, was bei Mama natürlich ganz wegfällt, er ist aber viel zu anständig und hat Mama zu lieb, als daß er es aussprechen würde. […] Ich habe nie den Wunsch oder die geringste Lust verspürt, ihm körperlich nahe zu sein. Anders bei ihm – wenigstens in letzter Zeit. – Er hat mir selbst einmal zugegeben, wie schwer es ihm fällt, sich zu beherrschen. […] Ich habe mich doch schon zu sehr daran gewöhnt, ihn ein wenig als ‚Vater' zu betrachten […] Um all den äußeren Glanz, der sich um Mama breiten würde, bin ich absolut nicht neidisch. […] Helfen Sie mir!"[422] Die Antwort Nicolais auf Ilse Einsteins Brief ist nicht bekannt. Dem eben zitierten Brief Ilses zufolge rät Nicolai ihr bei einem vorausgegangenen direkten Gespräch, sie möge Einstein heiraten.[423] Nicolai hat – offenbar später – eine Affäre mit Ilse Einstein, so Neffe. Ilses Brief könnte auch ein inszenierter Teil der Ouvertüre der späteren Affäre sein. An dem geschilderten Vorgang befremdet Einsteins egozentrische Offenheit, denn ohne die Erwiderung seiner Liebe durch Ilse könnte er die Angelegenheit einfach auf sich beruhen lassen. Andererseits ist er in Liebesdingen nie anders vorgegangen als eben direkt, ohne allerdings zudringlich zu werden. Sein Tun ist für den damals 39 Jahre alten Einstein dann ein Problem, wenn Ilses Mutter, also seine eigene langjährige Liebste und Cousine Elsa, damit nicht einverstanden ist. Und davon ist auszugehen. Einstein kränkt Elsa im Mai 1918, gut ein Jahr später heiratet er sie. Auch wenn die Leidenschaft Elsa gegenüber vorbei ist, gibt es gute Vernunftgründe, sie zu heiraten. Einsteins gesellschaftliches Ansehen, namentlich bei Auslandsreisen, ist offensichtlich besser, wenn er mit einer ihm ebenbürtigen Ehefrau auftritt, die es offen zugibt, nichts von Wissenschaft zu verstehen, sich aber sicher und ungeniert in Gesellschaft zu bewegen weiß.

Zeitweise arbeitet Ilse Einstein für ihren Stiefvater als Sekretärin.[424] Später heiratet sie den Literaturhistoriker Rudolf Kayser (1889–1964). Ilse Kayser-Einstein stirbt bereits 1935 in Paris. Auch ihre jüngere Schwester Margot Einstein heiratet, nämlich 1930 den Handels-Attaché der sowjetischen Botschaft in Berlin, Dimitrij Marianoff. Er arbeitet auch für den sowjetischen Geheimdienst. Später hat er etliche Affären, so dass sich Margot von ihm scheiden lässt und zu ihrem Stiefvater Albert Einstein nach Princeton zieht. Dort lebt sie bis zu ihrem Tod im Juli 1986 in Einsteins Haus Mercer Street 20.

Wenn Einstein längere Zeit unterwegs ist, schreibt er Elsa freundliche, ja auch herzliche Briefe. Nur manchmal gleitet er in kühlen Befehlston ab. Dann will er ungeduldig, dass sie für ihn rasch etliches erledigt. In der Öffentlichkeit lässt sich Einstein oft mit fremden Frauen sehen, im Theater oder Konzert, in der Oper oder wo auch immer, oft aber auch mit einer der beiden Stieftöchter Ilse oder Margot. Allerdings ist bei großen öffentlichen Anlässen fast immer Elsa Einstein die Frau an seiner Seite, vor allem auf größeren Reisen. Elsa ist für Gelddinge zuständig. Beim Einwerben von Einkünften ist dann wieder Einstein selbst ein Meister. Die Entscheidung für den Kauf eines Grundstücks in Caputh bei Potsdam treffen beide Eheleute gemeinsam. Sie engagieren einen Nachwuchsarchitekten für den Bau des Caputher Sommerhauses, dessen Talent sie beide sofort sicher erkennen.

Einsteins Affäre mit Betty Neumann und zunehmendes Ablehnen der Ehe

Die Frau, die dauerhaft an Einsteins Seite bleibt, ist Elsa. Neffe nennt in seiner Einstein-Biografie von 2005 etliche Namen von Frauen, mit denen Einstein Affären hatte, in der Regel ohne Quellenbelege. Aus diesem Grund wird hier auf „Buchführung" von Einsteins Affären verzichtet.

Keine einzige von Einsteins Affären hat Konsequenzen für sein öffentliches und wissenschaftliches Leben, auch nicht die Affäre mit der Sowjetagentin Margarita Konenkowa in den Jahren 1935 bis 1945, über die Grundmann und Neffe schreiben, ohne Einzelbelege dafür anzuführen.[425] Indessen starb Ehefrau Elsa Einstein bereits 1936 in Princeton. Betrogen werden die schwerkranke Elsa und der Ehemann von Margarita Konenkowa, ein Bildhauer, der eine Büste von Einstein anfertigt. So lernt dieser dessen Frau kennen.

Über Briefe belegt ist jedoch Einsteins Liebesaffäre mit seiner Sekretärin Betty Neumann in den Jahren 1923 und 1924. Daraus ergibt sich ein Verhaltensmuster von Einstein, das aus seinen Briefen selbst erschlossen werden kann. Es geht darum, die Affären nicht mehr vor der Ehefrau zu verheimlichen, sondern die Liebste ins Haus kommen zu lassen. In der Regel ist das für Elsa so kränkend, dass sie ausweicht und den Tag über beim Einkaufen in der Stadt ist oder Freundinnen besucht. Lebt nun Einstein sich in privaten Dingen wie ein Gott vom Olymp aus? Wachsmann berichtet nichts von Selbstherrlichkeit, eher von Egozentrik und Bequemlichkeit.

Erst 2015 werden Einsteins 23 Briefe an Betty Neumann veröffentlicht.[426] Er schreibt diese Briefe zwischen dem 8. August 1923[427] und dem 28. Oktober 1924[428]. Seine Briefe belegen seine vierte große Liebe nach Marie Winteler, Mileva Maric und Elsa Einstein. Sie lassen auch Betty Neumanns Sicht teilweise erkennen. Die Intervention von Betty Neumanns Ziehvater Hans Mühsam macht das Geschehen spannender, denn Dr. med. Hans Mühsam (* Berlin 1876, † Haifa 1957) ist Einsteins Freund und aktueller Arzt. Er ist anfangs gegen die Liebesbeziehung des 44-jährigen verheirateten Einsteins mit seiner 23-jährigen Pflegetochter.

Die am 25. Oktober 1900 in Graz geborene Betty Neumann[429] ist 1923 erst 23 Jahre alt[430] und von Juni bis Juli 1923 Einsteins Sekretärin.[431] Im ausgebauten Dachgeschoss, im sogenannten Turmzimmer, arbeiten die beiden und kommen einander näher. Betty Neumann verlässt ihre Anstellung etwa Mitte Juli 1923.[432] Der Strom der Liebesbekundungen an die Sekretärin beginnt mit einem munteren Gedicht mit vier Strophen.[433] Einen resignativen Brief schreibt Albert Einstein am 30. September 1923: „[…] Aber langsam ist mir doch klar geworden, wo unserer richtiger Weg liegt. Wir müssen uns in Zukunft vollkommen meiden, wenn Unheil verhindert werden soll." Einstein zitiert den Rat seines Freundes Moritz Katzenstein (1872–1932): „‚Es wäre schlecht von Ihnen, das Mädchen an sich zu ketten; es gibt Pflichten, über die sich keiner hinwegsetzen darf.'" Ihre Zieheltern, also die Mühsams, würden mit ihrer nun praktizierten Duldsamkeit ihr gegenüber falsch liegen, meint Einstein und fährt fort: „Wenn sie [eigene] Kinder hätten, würden sie anders denken." [434]

Einstein schreibt Betty Neumann regelmäßig Briefe.[435] Diese beantwortet seine Briefe und befeuert damit seine Hoffnungen.[436] Auf dem Höhepunkt der Liebesbekundungen bietet Einstein an, mit ihr in die USA auszuwandern und einen Lehrstuhl an der Columbia University in New York anzunehmen.[437] Das Ganze lasse sich mit Zustimmung seiner Ehefrau Elsa schon arrangieren.[438] Das ist völlig unwahrscheinlich. Betty Neumann lässt sich auf Einsteins „Antrag" nicht ein, sendet ihm allerdings ein Foto von sich. Nun erklärt Einstein, er müsse auf sie verzichten.[439] Der Briefwechsel wird allerdings fortgesetzt.[440] Von Leiden in den Niederlanden aus schreibt Einstein in einem Brief an Betty am 4. Dezember 1923, er hoffe, sie habe mittlerweile den Richtigen gefunden.[441]

Kurz vor Weihnachten 1923 erhält Albert Einstein in Leiden einen Brief von Hans Mühsam. Darin schildert der Arzt fast drei Seiten lang Einsteins erneut auftretende Magenbeschwerden und die entsprechenden Diätmaßnahmen. Dann folgen wenige Sätze, die es in sich haben: „Betty's Bräutigam ist ein braver, anständiger, in jeder Beziehung achtenswerter Mann, der nur einen Nachtheil hat: er ist fünfundzwanzig Jahre älter als sie. Unter normalen Umständen wird sie noch ein lebensfrisches Weib sein, wenn er schon ein Greis ist – und wird ihr eine

lange Witwenzeit bevorstehen. Aber anscheinend ist da nicht mehr viel zu ändern. –"[442]
Einsteins Brief vom 14. Januar 1924 entnehmen wir, dass Bettys „Ehe" bereits wieder geschieden sein soll. Einstein schreibt von Bettys „Abenteuer". Gleichzeitig entschuldigt er sich bei Betty, dass er vor Dritten „Du" zu ihr sagte. Hans Mühsam verstehe das sicher. Er räumt ein, etwas zu derb über ihr beendetes „Abenteuer" vor anderen zu sprechen. Einstein bittet Betty Neumann, ihn einmal morgens vor neun Uhr anzurufen, „wenn meine Gesellschaft noch im Bett liegt". Er wolle mit ihr sprechen und ihre liebe Stimme hören, nach der er sich sehr sehne. Es folgt ein Klagesatz: „Wir Armen sind hinter so dichten Wällen bürgerlicher Sitte eingeschlossen, dass ich gar nicht recht weiss, wie ich wieder mein Betty'chen auf ein paar Stunden haben kann."[443]

Zu keinem Zeitpunkt wird ein Name des kurzzeitigen Ehemanns von Betty Neumann genannt. Einsteins Liebesaffäre mit Betty Neumann lässt die Freundschaft zu seinem Freund Hans Mühsam und dessen Frau Minna abkühlen. Erst der gemeinsame Freund und Maler Hermann Struck (* Berlin 1876, † Haifa 1944) versöhnt Einstein und die Mühsams wieder miteinander. Die Versöhnung Einsteins mit den Mühsams muss rasch erfolgt sein, denn Einstein bezieht die Mühsams oft in seine Briefe an Betty Neumann mit ein. Er bittet Betty, ihren nächsten Brief an ihn „postlagernd" an ihren Onkel Hans Mühsam zu senden. Den Briefwechsel mit Betty verheimlicht Einstein natürlich seiner Ehefrau.[444]
Am 28. Januar 1924 teilt er Betty als Neuestes mit, er habe mit seiner Frau einen „Friedensvertrag [sic!]" geschlossen, demzufolge er Betty Neumann an zwei Nachmittagen in der Woche zu sich einladen oder mit ihr nach Belieben ausgehen könne. Einstein empfiehlt Betty Neumann, sich beim Besuch am Tag darauf gegenüber seiner Frau besonders freundlich zu verhalten, z. B. „mit Wiener Handkuss".[445] Betty Neumann bringt stattdessen „Blümchen". Einstein lobt diese Geste und bittet Betty, sie möge auf seine Frau Rücksicht nehmen: „Du bist jung und strahlend, hab Mitgefühl mit ihr und erleichtere ihr den schweren Kampf." Seine Frau fürchte, dass er sie vor anderen Menschen lächerlich mache, indem er aus Liebe zu ihr „in ein fremdes Haus gehe". Einstein erwartet nun, dass seine Frau vollends nachgeben wird: „Es geht gut mit den Weibsen [sic!]. Bald wird es keine Heimlichkeiten mehr bedürfen, sondern Du bist Inhaberin eines geheiligten Gewohnheitsrechtes [sic!]." Einstein berichtet, er habe seiner Frau versprochen, auf keinen Fall heimlich zu den Mühsams zu gehen, sondern ihr vorher Bescheid zu geben. Dort könne er ja Betty Neumann außer Hauses treffen.[446] Das ist sein „Entgegenkommen" gegenüber seiner Frau.

Von Kiel aus schreibt er am 5. Juni 1924 an das liebe „Bettychen": „Du bist zwanzig Jahre jünger als ich und hast noch fast Dein ganzes Leben vor Dir, während ich doch schon fast fertig bin damit. [..] Aber Du brauchst und sollst Deine Zukunft nicht in mir sehen sondern in einem Menschen, der zwölf Jahre jünger ist als ich. Solange Du aber den nicht gefunden hast, freu Dich mit mir Deiner Tage und denk dran, dass eine solche von der Schicksal- und Erdenschwere freie Beziehung das Hübscheste ist, was Menschen beschieden sein kann." [447] Wir beobachten das für Einstein typische scheinbare Loslassen und dann doch Festhalten. So geartet ist seine hedonistisch-egozentrische Lebenshaltung.

Der Brief vom 6. und 8. August wirkt wie ein Abschied: „Ich wünsch Dir von Herzen Klarheit und Seelenfrieden." [448] Nun gibt es keine Liebesbekundungen mehr. Danach folgt noch ein Brief an Betty Neumann. Einstein schreibt ihr von Leiden in den Niederlanden aus, am 10. Oktober 1924. Die Eingangsworte verraten selbstironische Resignation: „Auf dem Dache sitzt ein Greis / Der sich nicht zu [h]elfen weiss." Einstein ist traurig über den Verzicht, aber er macht sich Vorwürfe, dass er die „Zukunft eines jungen Geschöpfes aufs Spiel" setzt. Immerhin gibt es einen zärtlichen Schluss: Wenn es irgend anginge, möchte Dich küssen Dein Albert." [449] Fritz Stern schreibt, die Liebesbeziehung mit Betty Neumann habe bis 1934 gedauert, räumt aber ein, dass es in der Zeit bis 1934 noch andere Affären gebe.[450] In Band 15 des Werks „The Collected Papers of Albert Einstein" (Juni 1925 – Mai 1927) von 2018 gibt es keine Briefe Einsteins an Betty Neumann.

Schließlich wendet sich gut fünf Monate später die Mutter von Betty Neumann, Flora Neumann-Mühsam [451], direkt an Albert Einstein. Ihr Brief ist nicht erhalten, wohl aber Einsteins prompter Antwortbrief aus Lissabon. Einstein antwortet unverzüglich freundlich und diplomatisch. Er erklärt, er könne nicht frei von der Leber schreiben. Es sei ihm schwer gefallen, sich von Betty zu trennen. Die Aussprüche, die Betty ihm in den Mund gelegt habe, seien alle richtig und seien alle ehrlich gemeint gewesen. Er wolle ihr als Mutter und ihrer Tochter „etwas Enttäuschendes ersparen". Als „ehrlicher Mensch" habe er „nicht anders" handeln können, wie er es tat.

Einstein äußert sich in späteren Jahren äußerst abfällig über die Ehe im Allgemeinen: „Die Ehe ist der erfolglose Versuch einem Zufall etwas Dauerhaftes zu geben [...] eine Sklaverei in einem kulturellen Gewande." In reiferem Alter schmäht Einstein die Ehe: „Die Ehe ist bestimmt von einem phantasielosen Schwein erfunden worden." Kurz vor seinem Tod bekennt Einstein, die Ehe „sei ein Unterfangen, in dem ich zweimal gescheitert bin." [452] Einstein plädiert für die vollständige Autonomie des Mannes in Liebesdingen und ist ein prinzipieller Gegner der Ehe. Angesichts der Zeitverhältnisse heiratet er aber zweimal aus Pflichtgefühl. Es gibt keine Äußerungen, die klären, ob Einstein auch seinen Ehefrauen Autonomie in Liebesdingen zugesteht. Zeittypisch wäre es, dass er das gar nicht akzeptierte. Was Einstein richtig erfasst, ist die Inbesitznahme des Individuums durch die Ehe und das Treueideal. Beidem steht Einsteins Nonkonformismus entgegen.

Unter den Eheleuten Einstein ist es üblich, dass Elsa, wenn Einstein mit einer anderen Frau ausgeht, ihm Taschengeld mitgibt, damit er z.B. die Garderobenmarke bezahlen und so „Kavalier spielen" kann. Bei allem anderen lässt Einstein seine Begleiterin bezahlen. Im Kontext mit den ständigen Affären des Ehemanns ist Elsa Einsteins Klage darüber zu sehen, was es für sie bedeute, mit dem „Genie" Einstein zusammenzuleben: „Man darf ihn nicht zergliedern, sonst kommt man auf ‚Ausfallerscheinungen'. Solch ein Genie hat solche, oder glaubt man, er sei untadelig nach jeder Hinsicht. Mit nichten, so verfährt die Natur nicht. Wo sie so uferlos verschwendet, da nimmt sie in anderer Beziehung auch fort, und das kommt dann zu Ausfallerscheinungen! Man muß ihn als ‚Ganzes' betrachten, darf ihn nicht einreihen in diese oder jene Rubrik! Sonst erlebt man Unerquickliches. Aber der Herrgott hat schon viel Schönes in ihn hineingelegt und ich find ihn wundervoll, trotzdem das Leben an seiner Seite aufreibend und kompliziert ist, nicht nur in dieser, in jeder Hinsicht."[453] Wer dies liest, merkt, dass Elsa sich damit arrangiert, mit Einstein umzugehen, dass sie aber das Leben mit ihm als sehr strapaziös erlebt. Fölsing geht davon aus, dass es Einstein sehr wohl bewusst ist, dass es an ihm selbst liegt, dass er an der Aufgabe gescheitert ist, im Einklang mit seiner jeweiligen Ehefrau zu leben.[454] Wie hält Elsa Einstein die zahlreichen Kränkungen und Frustrationen aus? Anders als ihre Vorgängerin Mileva Einstein ist Elsa ein aus sich selbst heraus heitererer Mensch. Auf Reisen scheint sie regelrecht aufzublühen. Nach den Beobachtungen von Konrad Wachsmann geschah dies allerdings nur selten. Einstein selbst meinte einmal gegenüber Wachsmann: „Ich hätte es viel schlechter treffen können, das weiß ich schon lange."[455] Einstein ist sich dessen bewusst, dass es im Grunde keine bessere Ehefrau gibt. Seine Frau ist gutherzig und fürsorglich und nimmt ihm sehr viele Probleme ab. Sie „schützte ihn vor übermäßigen Zugriffen und Belagerungen aus der Außenwelt, von der er unentwegt belagert wurde, obwohl sie sich selbst wohl gern viel und viel öfter in dieser Welt gesehen hätte." Auf der anderen Seite erklärt Einstein gegenüber Wachsmann, die Ehe sei „Sklaverei in einem kulturellen Gewand". Wachsmann meint, Elsa sei sich dessen bewusst gewesen, dass sich Einstein als „Einspänner" (Einzelgänger) verstehe. Sie ahne es wahrscheinlich, dass sie ihren Mann jederzeit wieder verlieren könnte.[456]

Es wird später für die Zeit in Princeton ab Herbst 1933 noch von einigen Affären zu berichten sein. Auch nach Elsas Tod leben ständig Frauen an Einsteins Seite im Haus Mercer Street 20 in Princeton. Alleine ist er nie. Bei ihm leben Stieftochter Margot Einstein, geschiedene Marianoff, und ab 1939 seine Schwester Maja Einstein, die wegen der italienischen

Rassengesetzgebung von 1938, der zufolge neu geschlossene, so genannte „Mischehen" annulliert sind, alleine zu ihrem Bruder nach Princeton kommt. Selbstgerecht urteilt Einstein bereits Anfang der 1920er-Jahre, als sein Schwager Paul Winteler „ein Verhältnis" hat: „Mit Maja und Paul spukts. Die sollten sich auch scheiden lassen. Pauli soll ein Verhältnis haben und die Ehe zieml ch kaputt sein. Nur nicht zu lange warten (wie ich). Man macht sich für nichts und wieder nichts kaput[t]." Einstein empfiehlt Michele Besso zu intervenieren: „Sprich einmal mit den beiden, wenn Du sie wieder siehst. Die Mischehen taugen alle nichts. (Anna sagt: oho)"[457] So einfach und konventionell urteilt Einstein, wenn andere Menschen eine Affäre haben. Oder ist für ihn das feste Verhältnis an Stelle von wechselnden Affären anstößig? Er neigt zur Selbstgerechtigkeit, indem er seine eigenen Erfahrungen mit der Nichtjüdin Mileva Marić verabsolutiert. Einsteins Schwester Maja heiratet den Nichtjuden Paul Winteler, der jüdische Schweizer Michele Besso die Nichtjüdin Anna Winteler. Maja Winteler (geb. Einstein) und Paul Winteler bleiben beieinander, bis Maja in die USA zu ihrem Bruder Albert Einstein emigriert. Paul Winteler wird die Einreise in die USA verwehrt, weil er krank ist. Die beiden schreiben sich regelmäßig Briefe. Maja plant, nach dem Zweiten Weltkrieg in die Schweiz zurückzukehren, was ihr schlechter Gesundheitszustand und ihr früher Tod am 25. Juni 1951 in Princeton verhindert. Paul Winteler stirbt am 15. Juli 1952 in Genf.

1905
Das Jahr der Wunder („annus mirabilis")

Musizieren und Physik

Einstein kommen beim Spielen auf seiner Violine öfters Einfälle zu Physik-Problemen. Er notiert die Idee und spielt weiter. Zu musizieren bedeutet für ihn höchste Konzentration und Entspannung zugleich, weil er sich gedanklich von der theoretischen Physik abwendet. Einstein ist musikalisch gesehen ein sehr guter Amateur, aber kein professioneller Musiker.[458] Er ist bei Hausmusik, manchmal auch bei öffentlichen Auftritten, ein gern gesehener Mitspieler. Konrad Wachsmann berichtet 1979: Einstein „las [...] mit Leichtigkeit Partituren." Auf die Frage, was er tue, „wenn ihm irgend eine Assoziation zur Fortführung eines wissenschaftlichen Gedankens fehlte", habe Einstein erklärt: „Zuerst improvisiere ich, [...] wenn auch das nicht hilft, suche ich Trost bei Mozart. Aber wenn sich beim Improvisieren doch ein Weg anbietet, brauche ich Bachs klare Konstruktionen, um meinen Gedanken weiterzuführen."[459] „Regelmäßig besuchte Einstein nur Konzerte. Es kam vor, dass er in einer Woche drei Konzerte besuchte", so Wachsmann. Bei Opern lässt er eigentlich nur Mozart gelten.[460]

Ist ein Klavierspieler zu Gast, lassen sich leicht Musikstücke spielen, welche als Duett für Geige und Klavier komponiert sind, z. B. von Mozart oder von Bach. Bei einem Musikabend in Berlin spielen Planck, Einstein und ein Berufsmusiker Beethovens Klaviertrio B-Dur, sicher Opus 11.[461] Die Physikerin Lise Meitner berichtet darüber: „Das Zuhören war ein wunderbarer Genuss, für den ein paar zufällige Entgleisungen Einsteins nichts bedeuteten. Einstein, sichtlich erfüllt von der Freude an der Musik, sagte laut lachend in seiner unbeschwerten Art, dass er sich wegen seiner mangelhaften Technik schäme. Planck stand dabei mit seinem ruhigen, aber buchstäblich glückstrahlenden Gesicht und rieb sich mit der Hand in der Herzgegend: ‚Dieser wunderbare zweite Satz'."[462] Anita Ehlers zeigt, dass Bach, Mozart und einige alte Italiener Einsteins Lieblingskomponisten waren. Von Mozart hob er die Sonate KV 301 in G-Dur hervor: „Sie ist so rein und schön, dass ich sie als die innere Schönheit des Universums selbst ansehe."[463] Die Sonate ist als Duett für Geige und Klavier komponiert. Auf dem Flügel improvisiert Einstein gern, auch nachts. Sein bevorzugtes Instrument bleibt die Geige. Dann spielt er am liebsten des Nachhalls wegen in der gekachelten Küche oder im gekachelten Bad. Einstein vergleicht die Physik gerne mit der Musik: „Die Darstellung des materiellen Als durch die neue wissenschaftliche Theorie ist mit einem großen Gemälde oder einem Musikstück im menschlichen Geist vergleichbar." 1918 schreibt Einstein über Hermann Weyls Buch „Raum, Zeit, Materie": „Es ist wie bei einer Meistersymphonie. Jedes Wort hat seine Beziehung zum Ganzen und die Anlage des Werkes ist grandios. Die prachtvolle Methode der infinitesimalen Parallel-Verschiebung von Vektoren zur Ableitung des Riemann-Tensors! Wie natürlich sich das alles macht!"[464]

Die fünf Arbeiten des „Jahres der Wunder" 1905

Einsteins bahnbrechende Theorien setzen sich unter Physikern erst langsam durch. Voraussetzung dafür ist, dass bedeutende Physiker die Überlegenheit der neuen Ideen erkannten und sich für deren Verbreitung einsetzten. Hinzu kommt Einsteins persönliches Auftreten auf Tagungen ab 1909. 1905 ist für Einstein das so genannte Jahr der Wunder. Binnen weniger Monate legt er fünf sensationelle Veröffentlichungen vor. Dass ein Einzelner in so kurzer Zeit derart vielfältige, spektakuläre Erkenntnisse veröffentlicht, ist einzigartig und grenzt an ein Wunder. Dennoch ist das Wunder mindestens zum Teil rational zu erklären. Einstein ist als Beamter des Patentamts in Bern frei von jeglichen Verpflichtungen der Lehre an einer Universität. Er kann sich ungemein gut und lange konzentrieren. Seine Ausdauer grenzt an Sturheit. Er ist sehr selbstbewusst. Gleichzeitig verkrampft er sich nicht beim Denken, sondern bleibt dabei genauso lässig, wie ihn seine Zeitgenossen empfunden haben. Jürgen Neffe erfass es richtig, wenn er behauptet, Einstein erlebe, genieße und nutze auch beim Denken den Flow. Mit Einstein und dem Jahr 1905 verbindet der Berliner Wissenschaftshistoriker Jürgen Renn eine „Revolution" in der Physik.[465]

Im Mai 1905 schreibt Albert Einstein seinem Freund Conrad Habicht[466], der mittlerweile in Schiers in Graubünden als Lehrer für Mathematik und Physik tätig ist.[467] Einstein wirft ihm auf humorig-grobianische Art vor, dass er ihm immer noch seine Dissertation vorenthalte: „Wissen Sie denn nicht, dass ich einer von den 1 ½ Kerlen sein würde, der dieselbe mit Interesse und Vergnügen durchliest, Sie Miserabler?".

Sobald er Habichts Dissertation erhalte, wolle er ihm seine neuesten Werke senden, die teils gedruckt, teils kurz vor dem Abschluss stehen würden: „Ich verspreche Ihnen vier Arbeiten dafür, von denen ich die erste in Bälde schicken könnte, da ich die Freiexemplare baldigst erhalten werde. Sie handelt über die Strahlung und über die energetischen Eigenheiten des Lichtes und ist sehr revolutionär, wie Sie sehen werden, wenn Sie mir Ihre Arbeit vorher schicken. Einsteins Arbeit[468] enthält die Erkenntnis, dass Licht unsteten, teilchenhaften Charakter hat. Es könne als ein Strom von Lichtquanten, d. h. „Photonen", aufgefasst werden. Zwar war das Phänomen des Photoeffekts schon von Heinrich Hertz (1857–1894), Wilhelm Hallwachs (1859–1922), Philipp Lenard (1862–1947) und anderen erforscht, eine theoretische Erklärung aber konnte erst Einstein mit dem Einbringen des korpuskularen Charakters des Lichts vorlegen. Einsteins Lichtquanten-Hypothese war eine wichtige Voraussetzung für die Quantentheorie des dänischen Physikers Niels Bohr und des französischen Physikers Louis de Broglie. Für seine Arbeit über den photoelektrischen Effekt wurde Einstein 1922 der Physik-Nobelpreis für das Jahr 1921 verliehen. Der theoretische Physiker und Ulmer Professor Frank Steiner (geb. 1943) erklärt zu den Folgewirkungen von Einsteins Entdeckungen: „Auf Einsteins Arbeit über den photoelektrischen Effekt und auf einer weiteren Arbeit von 1917 beruht in letzter Konsequenz der Laser, der in der Medizin eingesetzt wird oder der Laser-Pointer bei Vorträgen."[469] Die genauen Titel der Lichtquanten-Theorie und der vier weiteren Arbeiten von 1905 samt weiteren Daten dazu finden sich in den Endnoten. „Von den fünf Arbeiten aus dem Jahr 1905 ist Einsteins Dissertation ‚Eine neue Bestimmung der Moleküldimensionen' am wenigsten bekannt. Zu Unrecht, denn sie ist nicht nur von prinzipieller Bedeutung – sie gehört auch zu den am häufigsten zitierten wissenschaftlichen Veröffentlichungen überhaupt. Anhand von Daten über Zuckerlösungen mit bekannter Konzentration und einer neuen Formel für die Diffusion zeigte er, wie sich aus der Zähigkeit (Viskosität) die Molekülgrösse sowie die in der Chemie wichtige Avogadro-Zahl (Anzahl der Moleküle in einem Mol) bestimmen lassen. Dies brachte Einstein den ersten großen Erfolg bei seinen Bemühungen um Belege für die damals noch umstrittene Existenz der Atome".[470]

Damit nicht genug. Einstein schreibt weiter an Habicht[471]: „Die dritte [Arbeit][472] beweist, dass unter Voraussetzung der molekularen Theorie der Wärme in Flüssigkeiten suspendirte Körper in der Größe von 1/1000 mm bereits eine wahrnehmbare ungeordnete Bewegung ausführen müssen, welche durch die Wärmebewegung erzeugt ist es sind ‚unerklärte' Bewegungen lebloser kleiner suspendirter Körper in der That beobachtet worden von den Physiologen, welche Bewegungen von ihnen ‚Brownsche Molekularbewegung' genannt wird."[473]

Einstein deutete die Erscheinung der Brownschen Molekularbewegungen statistisch.[474] Er ging das Thema auf rein theoretischem Weg ausgehend von der molekularen Theorie der Wärme an und kam so zu einer quantitativen „Vorhersage" der Brownschen Bewegung Einsteins Formel wurde 1908 durch die Versuche des französischen Physikers Jean-Baptiste Perrin (1870–1942) bestätigt. Dieser wurde für eben diese Arbeiten 1926 mit dem Nobelpreis für Physik ausgezeichnet.

Nun kommt Einstein in seinem Brief an Habicht im Mai 1905 auf die wichtigste seiner Veröffentlichungen des Jahres 1905 zu sprechen, nämlich auf die Spezielle Relativitätstheorie[475]: „Die viert[e] Arbeit liegt erst im Konzept vor und ist eine Elektrodynamik bewegter Körper unter Benützung einer Modifikation der Lehre von Raum und Zeit; der rein kinematische Teil dieser Arbeit wird Sie sicher interessi[e]ren."[476] Einstein weist später darauf hin, das endgültige Abfassen der Speziellen Relativitätstheorie habe von ungefähr Mitte Mai bis Ende Juni 1905 sechs Wochen gedauert.[477] Minutiös beschrieben wird der Kontext der Entstehung und Wirkung der Speziellen Relativitätstheorie in den ersten Jahren in einem Autorenbeitrag im Band 2 des Großwerks „The Collected Papers of Albert Einstein".[478]

Einsteins Entdeckung des Gesetzes über den photoelektrischen Effekt[479] beinhaltet die Erkenntnis, dass sich Licht aus Energieportionen zusammensetzt. Licht gibt Einstein zufolge seine Energie in Quanten ab. Diese Erkenntnis war revolutionär und lange Zeit umstritten. Trotzdem ist sie 1922 von allen vier Entdeckungen Einsteins aus dem Jahr 1905 unter Physikern am eindeutigsten anerkannt. Deshalb erhält Einstein den Physik-Nobelpreis für diese Arbeit. Unstrittig entdeckte er ein Naturgesetz. Er erkannte unter anderem, dass Licht unterschiedlicher Farbe eine unterschiedliche Menge Energie abgibt. Heutzutage liegt dem Bildsensor in einer Digitalkamera eben dieser Effekt zugrunde. So kommt ein Farbbild zustande.[480] Einstein ist sich bewusst, dass die letzte Bestätigung seiner „Theorie des photoelektrischen Effekts" noch aussteht. 1916 bestätigt der US-Physiker Robert Andrews Millikan (1868–1953) an der University of Chicago Einsteins Erklärung des photoelektrischen Effekts empirisch.[481] Der endgültige Durchbruch, was die heuristischen Gesichtspunkte von Einsteins Gesetz betrifft, erfolgt erst 1923. Einstein hat die Arbeit an der Lichtquantenhypothese am 17. März 1905 abgeschlossen.

Am 27. September 1905 reicht Einstein eine Art „Nachtrag zur Speziellen Relativitätstheorie" bei den „Annalen der Physik" ein. Erst dieser Nachtrag enthält die Formel $E = m \cdot c^2$.[482] Diese Formel postuliert die Äquivalenz von Energie und Masse. Der Titel dieses Nachtrags lautet „Ist die Trägheit eines Körpers von seinem Energieinhalt abhängig?"[483]

Über die Spezielle Relativitätstheorie mit ihrer berühmten Formel ist sehr viel geschrieben worden, und dies oft mit mehr oder weniger metaphorischen Vergleichen. Zum Verstehen der zentralen Formel ist Folgendes notwendig: Mit E ist Energie gemeint, mit m die Masse und c^2 bedeutet die Lichtgeschwindigkeit im Quadrat. „Aus der Speziellen Relativitätstheorie folgt, dass die Masse eines Körpers mit seiner Geschwindigkeit zunimmt. Daraus ergibt sich die erste Möglichkeit zur experimentellen Überprüfung der Relativitätstheorie. Jede Massenzunahme ist proportional zur Bewegungsenergie des Körpers", so Jürgen Renn 2005.[484]

Nach Renn zieht Einstein diesen Schluss in einer kurzen Arbeit, die wenige Monate nach dem Aufsatz zur Relativitätstheorie veröffentlicht wird: „Im Allgemeinen soll jeder Masse eine Energie und umgekehrt jeder Energie eine Masse entsprechen. […] Wegen der enormen Größe der Lichtgeschwindigkeit heißt dies, dass selbst geringen Massen gewaltige Energiemengen entsprechen."[485] Einstein sieht die einzige Möglichkeit, Masse in Energie zu verwandeln, im radioaktiven Zerfall. Allerdings wird die Kernspaltung erst sehr viel später entdeckt. Nach Jürgen Renn ist Einsteins theoretisches Postulat ein „Symbol des Atomzeitalters"[486] geworden. Dennoch ist Einstein sicher nicht der Vater der Atombombe, auch nicht der Physiker, der die unmittelbar relevanten Theorien dafür entdeckt hat.

Im Folgenden wird genauer auf die Spezielle Relativitätstheorie eingegangen. Allgemeinverständlich geschrieben ist die ausgezeichnete Arbeit zweier britischer Professoren für Physik an der Universität Manchester. Es sind dies Brian Cox (Teilchenphysiker) und Jeff Forshaw (Theoretischer Physiker). Sie ist 2009 in englischer Sprache und 2015 in deutscher Sprache erschienen. Der deutsche Titel lautet „Warum ist $E = m \cdot c^2$".[487] „Hier setzte die Relativitätstheorie ein. Durch eine Analyse der physikalischen Begriffe von Zeit und Raum zeigte sich, dass in Wahrheit eine Unvereinbarkeit des Relativitätsprinzips mit dem Ausbreitungsgesetz des Lichtes gar nicht vorhanden sei, dass man vielmehr durch systematisches Festhalten an diesen beiden Gesetzen zu einer logisch einwandfreien Theorie gelange."[488]

Die Spezielle Relativitätstheorie ist nach Jürgen Renn „eine nicht-klassische Theorie, die nicht mehr mit unseren Alltagsvorstellungen von Raum und Zeit vereinbar ist. [...] Diese Theorie beruht auf zwei Postulaten [Grundvoraussetzungen], dem Relativitätsprinzip und dem Prinzip der Konstanz der Lichtgeschwindigkeit. Das Relativitätsprinzip besagt, dass sich die physikalischen Gesetze nicht ändern, wenn man von einem ruhenden zu einem gleichförmig und gradlinig bewegten Laboratorium übergeht. Das Prinzip der Konstanz der Lichtgeschwindigkeit ist ein solches physikalisches Gesetz; es besagt, dass die Lichtgeschwindigkeit in allen solchen Systemen die gleiche ist. Hierin liegt das Problem begründet: diese beiden Postulate sind nach unserem gewöhnlichen Verständnis von Raum und Zeit nicht miteinander vereinbar."[489] Einstein verknüpft vier Elemente, die Kinematik (also die Lehre von den Bewegungen), den starren Körper (d. h. das Koordinaten- oder auch Bezugssystem), die Uhren (d. h. die Zeit) und elektromagnetische Prozesse (z. B. das Aussenden und Empfangen von Licht).[490] Nach Jürgen Neffe herrscht innerhalb eines „starren Körpers", z. B. innerhalb eines Eisenbahnzuges oder eines Raumschiffs, „die Zeit des ruhenden Systems." Gleichgültig, ob sich das Fahrzeug von außen bewegt – von innen gesehen ruht es, so Neffe. Und innerhalb des ruhenden Systems herrschen die gleichen Maßstäbe. Deshalb könnten wir auf unserem Raumschiff Erde auch eine „Weltzeit" definieren und alle Uhren rund um den Globus synchronisieren. Sobald sich zwei starre Körper gegeneinander bewegen würden (z. B. wenn zwei Züge in entgegengesetzte Richtungen fahren), habe jeder seine Eigenzeit, seinen eigenen Zeitmaßstab. Allein über diesen genialen Kunstgriff habe Einstein alle Widersprüche beseitigen können. Neffe geht zu Recht davon aus, dass Einstein als Experte im Patentamt Bern Fähigkeiten trainiert habe, welche ihm bei der Entwicklung der Relativitätstheorie von Nutzen gewesen seien. Es seien nämlich regelmäßig Patentanträge in Sachen Synchronisation eingegangen.[491]

Max Planck erkennt als einer der wenigen, wie bedeutsam Einsteins Arbeit ist.[492] In einer Vorlesung erklärt er, die Einstein'sche Zeitauffassung „übertrifft an Kühnheit wohl alles, was bisher in der spekulativen Naturforschung, ja in der philosophischen Erkenntnistheorie geleistet wurde". Einstein ist stolz auf seine Spezielle Relativitätstheorie.

Die Folgerungen, welche Albert Einstein aus dem konsequenten Festhalten an den beiden Relativitätstheorien ableitet, widersprechen dem Alltagsverstand. Aus der einen universellen Newtonschen Zeit werden viele Zeiten, jeder Beobachter hat seine eigene. Zwei räumlich entfernte Ereignisse, die für einen Beobachter gleichzeitig sind, sind es für den anderen nicht. Bewegte feste Stäbe erscheinen dem ruhenden Beobachter verkürzt, und bewegte Uhren ticken langsamer. Zugegeben verwirrend, aber auch ein überzeugender Grund, sich mit der oben zitierten Einführung in die Relativitätstheorie von Albert Einstein auseinanderzusetzen.

1915
Allgemeine Relativitätstheorie

Von der Notwendigkeit einer Verallgemeinerung der Speziellen Relativitätstheorie

Schon 1907 kommt Einstein beim Schreiben an einem großen Übersichtsartikel die Idee einer noch „radikaleren" Verallgemeinerung.[493] Der Artikel hat den Titel „Über das Relativitätsprinzip und die daraus gezogenen Folgerungen"[494], erschienen im „Jahrbuch der Radioaktivität und Elektronik". Derweilen hatten die meisten Physiker noch an der Speziellen Relativitätstheorie (SRT) zu „knabbern". Es wird Einstein klar, dass alle Naturgesetze innerhalb des Rahmens der Speziellen Relativitätstheorie behandelt werden können – nur nicht das Gravitationsgesetz. Dieses beschreibt die Schwerkraft (Gravitation). Es ist sowohl – wie bereits Isaac Newton (1642–1726) erkannte – für das Fallen eines Apfels auf der Erde als auch für die Bewegung der Erde um die Sonne wie auch für alle anderen Planeten verantwortlich.

Wie also muss die Theorie verallgemeinert werden, damit auch die Gravitation korrekt erfasst werden kann? Einsteins Weg zur vollständigen Klärung dieser Frage ist lang und beschwerlich. Am Anfang aber steht eine glückliche Eingebung: „Ich saß auf einem Stuhl im Patentamt in Bern. Plötzlich hatte ich einen Einfall: Wenn sich eine Person im freien Fall befindet, wird sie ihr eigenes Gewicht nicht spüren. Ich war verblüfft. Dieses einfache Gedankenexperiment machte auf mich einen tiefen Eindruck. Es führte mich zur Theorie der Gravitation."[495]

Als die größte Leistung Albert Einsteins und als eine der gewaltigsten Geistesleistungen der Menschheit insgesamt kann Folgendes angesehen werden: zu erkennen, dass sich in dem eben beschriebenen Gedankenexperiment eine äußerst komplexe Theorie von Raum und Zeit verbirgt, und diese in ihrer ganzen Schönheit herauszuarbeiten. Noch aber ist es nicht so weit, noch steht Albert Einstein am Anfang seines weiten Weges. Immerhin, aus seinem Gedankenexperiment leitet er ab, dass ein konstantes Schwerefeld einem gleichförmig beschleunigten Bezugskörper entspricht. Er folgert weiter, dass Lichtstrahlen unter dem Einfluss der Schwerkraft gekrümmt werden. Eine Prognose, die erst Jahre später experimentell bestätigt werden sollte.

Hinweise auf dem Weg zur Allgemeinen Relativitätstheorie

Albert Einstein hat nie eine ausführliche Autobiografie geschrieben. In seinem Todesjahr aber hat er eine wenige Seiten umfassende „Autobiographische Skizze"[496] verfasst. In Anbetracht der Kürze dieses Lebensberichtes dürfen wir davon ausgehen, dass nur Erlebnisse und Begegnungen darin Eingang gefunden haben, die für ihn von besonderer Bedeutung waren.

Von seinen wissenschaftlichen Leistungen erwähnt er lediglich die Allgemeine Relativitätstheorie, offensichtlich erachtet er diese als sein Hauptwerk. Gemessen an der Kürze seines Lebensberichts geht er relativ ausführlich auf die zu überwindenden Hürden auf dem Weg zur ART ein [497]: „1909–1912, während ich an der Zürcher und an der Prager Universität theoretische Physik zu lehren hatte, grübelte ich unablässig über das Problem nach. 1912, als ich ans Zürcher Polytechnikum berufen wurde, war ich der Lösung des Problems schon erheblich näher gekommen. Von Wichtigkeit erwies sich hier Hermann Minkowskis [1864–1909] Analyse der formalen Grundlage der speziellen Relativitätstheorie."

Einstein spürte offenbar, dass ihm für einen vollständigen Durchbruch das adäquate mathematische Kalkül noch immer fehlte, und er wandte sich an seinen ehemaligen Studienkollegen Marcel Grossmann, der 1907 zum Professor avanciert war: „Mit dieser Aufgabe im Kopf suchte ich 1912 meinen alten Studienfreund Marcel Grossmann auf, der unterdessen Professor der Mathematik am Eidgenössischen Polytechnikum geworden war. Er fing sofort Feuer, obwohl er der Physik gegenüber als echter Mathematiker eine etwas skeptische Einstellung hatte. [...] So kam es, dass er gerne bereit war, an dem Problem mitzuarbeiten, aber doch mit der Einschränkung, dass er keine Verantwortung für irgendwelche Behauptungen und Interpretationen physikalischer Art zu übernehmen habe. Er durchmusterte die Literatur und entdeckte bald, dass das angedeutete mathematische Problem insbesondere durch [Bernhard] Riemann [1826–1866], [Gregorio] Ricci [1853–1925] und [Tullio] Levi-Civita [1873–1941] bereits gelöst war." [498]

Bereits während der Zusammenarbeit mit seinem Freund Marcel Grossmann am Polytechnikum fand Einstein die im Wesentlichen korrekten Feldgleichungen. Sie beschreiben den Zusammenhang zwischen der Massenverteilung und der Krümmung der Raumzeit und sind deshalb von zentraler Bedeutung in der ART. Ein fataler Irrtum (die größte „Eselei" im Leben) veranlasste ihn jedoch, diese wieder aufzugeben, und es sollte bis in den September 1915 dauern, bis er seinen Irrtum bemerkte. Nach fieberhafter Arbeit schafft er es dann im Oktober 1915. Die vollständig korrekten Gleichungen sind gefunden. Und Einstein kann im November an den Sitzungen der Berliner Akademie über den endgültigen Durchbruch berichten. Er präsentiert eine vollständig neuartige Theorie von Raum und Zeit: [499]

„Die Allgemeine Relativitätstheorie ist eine fundamentale Theorie von Raum und Zeit, in der die Gravitation eine Folge der Krümmung des Raumes ist, und führt zu einer Abänderung des Newtonschen Gravitationsgesetzes. [...] In Einsteins Allgemeiner Relativitätstheorie werden Raum und Zeit dynamische Grössen, im Gegensatz zu Newton und [Immanuel] Kant [1724–1804], wo diese absolut gedacht und a priori gegeben sind, gleichsam als ‚starre

Bühne' für das physikalische Geschehen. Die Dynamik des vierdimensionalen Raum-Zeit-Kontinuums wird durch verallgemeinerte Gravitationsfelder (Metriktensor) beschrieben und führt zur Krümmung des Raumes im Aussenraum z. B. eines massiven Körpers wie der Sonne oder eines Schwarzen Lochs. Da die Raumkrümmung identisch ist mit der Gravitation, „spürt" ein Körper, der sich der Sonne nähert, primär den gekrümmten Raum, effektiv aber auch eine Gravitationskraft, die ihn auf eine zur Sonne hin gekrümmte Bahn zwingt mit dem Effekt, dass man wie in der alten Newtonschen Theorie sagen kann, der Körper werde von der Sonne angezogen."[500]

Eine Bewährungsprobe für die Allgemeine Relativitätstheorie: Periheldrehung

Der verhältnismäßig einfachen Newtonschen Mechanik, die sich während mehr als 200 Jahren bestens bewährt hatte, steht nun die begrifflich und technisch bedeutend anspruchsvollere Theorie Einsteins gegenüber, und es stellt sich die Frage, in welcher Hinsicht die neue der alten Lehre überlegen sei. Bereits während der Schöpfungsphase der ART findet Einstein ein beobachtbares, die Umlaufbahn des Planeten Merkur betreffendes Phänomen, das mit seiner Theorie in natürlicher Weise zu erklären ist, während die Newtonsche Gravitationstheorie keinerlei vernünftige Erklärung zu liefern vermag. Der Einstein-Biograf Abraham Pais schreibt dazu: „Diese Entdeckung war, wie ich glaube, die intensivste emotionelle Erfahrung in Einsteins wissenschaftlichem Leben, vielleicht überhaupt in seinem Leben. Die Natur hatte zu ihm gesprochen."[501]

    Steiner schreibt: „Den entscheidenden Test für die Richtigkeit der Theorie hatte Einstein bereits am 18. November 1915 geliefert in seinem Vortrag mit dem Titel ‚Erklärung der Perihelbewegung des Merkur aus der allgemeinen Relativitätstheorie'. Bereits 1859 hatte der Astronom Jean Urbain Le Verrier [1811–1877] eine Anomalie in der Bewegung des Merkur entdeckt, die so genannte Perihelbewegung. Diese besteht darin, dass die Bahn des Merkur um die Sonne nicht wie seit [Johannes] Kepler [1571–1630] und Newton allgemein angenommen eine raumfeste Ellipse ist. Le Verrier stellte fest, dass die tatsächliche Bewegung eine Art Rosette beschreibt, in welcher der sonnennächste Punkt der Bahn, das Perihel, eine Drehbewegung ausführt. Vor Einstein gab es dafür zahlreiche Erklärungsversuche, wie z. B. die Existenz eines weiteren Planeten, genannt Vulkan, eines Merkurmondes, einer schwereren Masse der Venus oder eine Abspaltung der Sonne. Einstein zeigt nun, dass der wahre Grund für die Periheldrehung in einer Korrektur zum Newtonschen Gravitationsgesetz besteht, welche von der Krümmung des Raumes, welche die Sonne infolge ihrer grossen Masse erzeugt, ausgeht."[502]

Ein Stern wird geboren: Die Ablenkung des Lichts

Bereits zu Beginn seiner Beschäftigung mit der Gravitation bemerkt Einstein, dass sich Lichtstrahlen, die sich am Sonnenrand vorbei bewegen, gegen den Sonnenmittelpunkt krümmen müssen. Er berechnet damals zwar einen zu kleinen Wert für den entsprechenden Ablenkungswinkel, korrigiert diesen jedoch später auf 1,7 Bogensekunden, ein Wert, der im Jahr 1919 von englischen Astronomen bestätigt werden sollte: „Bei einer Sonnenfinsternis am 29. Mai 1919 überprüften zwei britische Expeditionen die im Rahmen der ART von Einstein vorhergesagte Lichtablenkung im Gravitationsfeld der Sonne. Am 6. November 1919 werden die Resultate auf einer gemeinsamen Sitzung der Royal Society und der Royal Astronomical Society in London vorgestellt. Die Messungen sind in vollem Einklang mit Einsteins Berechnungen! Der Präsident der Royal Society, Entdecker des Elektrons und Nobelpreisträger für Physik, Sir Joseph John Thomson [1856–1940], fasst die Sitzung mit folgenden Worten zusammen: ‚Es handelt sich nicht um die Entdeckung einer einsamen Insel, sondern um die eines ganzen Kontinents wissenschaftlicher Gedanken. Dies ist das wichtigste Ergebnis im Zusammenhang mit der Theorie der Gravitation seit Newtons Tagen, und es ist nur schicklich, dass es bei einer Sitzung dieser Gesellschaft bekannt gegeben wird, die ihm so eng verbunden ist [...] Das Ergebnis ist eine der höchsten Errungenschaften des menschlichen Denkens.'"[503]

Obwohl ein wirkliches Verstehen der Allgemeinen Relativitätstheorie substanzielle mathematische und physikalische Kenntnisse verlangt, berichtet sogar die Tagespresse, und zwar weltweit, über die Messergebnisse der britischen Expeditionen und über die frappierende Übereinstimmung der Messwerte mit Einsteins Prognose. Begeistert wird von der neuartigen Auffassung von Raum und Zeit berichtet und natürlich vom eigenwilligen Schöpfer der neuen Weltlehre. Eine breite Öffentlichkeit ist fasziniert und begeistert, und Albert Einstein wird schlagartig zum Star der Wissenschaft.

Revolutionäre Bedeutung der Allgemeinen Relativitätstheorie für die Physik

Der Wissenschaftshistoriker Jürgen Renn bezeichnet die Allgemeine Relativitätstheorie als die „zweite Revolution", welche Einstein in der Physik bewirkte. Es geht um eine revolutionäre Veränderung der Vorstellung von Raum und Zeit.[504] Im März 1916 trägt Einstein die noch heute gültigen Feldgleichungen vor. Nun resümiert er erneut das Relativitätspostulat in seiner allgemeinsten Fassung.[505] Im Folgenden wird zunächst referiert, was Michael Jannssen und Jürgen Renn 2015 ausgeführt haben.[506] Anders als bei Newton werden Raum und Zeit nicht mehr als feste Größen angesehen, sondern durch ein dynamisches Feld bestimmt. Dieses Feld hat seinerseits an dem Geschehen teil. Es unterliegt nämlich physikalischen Gesetzen und verursacht ebensolche. „Dieses Feld beschreibt die Geometrie von Raum und Zeit." Schwere Masse ist träge Masse. Es geht also um die gegenseitige Anziehung von Massen durch die Schwerkraft sowie die Effekte, die bei beschleunigten Bewegungen wie in einem Karussell auf die Trägheitskräfte zurückgeführt werden. „Nach der allgemeinen Relativitätstheorie sind jedoch Schwerkraft und Trägheit wesensverwandt, etwa so wie sich elektrische und magnetische Kräfte im Elektromagnetismus als zwei verschiedene Aspekte desselben Felds auffassen lassen." Wie bedeutsam die Allgemeine Relativitätstheorie später für die Astrophysik und die Kosmologie (die Lehre vom Weltraum und seiner Entstehung) wird, kann Einstein 1915 kaum ahnen.

2016 werden die von Einstein vorhergesagten Gravitationswellen von einem US-Wissenschaftler-Team der LIGO-Kollaboration nachgewiesen. 2017 erhält das Team von Rainer Weiss (geb. Berlin 1932), Barry Barish (geb. 1936) und Kip Thorne (geb. 1940) den Physik-Nobelpreis. Nach jahrzehntelanger Forschung gelingt es im Januar 2016 für den Bruchteil einer Sekunde, die Vereinigung zweier Schwarzer Löcher nachzuweisen. Lichtgeschwindigkeit gilt als die höchstmögliche Geschwindigkeit.

Der Kosmos ist nicht statisch, wie Einstein ursprünglich angenommen hat, sondern dieser vergrößert sich fortwährend. Davon hat ihn der britische Astronom Arthur Stanley Eddington (1882–1944) während eines Besuchs in Cambridge im Juni 1930 überzeugt.[507] Nach der Allgemeinen Relativitätstheorie ist die Metrik der Raumzeit gekrümmt. Jürgen Ehlers führt 2005 aus: „Wie in der Speziellen [Relativitäts-]Theorie lässt sich die von einer guten Uhr abgelesene Zeit als die Bogenlänge der (zeitartigen) Weltlinie dieser Uhr darstellen. Wegen der Krümmung der Raumzeit hängt der Gang der Uhr von dem Gravitationsfeld ab, in dem sich die Uhr bewegt. Dieser Effekt wird zusammen mit solchen der Speziellen Relativitätstheorie bei Globalen Positionierungssystemen wie GPS angewendet."[508] Dafür sind vier Satelliten notwendig. Diese bewegen sich auf einer elliptischen Bahn um die Erde herum. Mit codierten Radiosignalen senden sie ständig ihre Position und die genaue Uhrzeit. Das bewirkt, dass der Rechenprozess für GPS und Navigationssysteme erheblich ist. Berechnet wird nicht nur die Position, sondern auch die Geschwindigkeit des Empfängers. Die Zeit, welche die Atomuhren auf den Satelliten anzeigen, unterliegt den Regeln der Allgemeinen und Speziellen Relativitätstheorie von Albert Einstein. Nach der Allgemeinen Relativitätstheorie hängt die Ganggeschwindigkeit einer Uhr vom Ort im Gravitationsfeld ab und nach der Speziellen Relativitätstheorie auch von ihrer Geschwindigkeit.[509] Jeder „Satellit [in elliptischer Umlaufbahn um die Erde befindlich] sendet ein Signal, wann es abgesendet wurde und aus welcher Position. Das GPS im Auto empfängt es später und berechnet aus der Laufzeit die Entfernung. Aus der Entfernung zum Satelliten kann die Position zum Fahrzeug theoretisch berechnet werden. Zur Berechnung der Laufzeit muss die Uhr im GPS-Gerät aber sehr genau sein. Das ist sie aber nicht. Und deshalb benötigt man einen vierten Satelliten, um die Ungenauigkeit der Uhr im Fahrzeug zu ermitteln. Mit der Korrektur des Zeitfehlers der Uhr werden aber auch gleich mehrere andere Fehlerquellen summarisch mitkorrigiert. Dazu zählen auch die beiden relativistischen Effekte, also dass die Uhr im Satelliten a) langsamer läuft als auf der Erde auf Grund seiner Relativgeschwindigkeit und b) schneller läuft, weil die Gravitationskraft in der Satellitenhöhe geringer ist (Allgemeine Relativitätstheorie). Beides wirkt sich so aus, als ginge die Uhr im GPS-Gerät falsch. Explizit berechnet werden die beiden Effekte nicht. Das würde man nur dann tun, wenn man die Fehlerquellen aufdröseln oder einen exakten Vergleich der Zeitskalen auf der Erde und im Satelliten erstellen wollte. Immerhin, der Effekt ist vorhanden, wird aber nur indirekt korrigiert." [510]

Albert Einstein freut sich im Dezember 1915, dass trotz erster ablehnender Kommentare von vielen Fachkollegen Max Planck anfängt, „die Sache ernster zu nehmen; er wehrt sich allerdings noch etwas. Aber er ist ein prächtiger Mensch." [511] Von Anfang an rückhaltlos zu Einsteins Allgemeiner Relativitätstheorie steht der Berliner Physikerkollege Max Born.[512] Anfang 1916 schreibt er darüber einen Zeitschriftenaufsatz, später ein Lehrbuch dazu.[513] Unvergessen ist Paulis Handbuchartikel über die Allgemeine Relativitätstheorie aus dem Jahr 1920 in der „Enzyklopädie der mathematischen Wissenschaften". Der Österreicher Wolfgang Pauli (1900–1958)[514] war als Physiker ein Sommerfeld-Schüler in München. In Fachkreisen war Pauli gefürchtet wegen seiner schonungslosen Kritik, auch gegenüber Freunden und Autoritäten. Pauli schloss sich der Quantenmechanik an und erhielt 1945 den Nobelpreis für Physik für seine Entdeckung des „Ausschließungsprinzips" (ein quantenmechanisches Gesetz).

Einsteins Kooperation und Rivalität mit dem Mathematiker David Hilbert

Mit den letzten mathematischen Lösungen der ART befasst, besucht Einstein im Juli 1915 einen der besten Mathematiker seiner Zeit, nämlich David Hilbert (1862–1943) in Göttingen. Dieser versucht die gesamte Physik mathematisch zu erklären. Einstein spricht mit Hilbert offen über seine Probleme. Am 13. November 1915 lädt ihn Hilbert in sein wissenschaftliches Kolleg am 16. ein, in dem er „seine" Allgemeine Relativitätstheorie präsentieren werde.[515] Einstein schreibt, er könne nicht kommen, und bittet um schriftliche Nachrichten.[516]

Als er die erhält, räumt er Hilbert gegenüber ein, dass er eben auf genau die gleiche Lösung gekommen sei. Der Einstein-Biograf Albrecht Fölsing vermeidet es, ein Urteil darüber zu fällen, wem die Priorität zusteht, weist aber darauf hin, dass Einstein 30 Jahre später davon gesprochen habe, Hilbert habe sich bei ihm entschuldigt.[517] Andere betonen dagegen, dass Hilbert nur durch Einstein so weit gekommen sei, seine Erkenntnis also nicht eigenständig und Einstein die Erstentdeckung zuzuweisen sei, obwohl Hilbert Einstein auf der Ziellinie überholt habe.[518] Einstein entscheidet schließlich den Konflikt um die Priorisierung und damit um sein Urheberrecht auf die Allgemeine Relativitätstheorie dadurch, dass es nur ihm gelingt, auf der Grundlage der ART die bereits beschriebene Perihelbewegung des Merkur zu erklären. Das ist sein Trumpf-Ass. Er sorgt für die Verbreitung seiner ART durch mehrere Vorträge in der Preußischen Akademie der Wissenschaften und unter führenden Fachkollegen. Seine Erbitterung gegen Hilbert, den er nur in einem Brief an seinen engen Freund Zangger in Zürich in die Nähe eines Plagiators rückt, legt sich. Und noch vor Weihnachten schreibt er einen besänftigenden Brief an Hilbert.[519] Der lenkt Anfang 1916 ein und räumt Einsteins Priorisierung ein. Wenig später nimmt Einstein die Einladung, bei Hilbert privat zu übernachten, an.[520] Aus Rivalen sind Freunde geworden.

1914–1919
Erster Weltkrieg und Revolution 1918/19

Als Pazifist unter lauter Kriegsbegeisterten

Albert Einstein gilt seit 1914 in Berlin der Öffentlichkeit als Schweizer neutraler Ausländer. Erst 1922 wird öffentlich bekannt, dass er 1914 durch seine Zugehörigkeit zur Preußischen Akademie der Wissenschaften auch deutscher Staatsbürger wurde. In der Julikrise eskaliert Kaiser Wilhelm II. durch seinen „Blankoscheck" an Österreich-Ungarn die Konfrontation der europäischen Großmächte. Insofern ist Deutschland maßgeblich an der Auslösung des Ersten Weltkriegs beteiligt.[521] Einstein schreibt 1918 in einem Brief, wie wichtig es für ihn sei, „als Wissenschaftler ohne dass ich mich ruhig mit Denken befassen kann, ohne Beunruhigung durch Berufspflichten, während mir in meiner Professorenzeit das Kolleghalten eine größere Belastung war als früher das Patentamt, weil das Bewusstsein, ein Kolleg vor sich zu haben, den Geist in einer dem stillen Denken schädlichen Unruhe erhält. Dies ist allerdings nur der Fall bei solchen, die wie ich das Kolleg weder fertig im Kopf noch im Heft haben."[522]

Albert Einstein ist von klein auf Antimilitarist. Der nationalistische „Aufruf an die Kulturwelt" vom 4. Oktober 1914 befremdet Einstein. Er findet 93 Unterzeichner aus Wissenschaft und Politik.[523] Der Aufruf schadet Deutschland und den deutschen Wissenschaftlern massiv, namentlich in neutralen Staaten. Darin wird jegliches Vorgehen des deutschen Militärs, besonders im neutralen Belgien, als gerechtfertigt bezeichnet, obwohl unabhängige Beobachter und Medien von abscheulichen Gewalttaten gegenüber Zivilisten berichten. Viele Unterzeichner, so der Berliner Physiker Max Planck, lesen vor der Unterzeichnung noch nicht einmal den Text durch.[524] Es unterschreiben zu Einsteins Missvergnügen auch Fritz Haber, Walther Nernst und der Maler Max Liebermann.

Mitte Oktober 1914 verfasst Einsteins Freund, der Arzt Georg Friedrich Nicolai (1894–1964), einen pazifistischen Aufruf mit der Überschrift „An die Europäer". Er ist außerordentlicher Professor an der Berliner Universität. Außer ihm und Einstein unterzeichnet nur noch ein greiser Astronom. Im Aufruf wird davor gewarnt, der Krieg werde „kaum einen Sieger, wahrscheinlich nur Besiegte zurücklassen".[525] Zudem werden die „gebildeten Männer aller Staaten" dazu aufgefordert, zumindest dafür zu sorgen, dass „die Bedingungen des Friedens nicht die Quelle künftiger Kriege werden" und „aus Europa eine organische Einheit zu schaffen" sei, ein sehr frühes Bekenntnis zu einem in Frieden einigen Europa. Einsteins Mitunterzeichnen des Aufrufs ist die erste politische Aktivität seines Lebens. Gedruckt erscheint der Aufruf erst 1916 als Teil von Nicolais Buch „Die Biologie des Krieges".[526] Nicolai wird in die Garnisonsstadt Graudenz strafversetzt. Seine Hochschulkarriere ist beendet.[527] Einstein bleibt unbehelligt. Er gilt als prominent und als Schweizer Staatsbürger. Etwa im Juni 1915 wird Einstein Mitglied im pazifistischen Berliner „Bund Neues Vaterland".[528] Am 7. Februar 1916 wird der Bund bis Kriegsende verboten.[529] 1915 sprechen sich etliche prominente deutsche Professoren gegen einen Frieden mit Eroberungen aus. Es kommt aber bis zum 3. Juli 1915 nur ein Zehntel der Unterschriften zusammen, die 1914 der Aufruf der für Annexionen eintretenden Professoren fand.[530]

Ende 1914 bezieht Einstein im Haus Wittelsbacher Straße 13 eine kleinere Wohnung. 15 Minuten geht er nun zu Fuß zu seiner Cousine Elsa in die Haberlandstraße 5.[531] Einstein beschäftigt sich 1915 als gerichtlicher Gutachter mit der Frage, ob der Sperry-Kompass das Anschütz-Kompass-Patent verletzt.[532] Für das dafür notwendige Experiment ist Einstein am 10. Juli 1915 in Kiel[533], offenbar auf dem Werksgelände der Firma Anschütz & Co. Am 7. August schließt Einstein sein Gutachten in der Sache ab.[534] Im Sommer 1918 nimmt Hermann Anschütz-Kaempfe (1872–1931) Kontakt zu Albert Einstein auf. Er erhofft sich von seiner Beratung die Perfektionierung des von ihm entwickelten Kreiselkompasses, der weltweit für Handels- und Kriegsschiffe eingesetzt wird, außer in den USA und in Großbritannien. Für Einstein ergibt sich so eine lukrative Quelle für Nebeneinnahmen. Nun ist der Kreiselkompass durchaus kriegsrelevant für die Navigierung der Marine, auch für U-Boote.[535] Wohl weil der Kreiselkompass keine Waffe ist, nimmt es der Pazifist Einstein nicht so genau. Im Juli 1918 verfasst Einstein ein Privatgutachten.

Einstein befremdet der seit 1916 wachsende Antisemitismus. Die Oberste Heeresleitung (OHL) veranlasst 1916 die so genannte Judenzählung. Wegen der schockierenden Kriegsentwicklung propagiert man den Antisemitismus als Ablenkungsstrategie.[536] Missvergnügt beobachtet Einstein, dass ihm nahestehende Forscher für die Entwicklung von Kriegswaffen tätig sind, etwa Fritz Haber für Giftgas. Ohne die von ihm entwickelte Ammoniak-Synthese wären Deutschlands Sprengstoffvorräte bereits 1915 verbraucht.[537] Einsteins Freunde der Brüsseler Solvay-Kongresse im feindlichen Ausland sind aber ebenso mit Rüstungstechnik, Waffenentwicklung und Kriegswichtigem beschäftigt. Einsteins Passivität in Kriegsdingen ist die Ausnahme. Einstein arbeitet meist zu Hause. Im Kaiser-Wilhelm-Institut von Fritz Haber ist Einstein mit dem geschäftigen Treiben um die Entwicklung von Giftgasen konfrontiert.[538] Habers Ziel ist es, den Krieg durch den Einsatz von Giftgas siegreich für Deutschland zu beenden. Am Ende sterben auf beiden Seiten etwa 100.000 Menschen an den Giftgaseinsätzen. Auch gibt es ca. 1,2 Mio. Verwundete. Der Einsatz der Massenvernichtungswaffe Giftgas ist ein Verstoß gegen geltendes Völkerrecht, nämlich gegen die Haager Landkriegsordnung. Das wird aber von einigen Juristen bestritten. Nach deren Auffassung untersagt die Haager Landkriegsordnung Gift oder vergiftete Waffen, nicht aber das Verschießen von Geschossen, die Gift freisetzen. Zudem seien Reizstoffe jederzeit erlaubt. Sie werden allein oder kombiniert mit potenziell tödlichen Kampfstoffen eingesetzt. Kriegsentscheidend ist das Giftgas nicht, weil die Kriegsgegner rasch Gasmasken einsetzen und auch ihrerseits Giftgas entwickeln und einsetzen. Szöllösi-Janze kommt zu dem Schluss, dass Haber mit der Gaswaffe in der Tat die ersten Massenvernichtungswaffen entwickelte, dass aber der Verstoß gegen geltendes Völkerrecht nicht eindeutig nachzuweisen sei. Fritz Haber rechtfertigt nach dem Ersten Weltkrieg den Einsatz chemischer Kampfstoffe: „Der Vorteil der Gasmunition kommt im Stellungskrieg zu besonderer Entfaltung, weil der Gaskampfstoff hinter jeden Erdwall und in jede Höhle dringt, wo der fliegende Eisensplitter keinen Zutritt findet."[539]

Einstein reist während des Ersten Weltkriegs mit Schweizer Pass ins neutrale Ausland, in die Schweiz und in die Niederlande.[540] In Genf trifft er mit Heinrich Zangger am 16. September 1915 den französischen Schriftsteller und Pazifisten Romain Rolland (1866–1944). Die drei erörtern, was die gebildeten Europäer für den Frieden tun könnten. Rolland beschreibt im Tagebuch Einsteins Auftreten: „Er ist sehr lebendig und heiter; er kann nicht umhin, den ernsthaftesten Gedanken eine scherzhafte Form zu geben. […] Einstein ist in seinen Urteilen über Deutschland, wo er lebt, unglaublich frei. Kein Deutscher verfügt über diese Freiheit. Ein anderer als er hätte darunter gelitten, sich in diesem furchtbaren Jahr im Denken isoliert zu fühlen. Er nicht. Er lacht. […] Ich frage ihn, ob er gegenüber seinen deutschen Freunden seine Anschauungen äußere und mit ihnen diskutierte. Er sagt nein. Er begnügt sich damit, eine Menge Fragen zu stellen – so wie Sokrates es tat –, um ihre Gemütsruhe zu stören. Er setzt hinzu: ‚Die Leute lieben das nicht sehr.'"[541] Rolland zufolge „hofft er auf einen Sieg der Alliierten, der die Macht Preußens und der Dynastie zerstören würde". Er „erwartet keine Erneuerung Deutschlands aus sich selbst heraus".[542]

Im April 1916 ist Einstein wieder in der Schweiz. Noch im Dezember 1915 schrieb Albert Einstein an seinen Freund Michele Besso: „Ich freue mich auf die Schweizerluft und die dazugehörige Maulkorbentbindung."[543] Im April 1916 ist allerdings alles überschattet vom psychosomatischen Zusammenbruch seiner von ihm getrennt in Zürich lebenden Ehefrau Mileva Einstein. Sie leidet unter der bevorstehenden Scheidung.[544] Einstein wird im Mai 1916 auf zwei Jahre Vorsitzender der Deutschen Physikalischen Gesellschaft. Infolgedessen führt er viele Gespräche mit Kollegen, die „unter Kriegs-Paranoia leiden". Einstein kann die allgemeine, von Annexionswut und Hass dominierte Verwirrung nur noch psychopathologisch erklären: „Wenn ich mit den Menschen rede, fühle ich das Pathologische des Gemütszustandes heraus. Die Zeit erinnert mich an die der Hexen-Prozesse und sonstigen religiösen Verirrungen. Gerade die verantwortungsvollen, im Privatleben selbstlosesten Menschen sind häufig die rabiatesten Stützen der Verbissenheit. Das soziale Gefühl ist auf böse Abwege geraten. Ich könnte mir die Menschen nicht vorstellen, wenn ich sie nicht vor mir sähe."[545] Am 27. September 1916 fährt Einstein ins holländische Leiden und debattiert mit Ehrenfest und Lorentz seine Allgemeine Relativitätstheorie.[546] Er genießt die Übereinstimmung in außerwissenschaftlichen Dingen. Ende 1916 empört sich Einstein über die Fortdauer des Ersten Weltkriegs. Mit noch nicht 38 Jahren erkrankt er Anfang 1917 schwer. Am Ende wird ein Magenleiden diagnostiziert. Behandelnder Arzt ist der Psychiater Dr. Otto Juliusburger (1867–1952). Einstein will aber nicht zur Kur nach Tarasp im Engadin gehen, sondern in Berlin bleiben. Elsa umsorgt ihn. Die Lebensmittel für die nötige Diät liefern die süddeutschen Verwandten und Zangger in Zürich.[547] Nur kurz besucht Einstein die Mutter in Süddeutschland und Freunde in Zürich. Michele Besso schreibt er, länger zu bleiben sei „doch zu strapaziös für meinen krächeligen Leichnam".[548] Einsteins Gesundheit ist durch das Übermaß an Arbeit, vor allem für die Entwicklung der Allgemeinen Relativitätstheorie, derart geschwächt, dass er dringend Erholung braucht. Etliche Monate vor Kriegsende erfährt er von seinen Freunden Fritz Haber und Walther Rathenau, dass Deutschland den Krieg nicht mehr gewinnen kann.[549]

Im Frühjahr 1917 sieht sich Einstein genötigt, seiner Frau und den Söhnen mehr als die Hälfte seiner Bezüge (13.000 Mark im Jahr) zur Verfügung zu stellen, nämlich 7.000 Mark. Für ihn selbst bleiben nur noch 6.000 Mark übrig. Davon muss er angeblich für den Unterhalt der Mutter 600 Mark aufbringen. Am 29. Juni 1917 verlässt Einstein Berlin und besucht als erstes seine Mutter Pauline Einstein in Heilbronn. Er will zwischen 5. und 7. Juli in Zürich eintreffen.[550] Während Einsteins Urlaub im süddeutschen Hohenzollern bei dem katholischen Priester Camillus Brandhuber (1860–1931), der Sigmaringen für das Zentrum von 1906 bis 1918 im Preußischen Abgeordnetenhaus vertritt, organisiert Elsa Löwenthal seinen Umzug in ihre eigene Wohnung im vierten Stock des Hauses Haberlandstraße 5.[551]

1917 freut sich Einstein über eine Gehaltserhöhung um 5.000 Mark jährlich. Das formal neu gegründete Kaiser-Wilhelm-Institut für Physik hat seinen Sitz vorerst in seiner Privatwohnung, aber Einstein ist Instituts-Direktor. Bald erhält er eine Sekretärin, zunächst aber keinen Assistenten. Erste Sekretärin mit 50 Mark Jahresgehalt wird Einsteins Stieftochter Ilse Einstein.[552] Ende 1917 wird bei Einstein ein Geschwür des Zwölffingerdarms festgestellt. Einstein beendet rasch noch eine zweite Arbeit über Gravitationswellen. Danach benötigt er eine längere Erholungspause. Zeitweise muss er im Bett liegen. So auch im Januar 1918. Gegenüber überzogenen Geldforderungen von Mileva grenzt er sich strikt ab. Im Jahr 1917 habe er 12.000 Mark für sie und die Söhne ausgegeben. Verpflichtet sei er zu 6.000 Mark im Jahr. Mehr zu eisten sei er nicht bereit. Am 25. Januar 1918 teilt Einstein seinem Sohn Hans Albert mit, nun sei es gerade einen Monat her, seit er bettlägrig sei. Ein Ende dieses Zustandes sei nicht absehbar.[553] Aus pazifistischen Aktionen hält sich Einstein heraus, weil er sie für sinnlos hält.[554]

Zwischen Albert und Mileva Einstein geht es 1918 nur noch um Geld und Sicherheiten. Angesichts des Wertverlusts der Reichsmark gegenüber dem Schweizer Franken verschlechtert sich Einsteins Position zunehmend. Ins Auge gefasst wird nun von beiden Seiten die Preis-Summe des Physik-Nobelpreises für Einstein als Sicherheit für Mileva. Und Entsprechendes wird dann vor der Scheidung 1919 vereinbart. Ein Kompromiss, auf den sich Einstein zufolge die clevere Elsa nie einlassen würde.[555]

Ruf nach Zürich – Scheidung – zweite Heirat – Bleibegelder in Berlin

Im Sommer 1918 wollen mindestens zwei Zürcher Professoren Einstein selbst für den in Zürich freiwerdenden Lehrstuhl für Theoretische Physik gewinnen. Es sind der gute Freund und Pathologe Heinrich Zangger und der Experimentalphysiker Edgar Meyer (1879–1970).[556] Im August 1918 erhält Einstein einen schriftlichen Ruf aus Zürich. Man bietet ihm eine Professur für Theoretische Physik von Universität und ETH Zürich gemeinsam.[557] Er soll nur wenig Vorlesungen halten müssen und ihm würden drei bis vier Privatdozenten an die Seite gestellt.[558] Im Absagebrief an Zangger erklärt Einstein am 16. August 1918, was ihn in Berlin hält: „Aber eines ist sicher. Ich bin in Berlin persönlich von so viel Güte und Fürsorge umgeben, was Kollegen und Behörden anlangt, dass ich nach alledem nicht daran denken kann, von dort wegzuziehen. [Max] Planck und [der Physiker Emil] Warburg [1846–1931] sind so rührend zu mir, besuchten mich fortwährend, als ich letzten Winter krank dalag. All dies wäre ihnen selbstverständlich, wenn sie es mitangesehen hätten. Andererseits betrachte ich weiterhin Zürich als meine wirkliche Heimat und die Schweiz als das Land, dem allein ich mit meiner Neigung zugethan bin. Sie wissen alldas genau. Nun finde ich einen Ausweg. Ich will in Zürich öfters Vortragszyklen abhalten von etwa sechs Wochen; etwa zweimal im Jahre, es sei während der Ferien, sei es während der Kollegzeit. Davon haben die Studenten ebensoviel, wie wenn ich das Semester dort bin, und ich kann dies leicht thun, ohne von Berlin gar zu viel weg zu sein. Wenn Sie meinen, können wir Ende September gleich anfangen oder Februar. Ich verlange dafür nicht mehr als die Vergütung meiner Auslagen, was bei der Bescheidenheit meiner Bedürfnisse sehr wenig bedeutet. Ich würde Else mitnehmen, die für mich kocht."[559]

Direkt nach dem Brief an Zangger betont Einstein gegenüber Edgar Meyer, er fühle sich zwischen Berlin und Zürich hin- und hergerissen: „Einerseits dankbare Anhänglichkeit an Berlin, wo mir die Kollegen und Behörden in jeder nur denkbaren Weise entgegenkommen, andererseits mein liebes Zürich, meine Heimatstadt, an der ich als überzeugter Demokrat jetzt in dieser Zeit mehr als je hänge. Sie können sich die Kollision in meinem Empfinden kaum schlimmer denken, als sie war. Aber ich glaube jetzt eine Lösung zu finden, die für alle Teile befriedigend ist. Ich behalte meine Stellen in Berlin, komme aber zweimal im Jahr für je (etwa) 5 Wochen nach Zürich. Jeden solchen Aufenthalt benutze ich dazu, zwölf zweistündige Vorlesungen zu halten. Dabei ist mir nur unklar, ob dies Ferienkurse oder solche während des Semesters sein sollen, ob ferner Kurse zur allgemeinen Einführung, welche etwa innerhalb zweier Jahre die Hauptgebiete der Theorie bieten sollen oder Kurse über Spezialitäten Eurem Bedürfnis mehr entsprechen würden. Ich wäre zufrieden, wenn [...] [mir] zur Bestreitung der Auslagen für Reise und Aufenthalt für einen solchen Kurs 1200 fr. zuerkannt würden sodaß Euer Budget wenig belastet würde und durch die Einrichtung Eure Anstellungs-Möglichkeiten für Professoren kaum beeinträchtigt würden. Ich zweifle nicht daran, dass die [Preußische] Akademie und das K.[aiser-] W.[ilhelm-]Institut über eine so kurze Abwesenheit freundlich hinwegsehen würden. [...] Mir würde es Spaß machen, in der alten Heimat schulmeistern zu können, ohne dass man mich irgendwelche[r] Undankbarkeit mit Recht anklagen könnte. Ich kann's nicht anders machen wie ein anderer, der glücklich ist, wenn er eine bescheidene Lehrstelle bekommt. Aber das Renomee ist alles [Hervorhebungen durch den Autor] ... kuriose Welt!"[560]

Das Renommee ist für Einstein ausschlaggebend. Sein internationales Ansehen unter Wissenschaftlern würde darunter leiden, wenn er die hoch angesehene Anstellung in der Wissenschaftsmetropole Berlin ohne triftigen Grund aufgeben würde. Auch nach der im Sommer 1918 abzusehenden Kriegsniederlage bleibt Berlin ein weit bedeutenderer Wissenschaftsstandort als Zürich. Die jährlich zweimal sechswöchigen Vortragszyklen in Zürich beginnen im Februar 1919. Einstein hält dreimal die Woche eine zweistündige Vorlesung.[561] 1920 endet das Engagement.

Am 9. November 1918 erlebt Albert Einstein zusammen mit zwei Professorenkollegen am frühen Nachmittag, wie in der Mitte Berlins Hunderttausende demonstrieren.[562] Er ist begeistert. Er sieht nämlich, dass nicht nur Arbeiter in ihren Sonntagsanzügen, sondern auch viele Soldaten unterwegs sind. Sie verbrüdern sich mit den streikenden Arbeitern. Er sieht viele rote Fahnen und Armbinden, denn die Akteure sind Mitglieder und Anhänger der sozialistischen Parteien und der Gewerkschaften. Viele sind bewaffnet. Der 9. November 1918 ist ein Samstag und damit ein Arbeitstag. Am Vortag beschließt ein selbst ernannter „Vollzugsausschuss des Arbeiter- und Soldatenrates Berlin", für den 9. November den Generalstreik auszurufen[563], der ab 8.00 Uhr morgens beginnt. In dem Gremium arbeiten neben Arbeitern auch Vertreter sozialistischer Parteien und Gruppen zusammen. Die SPD und die Freien Gewerkschaften schließen sich dem Aufruf zum Generalstreik für 9.00 Uhr an.

In Berlin herrscht Belagerungszustand. Aber nur wenige schießen auf die Demonstranten. Diese marschieren in Richtung Innenstadt[564] und führen Tafeln mit der Aufschrift „Brüder, nicht schießen!" mit sich. An den Kasernen sind sie erfolgreich. Es wird relativ selten geschossen.[565] Am Ende des 9. November werden es 15 Tote sein.[566] Die SPD passt sich dem revolutionären Geschehen geschickt an. Um 12.35 Uhr erscheint eine Delegation der Sozialdemokraten, Friedrich Ebert (1871–1925), Otto Braun und Philipp Scheidemann sowie Brolat und Heller als Vertreter der Betriebsobleute in der Reichskanzlei.[567] Ebert erklärt gegenüber Reichskanzler Prinz Max von Baden, die SPD übernehme ab sofort die Regierungsgewalt. Dieser hatte am späten Vormittag eigenmächtig die Abdankung von Kaiser Wilhelm II. und den Thronverzicht des Kronprinzen der wichtigsten Nachrichtenagentur mitgeteilt. Nun erklärt Prinz Max von Baden Friedrich Ebert zu seinem Nachfolger als Reichskanzler. Dazu ist er nach Reichsverfassung nicht befugt, weswegen Scheidemann die „Übergabe des Reichskanzleramtes" als „staatsrechtliche[n] Unsinn" bezeichnet.[568] Für Scheidemann ist in dieser Stunde mit den „Arbeitermassen"[569] auf der Straße „der Kaiser mitsamt der Monarchie erledigt".[570] War Scheidemann schon in der Reichskanzlei dazu entschlossen, wenig später die Republik auszurufen? Ob er am Nachmittag des 9. November im Vorhinein weiß, dass Ebert damit nicht einverstanden ist, weil er die Entscheidung über die Staatsform dem neu zu wählenden Parlament überlassen will, ist nicht eindeutig zu klären. Scheidemann schreibt in seinen Memoiren, in Berlin habe die Revolution bereits vor zwölf Uhr mittags gesiegt, weil die Soldaten in Berlin sich bis um die Mittagszeit längst entschlossen hätten, zu den Revolutionären überzugehen.[571]

Die Sozialdemokraten setzen nun auf Versöhnung von SPD und USPD. Sie gewinnen die USPD für eine gemeinsame Regierung und am 9./10. November 1918 die Mehrheit im Berliner Arbeiter- und Soldatenrat. Letzteres gegen den erbitterten Widerstand der Revolutionären Obleute und der Kommunisten. Die Revolution etabliert einen neuen Rechtsboden, auf dessen Grundlage frühe Reichstagswahlen am 19. Januar 1919 stattfinden. Ohne die Revolution von unten[572] war die parlamentarische Demokratie in Deutschland nicht durchzusetzen, weil die Parlamentarisierung im Oktober 1918 Papier blieb und von oben, also von der Seekriegsleitung und vom Kaiser, sabotiert wurde.[573] Die Republik wird vom Sozialdemokraten Philipp

Scheidemann gegen 14.00 Uhr ausgerufen: „Das Volk hat auf der ganzen Linie gesiegt. Das alte Morsche ist zusammengebrochen; der Militarismus ist erledigt! Es lebe die deutsche Republik." Auf Grund der Stimmung der demonstrierenden Volksmassen ist die Ausrufung der Republik Heinrich August Winkler zufolge eine notwendige und angemessene Tat, denn die Mehrheitssozialdemokraten müssen klar machen, dass etwas Neues beginnt.[574] Sonst könnten sie ihre Anhängerschaft unter Arbeitern und Soldaten verspielen.

Zurück zu Einstein und seinen beiden Professorenfreunden. Als fortschrittliche Männer scheinen sie geeignet zu sein, etliche Professoren der Berliner Universität aus Bedrängnis zu befreien. Am Boulevard Unter den Linden in der Preußischen Akademie der Wissenschaften versammeln sich zuvor (vielleicht um 10.00 Uhr) Rektor und Dekane der Universität Berlin. Die Akademie liegt westlich der Preußischen Staatsbibliothek. Dort kommen bewaffnete revolutionäre Studentenräte dazu und halten die Professoren fest. Die zu Hilfe gerufenen Berliner Professoren Albert Einstein, Max von Laue und Max Wertheimer (1880–1943) sind noch nicht so alt (39 bzw. 38 Jahre). Ihnen traut man Einfluss auf die Studenten und die Sozialdemokraten zu. Die bewaffneten Studentenräte geben die Eingesperrten nicht frei. Ihre Oberen tagen im Reichstag. Dorthin fahren Einstein, von Laue und Wertheimer mit der Tram. Einstein rief die beiden telefonisch zu Hilfe.[575] Er hat das Manuskript einer kleinen Rede dabei. Im Reichstag finden die drei die revolutionären Studentenräte in einem Konferenzzimmer. Sie sind damit beschäftigt, Lehrpläne für Studienfächer zu entwickeln. Einstein bemerkt, das sei ja wie während seines Studiums am Polytechnikum Zürich. Er fragt, wo denn da die Freiheit von Lehre und Forschung bleibe, und wirft den Studenten vor, die Universität zu verschulen. Die Angesprochenen reagieren verdutzt, geben aber die eingesperrten Dekane und den Rektor nicht frei. Für deren Freilassung sei die neue Regierung zuständig. Nun sehen sich die drei Professoren genötigt, in die Reichskanzlei in der Wilhelmstraße zu gehen. Dort gelingt es ihnen, den mit Arbeit überhäuften Reichskanzler Friedrich Ebert um Hilfe zu bitten. Der unterzeichnet eine schriftliche Anweisung an den zuständigen Minister. Damit ist offensichtlich der Preußische Unterrichtsminister gemeint. Dadurch wird „die ‚Sache' im Handumdrehen erledigt". Rektor und Dekane werden noch am gleichen Tag freigelassen.

Einstein spielt wohl auf seine Erlebnisse beim Freibekommen der Berliner akademischen Kollegen in einem Brief an Michele Besso ironisch an: „Die alten Leutchen sind grösstenteils desorientiert und schwindelig. Sie empfinden die neue Zeit wie einen traurigen Carneval und trauern nach der alten Wirtschaft, deren Verschwinden unsereinem eine solche Befreiung bedeutet. […] Ich geniesse den Ruf eines untadeligen Sozi; infolgedessen gelangen Helden von gestern schweifwedelnd zu mir, in der Meinung, dass ich ihren Sturz ins Leere aufhalten könne. Drollige Welt."[576] Praktische Solidarität gegenüber bedrängten konservativen und liberalen Kollegen leisten die drei links orientierten jungen Professoren. Dem Pazifisten Einstein ist jegliche Art von Gewaltandrohung zuwider, auch die von revolutionären Studentenräten. Einstein trägt in seine Vorlesungsnotizen ein: „9.XI. – fiel aus wegen Revolution."[577] Am 11. November 1918 schreibt er an Maja und Paul Winteler in Luzern: „Dass ich das erleben durfte! Keine Pleite ist so gross, dass man sie nicht gern in Kauf nähme um so einer herrlichen Kompensation willen. Bei uns ist der Militarismus und der Geheimratsdusel gründlich beseitigt."[578] Seiner Mutter schreibt Einstein am gleichen Tag: „Sorge Dich nicht. Bisher ging alles glatt, ja imposant […] Jetzt wird mir erst recht wohl hier. Die Pleite hat Wunder getan. Unter den Akademikern bin ich so eine Art Obersozi."[579] Die Revolution bewirkt den Frieden. Am 11. November wird die bedingungslose Kapitulation unterzeichnet. Heutige Historiker sehen darin einen schweren politischen Fehler, den demokratischen Politiker Matthias Erzberger (1875–1921) die deutsche Kapitulation zu unterzeichnen lassen, an Stelle eines Vertreters der Obersten Heeresleitung, bei der ja Verantwortung und Ursache für die Kriegsniederlage liegen.

Einsteins Erwartung im November 1918, das Militär habe in Deutschland ein für alle Mal ausgespielt und seine Macht verloren, ist eine Illusion. Einstein meint 1944, er, von Laue und Wertheimer waren am 9. November 1918 so naiv zu glauben, man könne die alten Professoren, welche dem Kaiserreich verbunden waren, politisch verändern. „Ich kann nur lachen, wenn ich daran denke."[580] Im Überschwang der Revolution schreibt er am 12. November 1918: „Die Professoren haben in diesem Krieg zur Evidenz gezeigt, daß man von ihnen in politischen Dingen nichts lernen kann, daß es dagegen dringend nottut, daß sie eines lernen, nämlich Maul halten!" (Die letzten beiden Worte sind in Einsteins Brief eingerahmt.)[581] Spätestens ein Jahr später revidiert Einstein seine optimistische Lagebeurteilung, als er sich über die leidenschaftlichen Ovationen für den abgedankten Großherzog in Schwerin empört: „Gegen die angestammte Knechts-Seele hilft keine Revolution."[582]

Der Architekt Konrad Wachsmann (1901–1980) urteilt über Einstein 1918: „Einstein gehörte von Anfang an zu den Befürwortern der Revolution und setzte große Hoffnungen in einen Sozialismus, der den Menschen soziale Gerechtigkeit bringt. […] Nur Angriffen auf das Leben und die Freiheit begegnete er mit unnachsichtiger Schärfe."[583]

Im Winter 1918/19 widmet sich Einstein wieder der Wissenschaft. Er distanziert sich davon, einen Gründungsaufruf der Deutschen Demokratischen Partei unterzeichnet zu haben. Am Wahltag, am 19. Januar 1919, ist er in der Schweiz. Zeitlebens ist er nie Mitglied einer

Partei. Er gehört auch nicht jenem „Demokratischen Volksbund" an, dem Walther Rathenau, Carl Friedrich von Siemens, Robert Bosch, Gerhart Hauptmann, Friedrich Naumann und Ernst Troeltsch angehören. Albert Einstein ist auch nicht „Sympathisant".[584] Der Demokratische Volksbund sucht Einstein zu Unrecht zu vereinnahmen.[585] Mit seinem Engagement für ein neues demokratisch-republikanisches Deutschland stößt Einstein viele konservative Wissenschaftlerkollegen vor den Kopf. Dabei ist sein Engagement zutiefst parlamentarisch demokratisch. Im oberen Saal der Spichernsäle plädiert er auf einer Veranstaltung des pazifistischen „Bundes Neues Deutschland" dafür, dem Schweizer und nicht dem russischen Beispiel zu folgen. Dazu passend fordert er die sofortige Einberufung der Nationalversammlung und ist „gegen die Diktatur des Proletariats".[586]

Zu Weihnachten 1918 fährt Einstein mit Elsa in die Schweiz, um dort seine Scheidung voranzutreiben. Am 14. Februar 1919 ist es so weit: Einstein wird vom Bezirksgericht Zürich geschieden. Wegen „‚Ehebruchs', ‚charakterlicher Unverträglichkeit' und anderer schwerwiegender Gründe".[587] Mileva Einstein werden die Sorgerechte für die beiden Söhne zugesprochen. Einstein beansprucht sie nicht für sich. Einstein muss weiterhin für den Unterhalt Milevas und der Söhne aufkommen.

Einstein lotet im Sommer 1919 wegen des Wertverfalls der Mark von Neuem ein Angebot aus, in Zürich Professor zu werden, offenbar um Bleibegelder in Berlin zu erwirken.[588] Fritz Haber als Freund und Wissenschaftsorganisator vermutet, dass es Einstein um wirtschaftliche Gründe gehe, die ihn erwägen lassen, nach Zürich zu gehen. Jedenfalls nicht „innerliche Gründe".[589] Auf der gleichen Linie argumentiert Max Planck.[590] An der Organisation der Bleibegelder sind Bankier Koppel sowie die Professoren Nernst und Planck beteiligt, außerdem der preußische Staat. Fritz Haber braucht ein halbes Jahr, bis er die Bleibegelder für Einstein zusammen bekommt. Albert Einsteins aktuelle Bezüge werden merklich erhöht. Sie betragen vor der Erhöhung 12.000 Mark jährliches Gehalt, zuzüglich 900 Mark jährlich als Mitglied der Akademie der Preußischen Wissenschaften (seit 22.11.1913) und 5.000 Mark jährlich als Direktor des Kaiser-Wilhelm-Instituts für Physik (seit 12.9.1917). Neu hinzu kommen im Sommer Zusatzleistungen: 5.000 Mark zusätzlich zum Gehalt, 3.000 Mark zusätzlich zum Direktorengehalt, 2.000 Mark. Die preußische Regierung werde ihm vorab 3.000 Mark zahlen. Haber teilt Einstein mit, alles Weitere werde er, also Haber, dann regeln, wenn er wieder nach Berlin zurückgekehrt sei.[591] Fritz Haber befindet sich zu diesem Zeitpunkt in einem Zustand erheblicher persönlicher Bedrängnis, weil er nicht weiß, ob die Siegermächte ihn als Kriegsverbrecher vor Gericht stellen werden. Im August 1919 geht Haber zur Kur nach St. Moritz.[592]

Tod der Mutter in Berlin

Einsteins Mutter Pauline Einstein war 1914 nach Berlin zu ihrem Bruder Jakob Koch nach dem Tod von dessen Frau gezogen. 1914 unterzog sie sich dort einer Krebsoperation. Die Kosten teilten sich Albert Einstein und Onkel Jakob Koch. Von der Operation erholt sich Pauline bis 1915 wieder gut. In den Jahren 1915 und 1916[593] ist sie wieder Haushälterin bei Heinz Oppenheim in Heilbronn.[594] Dort besucht sie Einstein am 29./30. August 1915. Der Haushälterinnentätigkeit ist Pauline 1918 überdrüssig, so dass Albert Einstein ihr im April die Wahl lässt, zu ihm nach Berlin oder zu ihrem Bruder Jakob Koch nach Zürich zu ziehen.[595] Dorthin zieht Pauline Einstein 1918.[596] Wenig später lebt sie zunächst bei ihrer Tochter Maja in Luzern, welche mit Paul Winteler verheiratet ist, der bei der Gotthard-Eisenbahn-Gesellschaft angestellt ist. 1919 erkrankt sie erneut an Krebs. Albert Einstein kommt ungefähr am 9. Juli 1919, um die kranke Mutter zu besuchen.[597] Er macht ihr den Vorschlag, eine Kur zu machen, bevor er sie nach Berlin mitnehme. Die Kur findet in der Klinik Rosenau in Luzern statt.[598] Später wird sie im Sanatorium in Luzern gepflegt. Albert und Maja verschweigen der Mutter, dass ihr Krebsleiden nicht auf Genesung hoffen lässt. Bereits Mitte November 1919 bereiten Maja und die Ärztin Dr. Josephine Tobler die Begleitung der kranken Pauline Einstein nach Berlin vor. Sie wenden sich deshalb an das deutsche Konsulat in Basel.[599] Elsa Einstein in Berlin macht sich am 10. Dezember 1919 Sorgen, ob sie in der Lage ist, Pauline Einstein zu pflegen, wenn sie aus der Schweiz zu ihnen in den gemeinsamen Haushalt komme.[600] Am 28. Dezember 1919 trifft Einsteins bereits gelähmte Mutter in Berlin ein. Sie wird begleitet von der Luzerner Krankenschwester Frieda Huber, die bis zum Tod bei der Patientin in Berlin bleibt.[601] Außerdem sind mit dabei Einsteins Schwester Maja und die Luzerner Ärztin Dr. Josephine Tobler.[602]

Am 20. Februar 1920 stirbt Pauline Einstein in Einsteins Arbeitszimmer im vierten Stock der Berliner Haberlandstraße 5.[603] Warum kommt Einsteins Mutter Pauline für ihre letzten zwei Monate zu ihrem Sohn nach Berlin? Die Mutter selbst verlangt, bei ihrem Sohn zu sein. Dort kann sie damit rechnen, dass ihr auch ihre Nichte Elsa beistehen wird. Für die eigentliche Pflege wird in Berlin die der Mutter vertraute Pflegekraft aus dem Luzerner Sanatorium engagiert. Anfang Dezember 1919 rechnet Einstein damit, dass seine Mutter noch etwa ein halbes Jahr zu leben hat.[604] Einstein lässt das Bett der Mutter in seinem Arbeitszimmer aufstellen, obwohl die Wohnung sieben Zimmer hat.[605] Bei genauer Überlegung kommt dafür aber gar kein anderer Raum in Frage. Die Stieftöchter Margot und Ilse Einstein haben beide ein eigenes Zimmer. Albert und Elsa haben getrennte Schlafzimmer. Man könne neben Einstein nicht schlafen, vertraut Elsa 1929 dem Architekten Wachsmann an. Er schnarche zu laut. Dann gibt es noch das Esszimmer und den Salon, in dem der Flügel steht. Später wird aus dem Wohnzimmer offenbar die Bibliothek, nachdem Einstein sein Arbeitszimmer bereits wenige Monate nach der Heirat in die Mansarde verlegt hat, wo das schlichte „Turmzimmer" eingerichtet wird.[606] Einsteins Arbeitszimmer ist für zwei Monate blockiert. Er kann natürlich ins Institut gehen und dort arbeiten. Ob die Mansarde einen Stock höher 1919/1920 schon ausgebaut ist, ist zu bezweifeln. Das Miterleben der langsam dahinsterbenden Mutter setzt Einstein innerlich schwer zu.[607] Sie war es, auf deren Betreiben er Geige zu spielen begann. Sie war es, die ihn in Münchner Kindheits- und Jugendtagen am Klavier begleitete. Mehr als vom Vater erhält Einstein von ihr zukunftsgewisses Selbstbewusstsein. Bei allen Konflikten zwischen den beiden, am Ende liebt Einstein seine Mutter. Sonst hätte er ihr den Wunsch, ihre letzten Monate bei ihm in Berlin zu verbringen, nicht erfüllt. Doch wird Einstein auch in Zukunft nur bedingt auf Harmonie aus sein.

Es ist nicht eindeutig auszumachen, ob Elsa Einstein durch die Hyperinflation bis 1923 ihr gesamtes Vermögen von 100.000 Reichsmark verloren hat. So berichtet Fölsing, aber ohne Beleg.[608] Elsas Eltern verloren offenbar viel und wurden von Einstein unterstützt. In welchem Umfang, bleibt offen.

1919–1923
Internationaler Star und Hassobjekt der Antisemiten

London, 6. November 1919: Einsteins allgemeine Relativitätstheorie wird empirisch nachgewiesen – Ein Star wird geboren

Einstein hat 1914 Glück im Unglück. Die Sonnenfinsternis von 1914 in Südrussland ist von dem Berliner Astronomen Erwin Freundlich (1885–1964) wegen des Ersten Weltkriegs nicht zu beobachten, weil die deutschen Astronomen als Staatsangehörige eines Feindstaates interniert werden, aber bereits im September 1914 gegen von den Deutschen gefangen genommene russische Offiziere ausgetauscht werden.[609] 1913 nahm Einstein fälschlich eine Lichtabweichung der Sterne in Bezug auf die Sonne von 0,86 Bogensekunden an. Diesen Wert korrigiert er erst am 4. November 1915 als Bestandteil der späteren allgemeinen Relativitätstheorie auf 1,7 Bogensekunden.[610] Im Jahr 1919 erfährt Albert Einstein bereits im Frühherbst, dass seine Vorhersage zutrifft, nach der bei einer Sonnenfinsternis das Sternenlicht der Sonne um exakt 1,7 Bogensekunden, also um den doppelten Wert dessen, den Newton prognostizierte, abgelenkt werde.[611] Der Mutter schreibt er nach einer Vorabinformation über britische Messresultate von 1919: „Heute freudige Nachricht".[612] Definitive Gewissheit erhält Einstein am 23. Oktober 1919. Er reagiert erleichtert: „Es ist doch eine Gnade des Schicksals, dass ich dies habe erleben dürfen." [613]

Formell mitgeteilt wird die Beobachtung in London am 6. November 1919 in einer gemeinsamen Sitzung der Royal Society und der Royal Astronomic Society im Burlington House.[614] Einen Tag später erscheint in der „Times" auf Seite 12 ein zweispaltiger Artikel mit folgenden Überschriften „Revolution in der Wissenschaft – Neue Theorie des Universums – Newtonsche Gedanken umgestürzt". Die Zwischentitel lauten „Bedeutende Aussagen" und „Raum gekrümmt".[615] Der Times-Journalist J.J. Thomson schreibt, man habe „eine der bedeutendsten, wenn nicht die bedeutendste, Aussage menschlicher Gedanken" vernommen. Einstein lebe in Berlin.[616]

Der „Times"-Artikel vom 7. November ist der Auftakt einer Reihe von vielen weiteren Artikeln in der Weltpresse. Damit wird Albert Einstein als internationaler Star gefeiert, der eine völlig neue Weltsicht fand. In englischen Zeitungen wird fortan eine regelrechte Debatte darüber geführt.[617] Es kam zu einem regelrechten „Relativitätsrummel".[618] Bereits im November 1919 erreicht ihn die Berichterstattung der „New York Times".[619] Einstein wird „grenzenlos bewundert und mystifiziert".[620] Die „Vossische Zeitung" bringt am 18. November 1919 einen nüchternen Bericht.[621] Es folgt ein zustimmender Bericht von Max Born in der „Frankfurter Zeitung" am 23. November.[622] Nach einer zunehmend greller werdenden Debatte in der englischen Presse und in der „New York Times" reagiert die „Berliner Illustrirte Zeitung" und präsentiert Albert Einstein auf der Titelseite mit einem glänzenden Foto-Porträt. Darunter steht: „Eine neue Größe der Weltgeschichte: Albert Einstein, dessen Forschungen eine völlige Umwälzung unserer Naturbetrachtung bedeuten und den Erkenntnissen eines Kopernikus, Kepler und Newton gleichwertig sind."[623]

„Einstein-Mythos" – Ulm: Ehrungen in der Geburtsstadt

In der Folgezeit entsteht der „Einstein-Mythos".[624] Fölsing erklärt sein Zustandekommen: „Daß der Raum gekrümmt ist und das Licht auf nicht ganz geraden Wegen läuft, war bar aller praktischen Auswirkungen. Auch von der merkwürdigen Struktur der Welt, wie sie sich bei Geschwindigkeiten offenbart, die der des Lichts nahekommen, ist in der gemütlichen Alltagswelt der kleinen Geschwindigkeiten buchstäblich nichts zu bemerken. Weil sich zudem die Konsequenzen der Theorie nur in mehr oder weniger hilflosen Andeutungen vermitteln ließen, blieb manchem Schreiber nichts anderes übrig, als sich in vage Lyrismen und in Verherrlichungen dessen zu retten, der das Wunder vollbracht hatte. Deshalb trat an die Stelle der dem normalen Verständnis entrückten Theorie das Porträt Einsteins, das geschriebene und das photographierte, als Idol oder als Ikone."[625] Schließlich kommt es zu einem regelrechten „Relativitätsrummel" oder „Einsteinrummel". Dieser Rummel, der die Jahrzehnte hindurch andauert und sich gelegentlich zur Hysterie steigert, wäre ohne Einsteins Mitwirken nicht möglich. Fölsing sieht darin ein Zeichen, dass die Zeit „aus Menschen Heroen gestaltet, deren Ziele ausschließlich auf geistigem und moralischem Gebiet liegen".[626] Einstein ist als Demokrat ein Gegner jeglichen Personenkults. Der Ruhm steigt ihm nicht zu Kopf. Allerdings nutzt er sein hohes Ansehen für politisches Engagement. Weil er im Ersten Weltkrieg in Deutschland nicht mit den Wölfen heulte, ist nun sein Eintreten für Pazifismus, Demokratie und internationale Verständigung in ganz Europa glaubhaft. Zunehmend engagiert sich Einstein öffentlich für die Sache der Juden.[627]

In Einsteins Geburtsstadt Ulm schreibt der Redakteur des liberaldemokratischen „Ulmer Tagblatts"[628] einen schwachen Artikel über den neuen Physikstar. Er beginnt mit Eigenlob, das für den Physiker Albert Einstein nicht so recht passt: „Ulmenses sunt mathematici. Dieser alte Spruch – die Ulmer sind Mathematiker – erweist sich wieder einmal als voll zutreffend." Einstein ist Physiker, nicht Mathematiker. Weiter: „Die Nummer 50 der Berliner Illustrierten Zeitung [vom 14. Dezember 1919] enthält auf der Titelseite das Bild des Berliner Universitätsprofessors Dr. Albert E i n s t e i n, dessen Relativitätstheorie eine Umwälzung unserer Naturbetrachtung im Gefolge haben wird, nachdem englische Forscher in Afrika aus den Ergebnissen der Sonnenfinsternis vom 29. Mai 1919 ihre Richtigkeit bestätigten."

Weiter: „Professor Einstein ist ein Sohn unserer Stadt." Albert Einstein ist in Ulm am
14. März 1879 im Haus Bahnhofstraße 20 zur Welt gekommen. Danach folgen Fehler:
„Sein Vater war Inhaber eines elektrotechnischen Geschäftes im jetzigen Henleschen
Hause am südlichen Münsterplatz, das dann später in den „Engländer" am Weinhof verlegt
wurde. In einem von diesen Häusern ist Prof. Dr. Albert Einstein geboren." Die Teilhaberschaft des Vaters an einem elektrotechnischen Geschäft gab es in Wirklichkeit in München
von Juni 1880 bis zur Firmenschließung und -verlegung nach Mailand 1894. Das Haus am
Südlichen Münsterplatz 50 diente Einsteins Eltern von 1876 bis 1879 zu Wohnzwecken
(2. Stock). Im Haus „Engländer" (Weinhof 19) ist Einsteins Vater Hermann Einstein zusammen mit dem Ulmer Kaufmann Moses Levi Teilhaber der dort im Erdgeschoss untergebrachten Bettfedernfabrik „Israel & Levi". Und das zwischen um 1870 und Juni 1880. Weiter:
„Als er [Albert Einstein] einige Jahre alt war, zog seine Familie von hier fort, da das Geschäft nicht vorwärts kommen wollte, und zwar nach Mailand." 14 Jahre elektrotechnische
Geschäftstätigkeit der Brüder Jacob Einstein und Hermann Einstein in München zwischen
1880 und 1894 werden auf diese Weise unterschlagen, ebenso die Geschäftstätigkeit der
Brüder in Pavia bis 1896 und dann die des Vaters in Mailand von 1896 bis 1902. Weiter:
„Lange Zeit befand sich Albert Einstein in wirtschaftlich sehr misslichen Verhältnissen."
Es ist normal, dass ein Schüler und Student sich nicht selbst verhält. Albert Einstein ist auf
die Unterstützung durch Tante Julie Koch angewiesen, um in Aarau an der Kantonsschule
sein Abitur zu machen und danach am Polytechnikum in Zürich im Hauptfach Physik
zu studieren und damit auch Mathematik. Am 28. Juli 1900 erhält Einstein das Diplom
als „Fachlehrer mit mathematischer Richtung". Die Zeit bis zur Tätigkeit am Patentamt in
Bern als Experte III. Klasse überbrückt Einstein als Hilfslehrer in Winterthur, als Lehrer in
Schaffhausen und als Nachhilfelehrer in Bern. Weiter: „Der junge Forscher war zuerst beim
Patentamt in Zürich [Richtig wäre Bern] beschäftigt, fiel dort schon durch seine mathematischen Arbeiten [in Wahrheit Arbeiten der Theoretischen Physik] auf und wurde an die
Züricher Universität berufen. Später war er eine Zeit lang an der Universität Prag, kehrte
dann wieder nach Zürich zurück, und als einige Jahre vor dem Krieg [1913, d.h. ein Jahr
vor dem Krieg] ein Ruf von der Berliner Universität erging, leistete er diesem Folge; seitdem
[seit Anfang April 1914] wirkt er in Berlin."[629] Der Zeitungsartikelbeitrag strotzt von Fehlern.
Wer sorgfältig recherchierte, musste in der Israelitischen Gemeinde nach den nächsten
Verwandten Albert Einsteins in Ulm fragen, Einsteins jüngste Ulmer Tante Friederike Moos
(geb. Einstein) und ihr Ehemann Adolph Moos. Sie wohnen im Erdgeschoss des Hauses
Kasernenstraße 9.

Seriös reagiert die Stadt Ulm 1922 auf das neuerdings hohe internationale Ansehen
Albert Einsteins. Ulms Oberbürgermeister Dr. Emil Schwammberger (1882–1955, im Amt
1919–1933)[630] bereitet die Gratulation der Stadt Ulm an den „Sohn Ulms" besonnen vor.
Er wendet sich an die Philosophische Fakultät der Universität Tübingen[631], die ursprünglich

auch für die Naturwissenschaften zuständig war. Es antwortet der Dekan der Naturwissenschaftlichen Fakultät der Universität Tübingen [632] binnen acht Tagen: Wenn die Messergebnisse der Sonnenfinsternis vom Mai 1919 richtig seien, dann „hat Einstein eine Erkenntnis zu Tage gefördert, die alle bisherigen physikalischen Entdeckungen überragt. Aber selbst, wenn diese experimentellen Prüfungen noch modifiziert würden, liegt in der von Einstein zuerst erkannten Relativitätstheorie die Ausarbeitung eines neuen grundlegenden Gedankens vor, dem dieselbe Bedeutung zukommen dürfte, wie einst den für die Prinzipien der Mechanik grundlegenden Gedanken Newtons. So dürfte eine weitere Ehrung dieses zweiten Newtons in keiner Weise zu beanstanden sein." [633]

Darauf beschließt der Ulmer Gemeinderat einstimmig, „Einstein die Glückwünsche der Stadt in geeigneter Weise zu übermitteln und damit Beziehungen zu ihm aufzunehmen".[634] Die Formulierung des Glückwunschschreibens bleibt Oberbürgermeister Schwammberger überlassen.[635] Dessen Schreiben vom 22. März 1922 an Albert Einstein ist ein förmliches, für heutige Leser altertümlich formuliertes Schreiben. Die Anrede „S[eine]r. Hochwohlgeboren" könnte vielleicht eher ins Kaiserreich passen. Die Anrede „Hochverehrter Herr Professor!" ist zeittypisch. Noch Ulms Oberbürgermeister Theodor Pfizer wird sie zwischen 1949 und 1955 benutzen, wenn er Albert Einstein schreibt und ihm jedes Jahr zum Geburtstag gratuliert. Der Wortlaut drückt nur verhalten den Stolz der Ulmer aus, dass ein Ulmer als Wissenschaftler weltweit gefeiert wird. Schwammberger formuliert höflich, ehrerbietig und unaufdringlich: „Durch die Tagespresse erhielten wir Kenntnis davon, daß Ihre Forschungen auf naturwissenschaftlichem Gebiet einen Erfolg gezeitigt haben, der es gerechtfertigt erscheinen läßt, Ihren Namen denjenigen der größten Naturforscher ebenbürtig an die Seite zu stellen. Die Stadt Ulm erfüllt es mit ganz besonderer Freude, daß es einem Ihrer Söhne beschieden war, in ganz hervorragender Weise zur Bereicherung des menschlichen Wissens beizutragen und sich selbst ein unsterbliches Verdienst um die Wissenschaften zu erwerben. Als Vertreter der Stadtverwaltung und im Namen des Gemeinderats der Stadt Ulm beehre ich mich, Ihnen sehr verehrter Herr Professor, die herzlichsten Glückwünsche zu Ihren Erfolgen zu übermitteln und damit die besten Wünsche für Ihr ferneres Wirken zu verbinden. Mit vorzüglicher Hochachtung Dr. Schwammberger".[636]

Einstein antwortet freundlich und eher bescheiden: „Hochgeehrter Herr Doktor! Ich danke Ihnen tief gerührt für die Glückwünsche, die Sie mir im Namen des Gemeinderats meiner Geburtsstadt gesandt haben, die durch ihre erfolgreiche und wohltätige Bodenpolitik im In- und Auslande vorbildlich gewirkt hat. In wieweit meine Arbeit Ihre ehrenden Worte verdient, darüber will ich lieber nicht nachdenken, sondern nur meiner Freude darüber Ausdruck geben, dass rein wissenschaftliches Streben in Ihrem Kreise so begeisterte Anerkennung finden kann. Mit ausgezeichneter Hochachtung A. Einstein." [637]

Im Frühjahr 1922 beschließt der Ulmer Gemeinderat, eine Straße nach Albert Einstein zu benennen. Nach der Kriegsniederlage ist jedoch die Armut groß, so dass man sich erst

1929 anlässlich Einsteins 50. Geburtstag dazu entschließt, Einstein die Straßenbenennung mitzuteilen [638], nämlich „zu Ehren des Schöpfers der Relativitätstheorie".[639] Einstein meint in seinem Dankesschreiben, der Gedanke sei für ihn tröstlich, „dass ich ja nicht verantwortlich sei [für das], was darin geschieht".[640] Erst im Adressbuch für das Jahr 1933 findet sich in der verkehrsreichen Einsteinstraße eine Wohnbebauung: Die Nummern 1 und 3 sind zwei von der „Bauhütte Oberschwaben" errichtete Wohnblocks. Doch als das Adressbuch für 1933 erscheint, ist die Einsteinstraße schon in Fichtestraße umbenannt, am 20. März 1933 vom nationalsozialistischen Staatskommissar für Verwaltung der Stadt Ulm Hermann Schmid, einer Übergangsfigur der NSDAP.[641] 1945 wird diese Umbenennung wieder rückgängig gemacht, im Amtsblatt der Stadt Ulm Nr. 1 vom 23. Juni 1945. Verkündet wird dies durch Ulms neuen Oberbürgermeister Robert Scholl (1891–1973).[642] Einstein machte sich in einem Brief vom Jahr 1946 darüber lustig. Er bemerkte, die Politiker hätten besser daran getan, die Straße „Windfahnenstraße" zu nennen, weil sie ihr Fähnchen nach dem Wind hängen würden, und mit der Benennung die Straße nicht umzubenennen brauchten.[643] In einem anderen Brief schreibt Einstein: „Die drollige Geschichte mit dem Straßennamen ist mir seinerzeit zur Kenntnis gekommen und hat mich nicht wenig amüsiert. Ob sich seither etwas geändert hat, ist mir unbekannt, und noch mehr wann eventuell sich die nächste Änderung vollziehen wird – weiß meine Neugierde zu zügeln".[644]

Einsteins Ehrung durch seine Geburtsstadt Ulm von 1922 war die einzige vor der NS-Diktatur, auf die später kein Schatten fiel. Den Physik-Nobelpreis erhält Einstein rückwirkend für das Jahr 1921 im Herbst 1922. Derzeit lässt sich kein Glückwunsch der Stadt Ulm dazu nachweisen, ebenso nicht ein Bericht des „Ulmer Tagblatts".

Repräsentant der Weimarer Republik, Engagement für den Zionismus und Hassfigur für die Nationalsozialisten

1920 lebt Einstein trotz Inflation gern in der Wissenschaftsmetropole Berlin, wo er den Kontakt zu herausragenden Wissenschaftlern pflegt, aber auch zu anderen Nachwuchswissenschaftlern.

Am 23. Mai 1920 kündigt Elsa Einstein in einem Brief an, sie werde mit ihrem Mann im Sommer und Herbst in ihre Heimatstadt Hechingen/Hohenzollern reisen, außerdem nach Tübingen und Stuttgart. Schließlich werde ihr Mann in Ulm offiziell von der Stadt Ulm empfangen werden. „Dann fahren wir [...] nach [...] Ulm (seine Vaterstadt). Dort wird man ihn feierlich begrüssen."[645] Zu dem Besuch in Ulm ist es nie gekommen.[646] Ulm ist Einsteins

Abb. 24
Berliner Physiker und Chemiker, 17.11.1920:
Abschiedsfeier für James Franck als Abteilungsleiter
des Kaiser-Wilhelm-Instituts für physikalische
Chemie und Elektrochemie anlässlich seiner
Berufung als Professor für Experimentalphysik und
Direktor des II. Instituts der Universität Göttingen.

Territorium, nicht das seiner Frau. Ende September/Anfang Oktober 1920 besuchen Albert und Elsa Einstein Elsas Geburtsstadt Hechingen. Elsa logiert im Hotel Linde-Post. Einstein trifft derweil seine Söhne Hans Albert und Eduard in Sigmaringen und besucht mit ihnen zusammen seinen Freund Camillus Brandhuber in Benzingen. Dort ist er Pfarrer. Er ist von 1918 bis 1922 Zentrumsabgeordneter im Preußischen Abgeordnetenhaus.

Im Frühherbst 1920 hält sich Einstein in Süddeutschland auf. Er verlässt Berlin am 13. September 1920. Seine Reiseziele sind Kiel, Bad Nauheim, Stuttgart, Sigmaringen, Benzingen, Leiden und Hannover.[647] Vom 20. bis 25. September 1920 besucht Albert Einstein die Naturforscherversammlung in Bad Nauheim.[648] Am 23. September kommt es zu einer Auseinandersetzung über die Relativitätstheorie, an der sich Einsteins Gegner Prof. Lenard von der Universität Heidelberg mit heftigen Einwänden beteiligt. Voraus gingen in früheren Jahren freundliche Beziehungen zu Lenard.[649] Philipp Lenard und Johannes Stark begründen wenig später die so genannte „Deutsche Physik", eine antisemitische Pseudowissenschaft, die von der NSDAP unterstützt wird, aber sich auch während der NS-Diktatur nicht voll durchsetzen kann. Einstein provoziert im Vorfeld der Bad Nauheimer Versammlung Lenard. Lenard ist 1920 bereits Nobelpreisträger für Physik (seit 1905). Einstein unterläuft „ein peinlicher Fehlgriff".[650] Lenard greift seine Allgemeine Relativitätstheorie in einem Jahrbuchartikel mit Argumenten an, die er als den „gesunden Verstand" bezeichnet. Einstein reagiert darauf mit einer etwas herablassenden Replik. Schlimmer noch, im „Berliner Tageblatt" wird er aggressiv. Er bewundere Lenard immer noch „als Meister der Experimentalphysik; aber in der theoretischen Physik hat er noch nichts geleistet, und seine Einwände gegen die allgemeine Relativitätstheorie sind von solcher Oberflächlichkeit, daß ich es bis jetzt nicht für nötig erachtet habe, ausführlich auf diesen zu antworten".[651] Damit verletzt Einstein eindeutig den akademischen Ton. Sommerfeld ist Präsident der Physikalischen Gesellschaft.[652] Lenard verlangt nun von Sommerfeld, Einstein müsse seine öffentlich vorgetragenen Äußerungen ebenso öffentlich zurücknehmen. Der Versuch einer organisierten Opposition gegen Einstein und die Allgemeine Relativitätstheorie auf der Naturforscherversammlung in Bad Nauheim scheitert.[653] Erst nach der Bad Nauheimer Tagung garniert Lenard seine Kritik an der Relativitätstheorie mit widerwärtigsten Auswüchsen des Antisemitismus.[654] Insgeheim geht Einstein mit sich selbst ins Gericht: Er will sich „nicht mehr wie in Nauheim in Erregung versetzen lassen. Es ist mir unbegreiflich, dass ich mich durch schlechte Gesellschaft so tief in Humorlosigkeit verloren habe."[655]

Einstein reist 1921 in die USA, um Geld zu verdienen und den Zionismus zu fördern. Die Inflation in Deutschland galoppiert mittlerweile. Und es wird immer schwerer, die nötigen

Devisen aufzubringen für den Unterhalt der Söhne und Milevas in Zürich. Einstein bleibt vom 2. April bis zum 30. Mai in den USA, also zwei Monate. Er wirbt Spenden ein für die Gründung der Hebrew University in Jerusalem und er bringt seine Vorlesungen in Princeton in Buchform heraus.[656] Einstein reist mit seiner Frau von Holland aus in die USA. In Southampton kommt die zionistische Abordnung unter Leitung von Chaim Weizmann (1874–1972) dazu.[657] Während der Schiffsreise lässt sich Einstein vollends davon überzeugen, für den Zionismus zu werben. Er vermeidet es jedoch, sich selbst einen Zionisten zu nennen. Er ist ein konfessionsloser Agnostiker, dessen Religiosität eine kosmische ist.[658] 1921 ist Einsteins Hinwendung zum Zionismus eine Reaktion auf die massive Zunahme des Antisemitismus in Deutschland seit der Niederlage im Ersten Weltkrieg.[659]

In New York City wird Einstein triumphal in einer Wagenkolonne durch die Straßen gefahren. Ein Foto zeigt ihn in einem offenen Wagen stehend. Am Straßenrand drängen sich Zuschauer. Polizisten sperren die Menge von der Straße ab.[660] Was dort geschieht, ist einmalig für die Geschichte der Wissenschaften. Erstmals wird ein Wissenschaftler wie ein Superstar gefeiert.[661] Er ist der populärste Jude seiner Zeit. Am besten gefällt es Einstein in Princeton. Er wird auf Deutsch begrüßt, später in Harvard auf Französisch.[662]

Stockholm, 9. November 1922: Physik-Nobelpreis für 1921 für Einstein – Konflikte um Einsteins Auslandskontakte wegen internationaler Ächtung deutscher Wissenschaftler

Die Verleihung des Nobelpreises an Albert Einstein wird erst am 9. November 1922 in Stockholm bekanntgegeben.[663] Währenddessen reist Einstein nach Japan, und zwar bis zum 29. Dezember 1922.[664] Man ließ Einstein 1922 „vor seiner Japan-Reise wissen, dass er im Dezember in Europa gebraucht werden könnte", sprich, den Nobelpreis für Physik erhalten könnte. Einstein erklärte, er habe in Japan bereits zugesagt und wolle Zusagen einhalten. Die Verleihung des Nobelpreises für Physik im Jahr 1921 rundet das noch ab, was schon zuvor feststeht: Einstein war Star und „Mann des 20. Jahrhunderts". Während in Stockholm der Nobelpreis für ihn vergeben wird, fährt Einstein mit dem Schiff in Richtung Japan. Der deutsche Gesandte in Oslo ergreift forsch die Initiative, nimmt den Nobelpreis stellvertretend für Albert Einstein an und überrumpelt damit den Schweizer Gesandten, der mit gleichem Recht den Preis stellvertretend hätte annehmen können. Einstein ist zugleich Schweizer und deutscher Staatsbürger. Staatenloser seit 1896, Schweizer von 1901 bis zum Tod und erneut Deutscher von 1914 bis 1933. Warum hat die Verleihung des Nobelpreises für Einstein nicht die gleiche Anziehungskraft wie für die allermeisten Wissenschaftler?

Für Einstein ist der Erhalt des Physik-Nobelpreises alles andere als eine Sensation. Die mit dem Nobelpreis verbundene Geldprämie wäre nach seinem Nobelpreisvortrag samt zwischenzeitlich angelaufenen Zinsen direkt in die Schweiz zu transferieren, wenn alles nach Plan gelaufen wäre. Denn bereits im Scheidungsvertrag von 1919 wird festgelegt, dass die Nobelpreisprämie zur Versorgung seiner Ex-Frau und der beiden Söhne anzulegen sei.[665] In Abweichung davon wurden allerdings in Zürich von Einstein drei Miethäuser gekauft. Zum Erwerb nutzt man Hypotheken, welche durch die Mieten abbezahlt werden. Heinrich Zangger vermittelt das günstige Geschäft. Den Großteil des Nobelpreisgeldes verliert Einstein beim Börsen-Crash in den USA, wo er das Geld angelegt hat.[666] Den Nobelpreisvortrag hält Einstein erst am 11. Juli 1923 anlässlich der skandinavischen Naturforscherversammlung in Göteborg.[667]

Es geht nun um zwei Briefe von außergewöhnlicher Bedeutung für die Geschichte der jüdischen Deutschen. Bevor Einstein nach England und in die USA fährt, erhält er einen langen Brief von Fritz Haber, geschrieben in Dahlem am 8./9. März 1921.[668] Die beiden hätten sich auch in Berlin zu einem Gespräch treffen können. Haber geht es aber um etwas Grundsätzliches. Er zieht die schriftliche Form vor und hält Einstein vor, er verbrüdere sich mit den ehemaligen Feindstaaten und distanziere sich von Deutschland, und dies in einer besonderen Situation der Bedrängnis Deutschlands durch die Erzwingung der deutschen Reparationen. Einstein beabsichtige als einziger Deutscher die Solvay-Konferenz in Brüssel zu besuchen. Auf diese Weise werde er zum bloßen Schweizer gemacht, der nur in Berlin lebe, aber nicht Deutscher sei und nicht zu den Deutschen stehe. Im Jahr 1921 in den USA für die Sache des Zionismus zu werben, schade der jüdischen Minderheit in Deutschland, namentlich den jüdischen Lehrenden und Studenten. Wenn er offizieller Gast des englischen Staates sei, lasse ihn das vor der deutschen Öffentlichkeit als illoyal dastehen. Einstein unterliege einer „Gebundenheit" seines Tuns, welche aus der langen Zeit resultiere, die er in Deutschland verbracht habe. Diese „Gebundenheit" stehe „in Konflikt" zur „Freiheit [...] [des] Empfindens".[669] Haber schreibt seinen Brief, als der Streit um die Reparationen sich zuspitzte. Dass deren Höhe im Friedensvertrag nicht festgelegt wurde, „hatte fatale Folgen". Im Ausland kann Deutschlands Kreditwürdigkeit nicht mehr realistisch eingeschätzt werden. Deshalb kann Deutschland keine Auslandsanleihen aufnehmen. Zudem beginnen am 8. März französische und belgische Truppen mit der Besetzung eines Teils des Ruhrgebiets (Düsseldorf, Duisburg, Ruhrort) wegen nicht erfüllter Reparationszahlungen.[670] Im Mai 1921 folgen das Londoner Ultimatum und die Besetzung des gesamten Ruhrgebiets. An der „Erfüllungspolitik" führt letzten Endes aber kein Weg vorbei.[671]

Einstein antwortet am 9. März 1921 mit einem grundsätzlichen Brief. Den Solvay-Kongress der Physiker in Brüssel besuche er nicht, die Einladungen der Universitäten Manchester und London hätten keinen offiziellen staatlichen Charakter. Grundsätzlich trenne er zwischen kulturellem Austausch und Politik. Als Pazifist fühle er sich weder an Deutschland noch an einen anderen Staat gebunden. Wenn er nach der deutschen Niederlage im Weltkrieg in Deutschland bleibe, dann wegen seiner Anhänglichkeit an seine „lieben deutschen Freunde". Sonst bräuchte er nur einen Ruf als ordentlicher Professor zu verlockenden Bedingungen in Zürich, Leiden, Kristiana oder Cambridge annehmen. Für die USA habe er seinen zionistischen Freunden Hilfe fest zugesagt. Im Grunde bräuchten diese seinen Namen, um die Spendenbereitschaft für den Aufbau der Hebrew University in Jerusalem zu fördern. Dies zu tun sei ihm umso wichtiger, als er „in letzter Zeit an unzähligen Beispielen gesehen habe, wie perfid und lieblos man hier mit prächtigen jungen Juden umgeht und ihnen die Bildungsmöglichkeiten abschneiden versucht". Er fühle sich dazu verpflichtet, für seine „verfolgten und moralisch gedrückten Stammesgenossen einzutreten". Die Hebrew University in Palästina zu fördern, sei ein „Akt der Treue" und „nicht der Treulosigkeit".[672] Seine Einladung in England beweise, „dass die englischen Gelehrten keine Feindschaft haben wollen".

Einsteins Haltung ist individualistisch und nonkonformistisch. Er sieht sich als Citoyen und nicht wie Haber als Diener von Staat und Nation. Weil Geschichte in Richtung Zukunft immer offen ist, kann man nicht grundsätzlich sagen, dass Habers Position unangemessen war. Sie ist aber defensiv. Haber macht sich teilweise abhängig von den Affekten von national gesinnten Deutschen, die er selbst nicht steuern kann. Insofern ist er opportunistisch, als er sehr viel den Interessen des deutschen Staates unterordnet. Einstein dagegen hat als herausragender Physiker, Pazifist und Internationalist auch in den Siegerstaaten des Ersten Weltkriegs beste Kontakte. Er verzichtet auf offizielle Kontakte mit den Staaten, die im Krieg Feindstaaten waren. Einsteins zionistisches Engagement führt aus der jahrhundertelangen Opferrolle der Juden heraus. Haber und Einstein bleiben trotz der vielen Gegensätze Freunde.

Mord an Walther Rathenau – Einstein zieht sich zeitweise aus dem Intellektuellenausschuss des Völkerbundes zurück

Albert Einstein und Walther Rathenau (1867–1922) sind Freunde, obwohl Rathenau durch seine Arbeit in der Kriegsrohstoffabteilung bewirkt, dass Deutschland bis zum Schluss des Ersten Weltkriegs kriegsfähig bleibt.[673] Rathenau sieht darin seine Pflicht, obwohl er bereits Monate vor Kriegsende weiß, dass der Krieg verloren ist. Einstein versucht Rathenau zu überzeugen, den Zionismus zu unterstützen. Deshalb arrangiert er im April 1922 ein Treffen des Zionisten Kurt Blumenfeld (1884–1963) mit Rathenau in Berlin. Vergeblich. Rathenau hält Juden für landwirtschaftliche Arbeit in Palästina für nicht geeignet. Juden eigneten sich nach Rathenau auch nicht für handwerkliche Tätigkeiten. Immerhin gelingt es Einstein und Blumenfeld, Rathenau die Äußerung zu entlocken, dass er lieber in England als Politiker wirken würde, weil dort der Antisemitismus nicht so ausgeprägt sei wie in Deutschland.[674] Rathenau stellt sich nächtelangen Diskussionen in seiner Dahlemer Villa, wenn Einstein mit prominenten Exponenten des Zionismus zu ihm kommt.[675] Er bleibt bei seinem Plädoyer einer fast vollständigen Assimilation der Juden. Jüdische Deutsche sollten Rathenau zufolge an ihrem Glauben festhalten Dies vertrat er öffentlich in einem programmatischen Artikel „Höre, Israel!" vom 6. März 1897.[676] Haber und Rathenau scheitern aber beide mit ihren Assimilationsprogrammen tragisch. Einstein kennt Rathenaus Machertalente. Sarkastisch urteilt er: „Wenn man Rathenau den Posten des Papstes angeboten hätte, hätte er die Wahl angenommen. Technisch hätte er es wahrscheinlich nicht schlecht gemacht."[677]

Einstein ist am 24. Juni 1922 zutiefst beunruhigt, als er erfährt, dass sein Freund, Reichsaußenminister Rathenau, von rechtsextremen Attentätern auf offener Straße nahe seinem Privathaus im Grunewald ermordet wurde. Die Empörung ist reichsweit überwältigend. Am Tag von Rathenaus Begräbnis, am 27. Juni, rufen die Gewerkschaften zur Arbeitsruhe auf.[678] Viele Geschäfte sind geschlossen. An den Universitäten werden keine Vorlesungen gehalten. Nur an der Universität Heidelberg trotzt der rechtsextreme Physiker Philipp Lenard der allgemeinen Trauer und hält seine Vorlesung. Das bekommt Einsteins erklärtem Feind nicht gut, denn Studenten sprengen seine Vorlesung, an der Spitze der spätere Dramenautor Carl Zuckmayer (1896–1977) und der spätere Sozialdemokrat Carlo Mierendorff (1897–1943). „Abends wollen Mierendorff und Zuckmayer ihre mutige Tat feiern. Sie kehren im ‚Goldenen Hecht' ein. Draußen aber ziehen Burschenschafter vorbei. Zum ersten Mal in Heidelberg hört man den Sprechchor, den fortan die SA-Männer grölen: ‚Verreckt ist Walther Rathenau, Die gottverdammte Judensau!'"[679] Der sensible Beobachter der Zeit, Harry Graf Kessler (1868–1937), notiert trotz der überwältigenden Anteilnahme am Tag von Rathenaus Begräbnis in ganz Deutschland: „Was durch Rathenaus Tod entfacht worden ist, ist vielleicht eine zweite Revolution, die tiefer die wirkliche Macht der Verhältnisse umgestalten wird, als die erste am 9. November [1918]."[680] An dem, was Kessler schreibt, ist viel Wahres. Das Handlungsmuster des politischen Mordes verfestigt sich durch den Mord an Rathenau unter Rechtsextremen. Der rabiate, hasserfüllte Antisemitismus ebenso. Auch die Bereitschaft zu erneuten rechtsextremen Putschen.

4./5. August 1923: Einsteins Ulm-Besuch mit Sohn Eduard

Einsteins Urlaubstage beginnen im August 1923. Deutschland ist von der galoppierenden Inflation befallen. Bald wird sie sich zur Hyperinflation verschärfen. Am 4. August fährt Albert Einstein von Berlin aus mit dem Zug nach Süddeutschland.[681] Für die Fahrkarte bis Memmingen zahlt er mit allen niederländischen Gulden, die er bei sich hat. Er will im Allgäu mit den beiden Söhnen Urlaub machen. Später reist er mit dem älteren Sohn Hans Albert nach Kiel, um dort mit ihm zu segeln. Einstein ist alles andere als reich. Beide Urlaubsaufenthalte verdankt er seinem Freund, Gönner und Geschäftspartner Hermann Anschütz-Kaempfe.[682] Einsteins Geschäftspartner wird durch sein Rüstungsunternehmen „Anschütz & Co" in Kiel reich. Einstein berät Anschütz-Kaempfe seit Sommer 1918. Es geht weiterhin um die Optimierung des so genannten Kreiselkompasses als Ortungsinstrument für Handels- und Kriegsschiffe.

Am Samstagabend, den 4. August, trifft Einstein im Stuttgarter Bahnhof seinen 13-jährigen Sohn Eduard. Die beiden reisen nach Ulm, wo sie um 19.30 Uhr ankommen. Nun begeben

Abb. 25
Hotel „Russischer Hof", Ulm: Hier übernachtet Einstein mit Sohn Eduard als „Adolph Steinthal" am Samstag, 4., auf Sonntag, 5. August 1923. Die Postkarte ist handkoloriert. Dass die Ulmer Straßenbahnen gelb und nicht rot-weiß angestrichen waren, wusste man in Leipzig nicht.

sie sich ins beste Hotel am Bahnhofplatz, den Russischen Hof. Die Übernachtung kostet 570.000 Mark. Das sind etwa 1,52 Dollar.[683] Einstein trägt sich unter falschem Namen als „Adolf Steinthal" ein. Adolph heißt sein Ulmer Lieblingsonkel Moos. „(S)tein" ist der zweite Teil des eigenen Nachnamens. Die Silbe „thal" ist der zweite Teil des Familiennamens Löwenthal, den Elsa Einstein (verheiratete und geschiedene Löwenthal) bis zur Heirat 1919 trägt.

Warum übernachtet Einstein in Ulm inkognito? Er will seine Ruhe haben vor Journalisten, vor Neugierigen, die den Star Albert Einstein sehen wollen. Die drei Ulmer Tageszeitungen bringen nichts über Einsteins Besuch in Ulm.[684] Einstein und Sohn Eduard gehen nach dem Frühstück im Russischen Hof zum Münsterplatz und steigen auf den Ulmer Münsterturm. Es ist sommerlich heiß und sonnig.[685] Vom Münster gehen Vater und Sohn wohl durch die Platzgasse und am Justizgebäude vorbei, bis sie die Olgastraße überqueren, um dort in der Karl-Schefold-Straße 9 [686] den ersten Teil des Verwandtschaftsbesuchs zu absolvieren: „Dann war großer Empfang bei Onkel Adolf". Gemeint ist Adolph Moos. Außer seiner Tante Friederike Moos (geb. Einstein) nennt Einstein im Briefbericht an Elsa keinen der anderen Verwandten beim Namen. Adolph Moos' Söhne Hugo und Carl Moos sind neben Adolph Moos Mitteilhaber des Weißwaren-, Aussteuer- und Wäschegeschäfts in der Stadtmitte im Haus Lange Straße 9. Wie seine Söhne Hugo und Carl wohnt Adolph Moos in der so genannten Ulmer „Neustadt" nördlich der Altstadt, komfortabel im Erdgeschoss.[687] Warum ist Einstein Adolph Moos so wichtig? Seine Ehefrau, Tante Friederike, ist die einzige der Geschwister seines Vaters Hermann Einstein, die noch lebt. Adolph und Friederike ist Einstein herzlich zugetan. Das beweist eine kleine Druckgrafik seines Kopfes, die er den beiden im „November 1920" widmet: „Für Adolf und Ricke".[688]

Abb. 26
Karl-Schefold-Straße 9: Hier wohnten 1912–1931 im Erdgeschoss Einsteins Tante Friederike Moos (geb. Einstein) und ihr Mann, der Textilkaufmann Adolph Moos.

Abb. 27
Friederike Moos (geb. Einstein, * Buchau 1855, † Ulm 1938), Ulm um 1933

Nehmen wir Albert Einsteins spöttisches Resümee zum Nachmittag vorweg. Er ist „selig", als er wieder im Zug sitzt „und all diese banale Kleinbürgerlichkeit wieder hinter" sich hat. Auf Ironie folgt Sarkasmus: „Lieber noch was ganz primitiv Volkhaftes als diese Sorte." Einstein verschafft sich Luft in einem Brief. So etwas kennen wir aus früheren Briefen an die Ehegattinnen. Einstein mag seinem Architekten Konrad Wachsmann zufolge manche Menschen und andere nicht. Zwischen 1929 und 1931 hat Wachsmann häufig Kontakt zu Einstein: „Dumme und uninteressante Zeitgenossen verabscheute er. Allerdings hat Einstein diese Kriterien nie an der Elle akademischer Bildung, beruflicher Tätigkeit oder gesellschaftlicher Herkunft gemessen. Ein Gespräch mit Kindern, die er übrigens sehr liebte, war für ihn genauso aufschlussreich wie eine Unterhaltung mit Arbeitern oder Schülern. Doch Leute, von denen gar nichts kam, überging er schon nach kurzer Zeit mit eisigem Schweigen. Er hasste jedes Blabla und ließ das zum Kummer Elsa Einsteins jeden wissen, selbst Damen aus den ersten Kreisen. Einstein liebte Charakterköpfe. Und das waren wohl die meisten seiner Freunde und Bekannten, gleichgültig, ob nun Nobelpreisträger oder nicht."[689]

Positiv erlebt Einstein den einstündigen Spaziergang mit dem 52-jährigen Cousin Paul Moos (1863–1952). Das ist eine Einstein willkommene Unterbrechung des Verwandtschaftsbesuchs. Paul Moos studierte an der Universität Tübingen und an der Akademie der Tonkunst in München. Der vollbärtige, unbürgerliche Paul Moos ist als Musikschriftsteller[690] und Privatgelehrter[691], Autor zahlreicher musikwissenschaftlicher und philosophischer Bücher. 1928 ernennt die Universität Erlangen den Musikästhetiker Paul Moos zum Dr. h.c.[692] Finanziert wird Paul von seinem jüngeren Bruder Rudolf Moos (1866–1951) in Berlin. Er emigrierte 1939 ins englische Birmingham. Rudolf Moos ließ sich 1899 in Berlin die Marke Salamander für Schuhe und Schuhcreme patentieren, verkaufte das Patent 1909. Sogleich erwarb er ein Haus als Sommerhaus in Potsdam. Dort ist Albert Einstein mehrmals zu Besuch. Nach dem Tod der Mutter wohnt Paul Moos ab 1928 bei seiner Schwester Louise Ney (geb. Moos) in Göppingen.[693] Der Buchauer Überlieferung nach wohnt er dagegen in Berlin-Charlottenburg. 1933 wohnt er nicht mehr in Ulm. Weil Paul Moos in Belgien den Krieg überlebt, wird er in Ulm bisher kaum beachtet. In seinem Geburtsort Bad Buchau benannte man eine Straße nach ihm. Zur Emigration verhilft 1939 dem damals 75-jährigen Vetter Albert Einstein, indem er einen Dollar im Monat zahlt, und die ihm zugetane Elisabeth, Königin von Belgien. Pauls Mutter Karoline Moos (1840–1929), geb. Einstein, ist eine Schwester der Gastgeberin Clementine Marx (geb. Einstein). Einstein wollte eigentlich den „Familienkaffee" vermeiden, weil er Clementine Marx nicht mag. Nicht umsonst nennt er sie „Klemele". Sie ist bereits 81 Jahre alt. Bei seinem vorhergehenden Ulm-Besuch am 7./8. Oktober 1913 hat Einstein den Kontakt mit Clementine Marx noch vermeiden können und eben Marie Wessel (geb. Dreyfus) in einem Dorf bei Ulm besucht. Clementine Marx war die Schwester von Elsas Vater Rudolf Einstein. Viel mehr am Herzen liegt Einstein die Armut und Hilflosigkeit von Marie Wessel (geb. Dreyfus). Er berichtet, sie habe jetzt „eine Dauerstelle als Arbeiterin in einer Zigarettenfabrik" und sei damit „recht zufrieden". Ihr schenkt Einstein das, was er an Francs noch bei sich hat. Er bedauert es, nicht mehr dabei zu haben. Das war der Notgroschen, den ihm Elsa Einstein für unvorhergesehene Zwischenfälle mitgab.

Verwandtschaft ist anstrengend. Man trinkt den „Verwandtschaftskaffee" im Haus Frauenstraße 34 im zweiten Stock. Dieses Haus besitzt die verwitwete Clementine Marx 1925 zusammen mit ihrem Sohn Julius Marx, der ein promovierter Chemiker ist.[694] Das Haus wird 1944 zerstört. Es sind noch einige Mitglieder der erweiterten Verwandtschaft da. Zunächst der 54-jährige Rechtsanwalt Alfred Moos II (1869–1926)[695] mit seiner Gattin Selma Moos geb. Gutmann.[696] Er wiederum ist ein Enkel von Raphael Einstein in Buchau und gleichzeitig ein Neffe von Clementine Marx. Alfred Moos II ist 54 Jahre alt, geb. Buchau 21.6.1869. Seine Ehefrau Selma Moos geb. Gutmann ist 46 Jahre alt. Die beiden wohnen im vornehmen Mehrparteienhaus Promenade 7. Wir wissen, dass er seinen Bruder Rudolf Moos (1866–1951) in rechtlichen Dingen in der Berliner Schuhhandelsbranche beriet und mehrmals zu ihm nach Berlin reiste. Später besucht Einstein im Sommer die Familie von Rudolf Moos häufig in ihrem Potsdamer Sommerhaus und dem dortigen „Moosgarten". Rudolf Moos finanzierte seinen Bruder Paul Moos. Ohne ihn war dessen Existenz als Privatgelehrter nicht möglich. Bleiben noch zwei Kaffeerundengäste, einmal Sophie Lehmann-Einstein (1849–1930)[697] und dann der 71-jährige Ulmer Kaufmann Karl Steiner (geb. Laupheim 1852)[698].

1923, August: Einsteins Urlaub in Schloss Lautrach bei Memmingen bei dem Rüstungsunternehmer Hermann Anschütz-Kaempfe

Einstein wird freudig in Lautrach empfangen. Zunächst wird er mit seinem Sohn Eduard mit dem Auto vom Bahnhof Memmingen abgeholt. Schloss Lautrach gefällt ihm: „wirklich ein Schloss von grosser Pracht und Schönheit (Barock)". Es handelt sich um das Jagdschloss des Fürstabts von Kempten, Honorius von Schreckenstein. Es wurde von 1781 bis 1784 errichtet.[699] Hermann Anschütz-Kaempfe ließ das Schloss renovieren und bot es Professoren und Studenten zur Erholung an, vor allem Freunden der Philosophischen Fakultät der Universität München. Es folgen die Urlaubstage im August 1923.

Einsteins Sohn Hans Albert ist schon vor ihm nach Lautrach gekommen. Die beiden können sich endlich unter vier Augen aussöhnen. Der Vater lobt das Verhalten des Sohnes als tadellos. Etliche Wochen zuvor erzürnte Hans Albert den Vater durch einen herausfordernd geschriebenen Brief[700] so sehr, dass dieser erklärte, er wolle den Sohn das ganze Jahr über nicht mehr sehen.[701] Es geht um eine Geldangelegenheit, welche sowohl die Söhne als auch die Mutter betraf. Diese wirft Einstein vor, er habe seinem Ältesten einen viel zu harten Brief geschrieben.[702] Einstein gefällt die junge Gesellschaft in Lautrach. Zwei Akademiker sind dabei, Martin Kossel und der Professor für Anthropologie Rudolf Martin (1864–1925)[703] aus München, den Einstein von Zürich her kennt. Sonst sind viele junge Leute da. Die Stimmung ist bestens: „Der Himmel ist strahlend, ebenso Herr Anschütz."

Danach geht es nach Kiel. Dort übernachtet Einstein mit Hans Albert in einem komfortablen Refugium auf dem Firmengelände Anschütz-Kaempfes. Und dort wird über den Kreiselkompass debattiert. Anschütz-Kaempfe ist von Einsteins Sohn dermaßen angetan, dass er ihn zum Nachfolger in der Firma aussieht. Hans Albert interessiert sich jedoch viel mehr für Hydraulik. Wichtig ist nur: Hans Albert hat so viel Humor, Interesse und Persönlichkeit, dass er auch im Beisein des Vaters auffällt. Anschütz-Kaempfe stirbt 1931 und vermacht seine Firmenanteile 1930 der Carl-Zeiss-Stiftung Jena.

Im Jahr 1923 kommt es zu zunehmenden rechtsextremistischen Umtrieben in Deutschland. Sie gipfeln im gescheiterten Hitler-Ludendorff-Putsch am 9. November 1923 in München. Albert Einstein befindet sich zu dem Zeitpunkt in Leiden in den Niederlanden, weil er vor Mordplänen gegen seine Person offiziell gewarnt wurde. Nach der Ermordung seines Freundes Walther Rathenau[704] im Vorjahr schlägt er die Warnungen nicht einfach in den Wind. Einstein zog den Hass von Rechtsextremisten auf sich.[705] Einsteins Kollege Prof. Max Planck nimmt die Morddrohungen ernster als Einstein selbst. Er stellt ihm frei, selbst zu entscheiden, wo er sich aufhalte. Nur seinen offiziellen Wohnsitz in Berlin möge er behalten und sich wenigstens mit einem Vortrag im Jahr am wissenschaftlichen Leben der Akademie beteiligen.[706] Einstein kehrt kurz vor Weihnachten 1923 nach Berlin zurück. Durch die Einführung der Rentenmark im Herbst 1923 beruhigt sich die politische Lage in Deutschland.[707] Trotz intensiver Recherchen findet die Polizei nicht diejenigen, die Einstein mit Mord drohten. Auf die französisch-belgische Besetzung des Ruhrgebiets im Jahr 1923[708] reagiert Einstein, indem er sich im März 1923 aus der „Internationalen Kommission für geistige Zusammenarbeit" (Vorgängerorganisation der UNESCO), zurückzieht, in die Anfang April 1922 zwölf Wissenschaftlerpersönlichkeiten verschiedener Länder berufen wurden.[709] Die Französin Marie Curie in der Kommission überzeugt Einstein, dass es gerade nach den Morddrohungen besser für Einstein sei, weiter in der Kommission mitzuarbeiten, weil er sonst der Einschüchterung nachgebe. Deshalb nimmt Einstein im Mai 1924 die Arbeit in der Kommission wieder auf.[710]

1924–1933
Repräsentant der Republik und Widerstand gegen das NS-Regime

Einsteins Prominenz in der deutschen und internationalen Gesellschaft

Einstein ist seit Ende 1919 der bekannteste Wissenschaftler in Deutschland. 1929 lassen sich die Einsteins ein Sommerhaus bauen. Die Familie kauft aus eigenen Mitteln ein Grundstück in Caputh bei Potsdam. Architekt wird Konrad Wachsmann (1901–1980), noch fast ohne Berufspraxis, aber ein Walter-Gropius-Schüler. Bereits im Dezember ist das Haus fertig. Wachsmann muss ortsfeste Fachwerkbauweise anwenden, weil Einstein auf französischen Fenstern besteht und es dafür keine kostengünstigen, standardisierten Holz-Platten gibt. Trotzdem werden bei der Konstruktion rationalisierte und industrielle Fertigungsmethoden eingesetzt.[711]

Das Prinzip wurde aus den USA übernommen. Gebaut wird mit roter kanadischer Oregon-Pinie und weißer ukrainischer Tanne. Am Ende wird das Haus ein Kompromiss aus Tradition und Moderne. Möbliert wird im behaglichen Stil Elsas. Die von Wachsmann empfohlenen Designer-Möbel finden bei den Einsteins keine Gnade.[712] Wachsmann legt am Abend nach der ersten Besprechung ein fertiges Vorprojekt vor. „Bei diesem Abendessen habe ich Einstein zum ersten Mal richtig lachen gehört. Es war ein lautes, ganz ungebärdiges und lustiges Lachen. Damals wusste ich noch nicht, dass er ein heiteres Naturell besaß und gelegentlich selbst über traurige Dinge Witze machte."[713] Einstein setzt sich mit seinem Wunsch nach einem Holzhaus gegen Elsa durch: „Ich will nicht in einem kalten Klotz aus Beton, Glas und Stahl wohnen".[714] Weil er in Architekturfragen einen eher traditionellen Geschmack hat, wendet er sich gegen ein Flachdach: „Ich will kein Haus, das wie ein Karton mit riesigen Schaufenstern aussieht […] Können Sie sich einen Dom mit flachem Dach vorstellen?"[715]

Keiner hat treffender den Menschen Albert Einstein mit 50 Jahren charakterisiert als Konrad Wachsmann: „fand ich […] heraus, was mich und vielleicht auch andere an Einstein so beeindruckte: Ehrlichkeit, Gerechtigkeitssinn und unbedingte Glaubwürdigkeit. Bei ihm gab es keinen Bruch zwischen formuliertem Lebensanspruch und dem gelebten Leben. Zum Beispiel hielt er den Dienst am Menschen für seine Pflicht und betrachtete einfache, bescheidene Lebensformen als eine Brücke zwischen den Menschen. Dass er es damit ernst meinte, hatte ich in der Haberlandstraße selbst beobachtet. So versuchte Einstein in seinen Mitmenschen zuerst den Bruder Mensch zu entdecken, war freundlich selbst zu Menschen, die er gar nicht kannte."[716] Im gleichen Gespräch während eines Segeltörns meint Einstein: „Wenn es so etwas [eine ideale Gesellschaftsordnung] überhaupt geben wird, dann nur im Sozialismus. […] In einer demokratischen sozialistischen Ordnung wird es gelingen, die Ausbeutung des Menschen durch den Menschen zu beenden und die ungerechtfertigten Klassenunterscheidungen aufzuheben."[717] Wachsmann erklärt, Einstein habe „das Bild eines Menschen [verkörpert], das allen bürgerlichen Vorstellungen von einem Gelehrten, dazu einem weltberühmten, völlig widersprach."[718] In der Rückschau beschreibt Wachsmann seine ersten Eindrücke: „Einstein war – wie wohl in den meisten Fällen – der Gebende. Auch wenn er sich mit feiner Ironie auf Distanz hielt. Das machte Einstein mit den meisten seiner Mitmenschen. Fast immer lebte er hinter einer Mauer, die auch dann nicht abgebaut wurde, wenn man ihn näher kannte. Es ist auch schwer, das Klima und die Atmosphäre zu beschreiben, die Einstein um sich verbreitete, seine Art, auf Menschen einzugehen, sie zu behandeln. Selbst wenn man die größten Probleme hatte, fühlte man sich in seiner Umgebung gelöst, glücklich und zufrieden. Das ist kaum zu erklären, und ich glaube, dass es jenen Biographen, die in seiner Nähe gelebt haben, nicht wirklich gelungen ist."[719]

Einsteins Ehefrau Elsa klagt allerdings über dessen Distanziertheit. In einem Brief an ihre gute Freundin Antonina Vallentin schreibt sie: „Er hat in Wirklichkeit niemals andere Wesen gebraucht, hat sich im Gegenteil mehr und mehr von aller gefühlmäßigen Abhängigkeit befreit, um sich selbst zu genügen, als wäre er durch eine dichte Mauer von der Umwelt abgetrennt."[720] Ein scharfes und emotionales Urteil. Natürlich braucht Albert Einstein Elsa, besonders 1917, als sie ihn gesund pflegt. Er lässt sie sehr viel entscheiden. Sie ihrerseits gibt ihm stets nur wenig Geld, weil er in der Lage ist, ein halbes Monatsgehalt einem professionellen Bettler zu schenken.[721]

Auseinandersetzung mit der Quantenmechanik und Niels Bohr

Erstmals seit Kriegsende nimmt Albert Einstein vom 24. bis 29. Oktober 1927 wieder an einem Solvay-Kongress teil. Vorher wollte er nicht als einziger Deutscher vorpreschen.[722] Letztmals führt Lorentz in Brüssel den Vorsitz.

1929 widerspricht Einstein auf dem nächsten Solvay-Kongress dem jüngeren Physiker Niels Bohr und der von ihm und vielen anderen vertretenen Quantentheorie. Nach stundenlanger Debatte und einer Nacht Bedenkzeit gibt Einstein Bohr recht, weil dieser auf Grund von Einsteins allgemeiner Relativitätstheorie die Richtigkeit seiner Position nachweisen kann. Das zeigt: Einstein wird von den Physikern der nachfolgenden Generation überholt. Dieser bleibt es fortan vorbehalten, zu wesentlichen Fortschritten in der theoretischen Physik zu kommen. Dass Einstein Niels Bohr recht gibt, spricht für seine Noblesse als Wissenschaftler. Einstein bekämpft fortan nicht mehr die Quantentheorie, hält sie gleichwohl für falsch.

Der Titel einer 2017 erschienenen Monografie lautet „Einsteins Irrtum. Das Drama eines Jahrhundertgenies".[723] Autor ist der amerikanische Wissenschaftsjournalist David Bodanis.

Abb. 28
Gruppenbild mit Marie Curie.
Der fünfte Solvay-Kongress in Brüssel, 1927:
Einstein im Mittelpunkt (fünfter von links in der
vordersten Reihe sitzend).

Abb. 29
Albert Einstein, Radierung von Max Liebermann,
um 1930.

Er verengt Einsteins Wirken als Physiker seit etwa 1930 auf dessen Ablehnung der Quantentheorie und Quantenmechanik. Bodanis' Kernthese ist, Einstein habe den Anschluss an die Debatten seiner Physikerkollegen über die Quantentheorie und -mechanik verloren und sich deshalb unter Physikern isoliert. Allerdings war Einstein in seinen letzten Lebensjahrzehnten als Mensch keineswegs einsam. Mit jungen Fachkollegen gab es durchaus Arbeitskontakte: „Das Schoene hier [in Princeton] ist, dass ich mich mit jungen Fachgenossen zusammenarbeiten kann. Bemerkenswert ist, dass ich in diesem langen Leben ausschließlich mit Juden zusammengearbeitet habe."[724] Dieses Urteil stammt aus dem Jahr 1937. Einstein sucht nicht mehr den Kontakt zu Fachkollegen, wenn sie in Princeton sind, z.B. zu Niels Bohr oder Wolfgang Pauli. Pauli hat Einsteins Versuchen, zu einer einheitlichen Feldtheorie zu gelangen, schon 1929 eine böse Abfuhr erteilt: „Es ist schon eine kühne Tat der Redaktion, ein Referat über eine neue Feldtheorie Einsteins unter die Ergebnisse der exakten Naturwissenschaften aufzunehmen. Beschert uns doch seine nie versagende Erfindungsgabe sowie seine hartnäckige Idee beim Verfolgen eines bestimmten Zieles in letzter Zeit durchschnittlich etwa eine solche Theorie pro Jahr – wobei es psychologisch interessant ist, dass die jeweilige Theorie vom Autor gewöhnlich eine Zeit lang als die definitive betrachtet wird."[725] Pauli behält bis heute recht. Einsteins Suche nach einer einheitlichen, regelmäßigen Feldtheorie – sozusagen unterhalb der Quantenmechanik – war nicht erfolgreich und fand unter Physikern bis heute keine Nachfolge.

Ab 1930: Vertiefung der USA-Kontakte

1930 vertieft Einstein seine Kontakte in den USA. Als erstes vereinbart er im Sommer 1930 in Caputh, 1931 zwei Monate am California Institute of Technology (Caltec) in Pasadena zu verbringen. Dies für 7.000 Dollar, was dem Jahresgehalt eines besseren Professors entspricht.[726] Einstein verlässt Berlin, „da es hier für mich brenzlig wird".[727] Er kann an seine außergewöhnliche Popularität anknüpfen, welche er bereits bei seinem USA-Besuch im Jahr 1921 erlebte. Und die vergaß man in den USA nicht. Bevor Einstein überhaupt in den USA eintraf, eckte er 1921 durch extrem hohe Honorarforderungen bei einigen amerikanischen Universitäten an.[728]

Einsteins enorme Erfolge in den USA im Jahr 1921 werden erst jetzt behandelt, weil Einstein 1930/31 die USA als mögliches Exilland ins Visier nimmt und ab 1930 das mitdenkt, was er 1921 in den USA erlebte. Schon damals organisierte Chaim Weizmann, der Präsident der Zionistischen Weltorganisation, einen Großteil des Reiseprogramms. Im Hafen wurde

Abb. 30
Albert Einstein, Charlie Chaplin und Elsa
Einstein bei der Filmpremiere von „City Lighting",
Los Angeles, Dezember 1931.

Einstein am 2. April 1921 vom New Yorker Bürgermeister und dem Präsidenten des Gemeinderats begrüßt. Ein Heer von Journalisten fiel über Einstein her. In New York angekommen feierten Tausende amerikanische Juden ihr Idol beim Autocorso. Einstein gelang es, sich als Medienstar inszenieren zu lassen, obwohl er kein Englisch konnte.[729] Seinen Eindruck steigerte es noch, dass er die Gangway mit einem Geigenkasten und mit Pfeife im Mund wie ein Musiker herabschritt. Auf zahlreichen Versammlungen sammelte Einstein Geld ein für die Hebrew University in Jerusalem.[730] Drei Tage nach seiner Ankunft begann Einstein drei Vorlesungen an der Columbia University. Er begleitete Repräsentanten der amerikanischen Akademie zu einem Empfang bei US-Präsident Warren G. Harding (1865–1923). Am 9. Mai 1921 wurde Einstein in Princeton von der Universität mit der Ehrendoktorwürde ausgezeichnet. Er realisierte, dass ein Wissenschaftsstar wie er beide „Bühnen" bespielen konnte, Princeton und New York. Einstein sammelte für den Zionismus 1921 eine dreiviertel Million Dollar und blieb damit weit hinter den Erwartungen (4–5 Mio. $) zurück.[731]

1930 bringt Einstein drei Millionen Dollar zusammen. Im Dezember 1930 wird er in New York erneut als Star gefeiert. Kurz vor dem 14. Dezember 1930 werden ihm in einem Festakt die Ehrenbürgerrechte von New York verliehen. Ansprachen halten der New Yorker Bürgermeister und der Präsident der Columbia University, Nicholas M. Butler. Im Hafen von San Diego in Kalifornien wird Einstein am 30. Dezember 1930 empfangen, „als würde die Reinkarnation von Kolumbus an die Gestade schreiten."[732] Es gibt sogar Blumenwagen mit schönen Meerjungfrauen. 500 uniformierte Mädchen treten zu seiner Begrüßung im Hafen an. Wenig später gibt es einiges davon in deutschen Wochenschauen im Kino zu sehen.[733] In Hollywood sieht Einstein in einer Sondervorführung den Film „Im Westen nichts Neues", den Universal Pictures unter der Leitung des in Laupheim geborenen jüdischen Deutschen Carl Laemmle (1867–1939) produzierte. Der Pazifist Einstein ist empört darüber, dass der Film in Deutschland verboten ist. Es sei unbedingt eine Rehabilitierung des Films in Deutschland zu verlangen.[734] In Hollywood ist Einstein bei Charlie Chaplin zu Gast. In einem Brief berichtet Einstein von dessen Wohnung: „[dort] wurden von echten Japanerinnen echt japanische Tänze aufgeführt. Der Chaplin ist ein berückender Mensch, ganz wie in seinen Filmrollen."[735] Ein Foto zeigt Einstein, Chaplin und Elsa in glamouröser Pose. Bei dieser Gelegenheit sagt Chaplin seinen berühmten Satz „They cheer me because they all understand me and they cheer you because no one understands you."[736] „Mir jubeln sie zu, weil mich alle verstehen, Ihnen jubeln sie zu weil Sie niemand versteht." In Deutschland wird der Film mit dem Titel „Lichter der Großstadt" gezeigt und findet starken Anklang.[737]

Kapitel 10: 1924–1933

Zurück in New York gibt es dem deutschen Generalkonsul zufolge „ohne daß deutlich erkennbare Gründe dafür anzuführen wären, Ausbrüche einer Art Massenhysterie [...], und zwar nicht nur bei den hierfür besonders veranlagten Gruppen von ‚Friedensfreunden', und bei den schwärmerischen Phantasten neu entstandener mystischer Religionsgemeinschaften, sondern auch in relativ kühlen Kreisen, wie z.B. den amerikanischen Förderern des Palästinenserwerkes".[738]

Am Abend vor der Heimreise findet in New York im Hotel Astor ein „Riesenbankett" der „American Palestine Campaign" statt, mit Einstein als Ehrengast und Redner. Dabei werden 22 Millionen Dollar gespendet. Unter den Gästen sind reiche Amerikaner, „die sich gewöhnlich mit jüdischer Gesellschaft nicht öffentlich zu zeigen" gewohnt sind, berichtet der deutsche Generalkonsul Heuser.[739] Einstein wird sogar vom US-Präsidenten Edgar Hoover (1895–1972) ins Weiße Haus eingeladen, nimmt die Einladung wegen seiner Termine aber nicht an.[740] Positiv beurteilt der deutsche Generalkonsul das Auftreten von Elsa Einstein in der Öffentlichkeit:[741] Die Berichterstattung in der „New York Times" vom 8. März 1931 sei dafür „charakteristisch": „Die darin enthaltenen freundlichen Worte über Frau Elsa Einstein entsprechen dem allgemeinen Eindruck. Sie ist mit außerordentlichem Takt und unermüdlicher Liebenswürdigkeit als ‚Verbindungsmann' [sic!] zwischen dem an sich öffentlichkeitsscheuen, dem realen Leben gegenüber zu gütig eingestellten Professor und den sich teils aus beruflichen Gründen, aus Neugierde, aber vielfach auch zu Reklame- oder Schwindelzwecken an ihn herandrängenden Personen tätig gewesen. [...] Im Ganzen gesehen, ist der Besuch Prof. Einsteins als ein Gewinn für das Ansehen des Deutschtums anzusehen, denn er ist in der Hauptsache gerade als deutscher Gelehrter genannt und gefeiert worden."[742]

Einstein reist im Mai 1931 nach England. Dort hält er in Oxford die Rhodes Lectures. Eine ehrenvolle und auch einträgliche Angelegenheit. Einstein willigt ein, in Zukunft jedes Jahr einen Monat in Oxford am Christ Church College zu verbringen, als „student", was an anderen englischen Universitäten mit einem „fellow" gleichzusetzen ist. Ein auf fünf Jahre laufender Vertrag garantiert jährlich 400 Pfund. Einstein akzeptiert auch wegen der sich in Deutschland verschärfenden politischen Lage.[743]

1931, 28. Juli, Berlin: Als Aushängeschild Deutschlands mit Max Planck in der Reichskanzlei beim Besuch des britischen Premierministers MacDonald

Einstein wird, so Siegfried Grundmann, von den Reichsregierungen der Weimarer Republik „zunächst trotz unbequemer Äußerungen mehr [als] ein Emissär denn eine potentielle Gefahr [betrachtet]. Einstein wird gebraucht als Instrument zur Durchbrechung außenpolitischer Blockaden. Wenn Breschen in den vor allem von Frankreich ausgehenden Boykott der deutschen Wissenschaft geschlagen wurden, war das vor allem Einsteins Verdienst. Das ‚Vaterland' braucht den ‚Vaterlandsverräter' und ‚Sozi' Einstein."[744]

Am 28. Juli 1931 wird er in die Reichskanzlei eingeladen. Er soll den an diesem Tag in Berlin eingetroffenen britischen Premierminister Ramsay MacDonald (1866–1937)[745] gewogen stimmen. MacDonald wurde mit seinem Außenminister Arthur Henderson (1863–1935)[746] am Bahnhof Friedrichstraße von Berlinern mit Ovationen begrüßt.[747]

Abb. 31
Empfang in der Berliner Reichskanzlei am
28. Juli 1931: Einstein im Gespräch mit dem
englischen Premierminister Ramsay MacDonald.
Links Max Planck, rechts der Außenminister
Julius Curtius.
Foto von Erich Salomon (1886–1944).

Nun sitzt er mit Spitzenvertretern aus Politik, Wissenschaft und Wirtschaft zusammen. Dr. Erich Salomon (1886–1944) fertigt ein Meisterfoto an. In der Mitte sitzen MacDonald und Einstein. Sie befinden sich in einem angeregten Gespräch. Einstein wirkt heiter. Er kann mittlerweile so viel Englisch, dass er keinen Dolmetscher braucht, MacDonald weiß, dass der neben ihm sitzende Einstein ein internationaler Wissenschaftsstar ist. Mindestens im Moment des Fotos von Salomon wendet sich MacDonald ganz Einstein zu. Rechts neben Einstein sitzt Max Planck, der deutsche Physik-Nobelpreisträger für 1918, der zugleich Präsident der Preußischen Akademie der Wissenschaften ist. Es ist kein Zufall, dass MacDonald mit zwei bedeutenden Physikern zusammenkommt. Auf sie kam man in der Reichskanzlei, weil beim tags zuvor stattfindenden Besuch des amerikanischen Außenministers Stimson die drei führenden Reichswehrmilitärs einen üblen Eindruck hinterließen. Namentlich General Kurt von Schleicher (1882–1934) machte zu Brünings Ärger nur Witze und zynische Bemerkungen.[748]

1931 punktet die Reichsregierung am 28. Juli mit den beiden Physik-Nobelpreisträgern. Neben MacDonald sitzt Reichsfinanzminister Dr. Hermann Dietrich (1879–1974). Er verfolgt konzentriert das Gespräch. Rechts außen sitzt Geheimrat Schmitz von der IG Farben-Gesellschaft. Er wirkt eher abwartend. Ganz vorne sitzt mit Schnauzbart Reichsaußenminister Dr. Julius Curtius (1877–1948). Brünings Kalkül geht auf. Sein deutschnationaler Minister ohne Geschäftsbereich Gottfried Reinhold Treviranus (1891–1971) berichtet: „MacDonalds Zunge löste sich erst, als er abends am runden Tisch mit Albert Einstein des Reichskanzlers Gast war, mit mir als stummem Zuhörer und Dr. Salomon mit einem damals einzigartigen Freipass für seine Kamera als gern gesehenem Zeugen. Die Weltkrise zwang im August die Regierung in London, Farbe zu bekennen zum Haushaltsausgleich".[749]

Erich Salomon ist ein internationaler Star-Fotograf. Er flieht bereits 1932 aus Deutschland und lässt sich in Den Haag nieder. 1935 arbeitet er in England, den Niederlanden, Frankreich und der Schweiz. Obwohl er 1938 noch einmal nach England reist, kehrt er nach Holland zurück. 1943 wird er verhaftet und am 7. Juli 1944 im KZ Auschwitz ermordet. Später gibt es Ausstellungen seiner Werke in vielen Ländern wie den USA, England und 1977 bei der Documenta in Kassel.[750]

Reichskanzler Heinrich Brünings (1885–1970) außenpolitische Erfolge verbinden ihn eng mit Reichspräsident Hindenburg. Für das krisenverschärfende Handeln der beiden in der Endkrise der Weimarer Republik macht Pyta unter anderem Hindenburgs am 28. Mai 1932 geäußerten Ärger darüber verantwortlich, dass er sich ein zweites Mal zum Präsidenten wählen lässt.[751] Den nationalkonservativen Hindenburg ärgerte es massiv, dass die nationale Rechte für Hitler stimmte und er von republiktreuen Zentrumsanhängern und Sozialdemokraten gewählt wude, in denen Hindenburg Reichsfeinde sah. Brüning wird am 29. Mai 1932 entlassen. Brünings politisches Hauptziel ist stets das Ende der Reparationen. Dieses versucht er durch pünktliche Zahlungen und ein kalkuliertes Annähern an Deutschlands

Staatsbankrott zu erreichen. Das Moratorium, das US-Präsident Hoover 1931 verfügt, genügt Brünings Zielen nicht.[752] Mit MacDonald spricht Brüning über die Beendigung der deutschen Reparationen. Für Brüning ist dies Voraussetzung für das Wiedergewinnen einer Großmachtstellung Deutschlands, zu der auch militärische Aufrüstung gehören soll. Großbritannien unterstützt den Moratoriums-Kurs von US-Präsident Hoover. Insofern ist MacDonald ein hochwillkommener Gast in der Reichskanzlei, denn Großbritannien stundet seine Reparationsforderungen an Deutschland. Auf MacDonalds Besuch in Berlin folgen Verhandlungen mit Frankreich.

Albert Einstein ist Deutschlands offizielle Politik in Fragen des internationalen Friedens wichtig. Dies belegt sein Brief an Brüning vom 3. Oktober 1931.[753] Darin plädiert er für eine deutsche Initiative, der zufolge der Völkerbund beschließt, dass sich alle Mitgliedsstaaten einem internationalen Schiedsgericht unterwerfen und mit allen wirtschaftlichen und militärischen Hilfsmitteln gemeinsam gegen jeden Staat vorgehen sollen, der den Frieden breche oder sich einer vom Schiedsgericht gefällten Entscheidung widersetze. Die Initiative solle das Misstrauen Frankreichs gegenüber Deutschland verringern. Albert Einstein kennt 1931 die Maximen der französischen Politik aus erster Hand. Er versteht sich gut mit dem französischen Botschafter André François-Poncet.[754] Brünings Außenpolitik unterscheidet sich aber von der Verständigungspolitik Gustav Stresemanns (1878–1929) erheblich. Brüning sucht nicht mehr nach einer Verbindung von Ausgleichspolitik und Revisionspolitik. Einsteins Anliegen ist angesichts der in diesen Tagen erfolgten japanischen Besetzung der Mandschurei brandaktuell. Zudem empfiehlt er eine „vertrauensvolle" deutsch-französische Zusammenarbeit, die allerdings davon abhänge, dass „Frankreichs Verlangen nach Sicherheit gegen militärischen Angriff" befriedigt werde. Modern gesprochen fordert er Deutschlands strukturelle Nichtangriffsfähigkeit. Und das ist mit Brünings Großmachtstreben nicht vereinbar.

1932/33: Einstein in Princeton und in Belgien, Frankreich, Schweiz und Großbritannien, danach endgültig in die USA

Einstein vereinbart in Berlin mit dem Californian Technology Institute in Pasadena ein vorübergehendes Engagement mit einem Honorar von 7.000 Dollar. Den Vertrag schließt Einstein Anfang Oktober 1931 mit dem Physiker Robert Andrews Millikan (1868–1953) auf dessen Europareise.[755] Mitte November 1931 verlässt Einstein Berlin mit seiner Frau. Zur See und durch den Panamakanal gelangen sie direkt nach Kalifornien. Ins Tagebuch notiert Einstein am 6. Dezember 1931: „Heute entschloss ich mich, meine Berliner Stellung im Wesentlichen aufzugeben. Also Zugvogel für den Lebensrest!"[756] Er denkt offenbar daran, zwischen Pasadena, Oxford und Berlin zu pendeln. Es folgt ein guter Vorsatz: „Ich lerne auch Englisch, [es] will aber in meinem alten Hirnkasten nicht haften."[757] Im Frühjahr 1932 hält sich Einstein in Oxford den vereinbarten Monat auf. Dort trifft er den außergewöhnlich einflussreichen

US-Wissenschaftsmanager Abraham Flexner (1866–1959). Dieser bietet Einstein an, er könne die Konditionen nach eigenem freien Ermessen bestimmen. Schließlich besucht Flexner Einstein im Juni 1932 in dessen Haus in Caputh. Er drängt auf eine Zusage für das „Institute for Advanced Study" in Princeton. Einstein solle jährlich fünf Monate in Princeton sein. Die Steuern übernehme das Institut, ebenso seine Reisekosten, auch die seiner Ehefrau. Einstein ist damit am 6. Juni 1932 einverstanden: „Ich bin Feuer und Flamme dafür."[758] Einige Tage später bestätigt Einstein die Vereinbarung schriftlich und erklärt, er werde im Oktober 1933 nach Princeton kommen.

Im Vorfeld der Juli-Wahlen von 1932 macht er in Berlin noch einmal bei einer politischen Aktion mit. Dabei geht es um die Herstellung einer antifaschistischen Einheitsfront von Sozialdemokraten und Kommunisten mit einheitlicher Wahlliste. Die Initiative geht von Käthe Kollwitz (1867–1945) aus. Es gibt eine öffentliche Kundgebung in Berlin in den Spichernsälen am 18. Juli 1932.[759] Einstein erklärt gegenüber seiner zur Zurückhaltung mahnenden Frau: „Solange ich eine Stimme habe […], muß ich mich äußern."[760] Die Aktion ist nicht erfolgreich. Einstein sympathisiert mit den Sozialdemokraten. Er hat aber keine Berührungsängste gegenüber den Kommunisten[761], solange das nicht mit einer Unterstützung der stalinistischen Diktatur in der Sowjetunion verbunden ist. Käthe Kollwitz dachte in dieser Hinsicht wie Einstein. Sie war keine Kommunistin, sondern Pazifistin, berichtet Wachsmann.[762]

Einstein will im Juli 1932 nichts unversucht lassen. Heute ist unter Historikern die Auffassung vorherrschend, dass es seit dem Bruch der Großen Koalition von 1930 in Deutschland nur noch zwei Möglichkeiten gegeben habe, die Militärdiktatur oder die NS-Diktatur.[763] Allerdings fehlte den verantwortlichen Akteuren, nämlich dem Präsidenten Hindenburg und General von Schleicher als Befehlshaber der Reichswehr, die Entschlossenheit, im Ernstfall einen Bürgerkrieg gegen die Nationalsozialisten und Kommunisten zugleich zu führen[764], wohl aber einen Bürgerkrieg gegen die Kommunisten allein. An der politisch-historischen Verantwortung Hindenburgs und der drei Reichskanzler Brüning, Papen und Schleicher für die Machtübertragung an die staatsterroristisch-diktatorische NSDAP ändert das nichts.
Zu einer Radikallösung der Reparationsfrage kommt es erst auf der Konferenz von Lausanne vom 16. Juni bis 7. Juli 1932, zu spät für Brüning, der schon am 29. Mai 1932 entlassen wurde.[765] Zu spät, um die kurz nach dem Höhepunkt der Weltwirtschaftskrise zur Unzeit angesetzte Reichstagswahl vom 31. Juli 1932 zu verhindern. Sie bringt den Aufstieg der NSDAP zur stärksten Partei und die absolute Mehrheit der Rechts- und Linksextremen.

Einstein hat nach der Erdrutschwahl vom 31. Juli 1932 den richtigen Riecher. Er erwartet eine Diktatur der Nationalsozialisten. Betrachtet man Einsteins politisches Handeln, so ergibt sich, dass er wesentlich klarer politisch Stellung bezieht, als dies Britta Scheideler in ihrem schematischen Aufsatz über Einsteins Denken glauben macht.[766] Wenn Einstein die Massen als durch Triebe und Massenpsychose bestimmbar bezeichnet[767], so beschreibt er damit die deutsche Tragödie der Endkrise der Weimarer Republik. Scheideler thematisiert Einsteins konsequentes Eintreten für den Zionismus überhaupt nicht. Das Scheitern der parlamentarischen Demokratie der Weimarer Republik sieht Winkler in 19. Jahrhundert vor allem darin begründet, dass zwei Dinge versäumt worden sind, nämlich die Einführung des parlamentarisch-demokratischen Regierungssystems und von Grundrechten in der Verfassung und daran anknüpfend eine entsprechend gelebte freiheitliche Verfassung, nicht zuletzt in Bezug auf Presse-, Meinungs-, Versammlungs- und Vereinigungsfreiheit. Anlässlich des Jubiläums „100 Jahre Revolution von 1918/19" wird darüber diskutiert, ob nicht die Versäumnisse von 1848/49 siebzig Jahre später in der nächsten deutschen Revolution nachzuholen waren, namentlich in der Militärfrage.[768]

Nach den Juliwahlen 1932 ist das politische Klima in Deutschland so aufgeheizt, dass Elsa sich vor tätlicher Gewalt gegen sie und vor allem ihren Mann fürchtet. Für ein paar Wochen gehen die Einsteins ins südbelgische Spa am Meer, den Nobelkurort der Belle Époque. Im September 1932 sind sie ein letztes Mal in Caputh. Am 10. Dezember reisen Albert und Elsa Einstein von Antwerpen aus in die USA. In Kalifornien stehen im Cal Tech Gastvorlesungen an. Dort erreichen sie Nachrichten aus Caputh: Die SA beschlagnahmte Einsteins Segelboot und drang in das Haus in Caputh ein. Ilse Kayser und Margot Marianoff, die offiziellen Eigentümerinnen, sichern und vernichten eilends, soweit nötig, schriftliche Unterlagen.[769]

1933/34: Management des Exils: Albert Einstein und Fritz Haber im Vergleich

Anders als der elf Jahre ältere Fritz Haber sorgt Albert Einstein rechtzeitig vor für eine ihm als herausragendem Physiker angemessene Anstellung im Ausland. Einstein rechnet im Sommer 1932 nach der Reichstagswahl mit einer Diktatur der Nationalsozialisten. In dieses Kalkül bezieht er seine länger dauernde Abwesenheit aus Deutschland ab Oktober 1932 mit ein. Ursprünglich wollte er im April 1933 wieder in Deutschland sein. Konrad Wachsmann zufolge ist Einstein noch im Herbst 1932 der festen Überzeugung, im Mai oder Sommer 1933 nach Berlin und Caputh zurückzukehren.[770] Nun aber erklärt Einstein am 10. März 1933 noch in den USA öffentlich vor der Rückreise nach Europa, er werde nicht mehr nach Deutschland zurückkehren.[771] Am 28. März 1933 erklärt Einstein seinen Austritt aus der

Preußischen Akademie der Wissenschaften. Er beendet jegliche Verbindung mit offiziellen deutschen Institutionen.[772] Und er bleibt vorläufig in Belgien. Gleich nach der Ankunft mit dem Schiff in Antwerpen lässt sich Einstein mit dem Auto nach Brüssel fahren. Dort erklärt er spektakulär seinen Verzicht auf die deutsche Staatsbürgerschaft. Formaljuristisch ist das gar nicht möglich, weswegen Einstein 1934 die deutsche Staatsbürgerschaft formell entzogen wird.[773] Einsteins Freund Max von Laue erinnert sich: Die Wut der Nazis war „im Ministerium unbeschreiblich", weil ihnen Einstein mit seinem Austritt aus der deutschen Staatsbürgerschaft zuvorkam.[774] Weltanschaulich gesehen ist Einstein für die Nationalsozialisten der „perfekte Feind". Als Linker gilt er ihnen als Kommunist und als Jude ist er ihnen vom Antisemitismus her Feind Nummer 1.[775] Mit den USA ist er für die Nationalsozialisten ohnehin im Bunde. An den im englischen Exil lebenden Physiker-Kollegen Max Born schreibt Einstein am 30. Mai 1933 aus Oxford: „Ich bin in Deutschland zur bösen Bestie avanciert und man hat mir alles Geld genommen. Ich tröste mich aber damit, dass letzteres doch bald hin wäre."[776]

Es gelingt Einstein sehr viel besser, Kontakte im Ausland zu knüpfen, als seinem Freund und Kollegen am Kaiser-Wilhelm-Institut Fritz Haber. Warum? Beide sind doch Nobelpreisträger. Haber ist allerdings 65 Jahre alt, während Einstein 54 ist. Zudem verfügt Einstein über internationale Kontakte, welche ihm zu Verträgen bei bester Bezahlung verhelfen. Haber dagegen kann zwar bei Kollegen in Cambridge forschen, aber ohne jegliche Bezahlung. Sein Aktienbesitz verlor in der Weltwirtschaftskrise stark an Wert. Wie alle anderen Emigranten unterliegt auch Haber der schon unter Brüning eingeführten „Reichsfluchtsteuer" von 70%. Deshalb richtet Haber seine Hoffnungen auf ein Engagement an der Hebrew University in Jerusalem. Den Kontakt dorthin stellt Chaim Weizmann her. Es entbehrt nicht einer gewissen Ironie, wenn Fritz Haber, der vor Jahrzehnten zum Protestantismus übertrat, um als vollwertiger Deutscher anerkannt zu werden, seine Zukunft auf einmal im künftigen Judenstaat sieht. Abgesehen davon ist Habers Herzleiden so ernst, dass ein Arbeiten in Palästina kaum in Frage kommt. Fritz Haber stirbt am 29. Januar 1934 in Basel an einem Herzinfarkt. Noch am 23. Januar hielt er in Cambridge einen Vortrag.[777]

Haber gelang es, nach Deutschlands Beitritt zum Völkerbund, 1926 Kontakte zu Wissenschaftlern in jenen Staaten herzustellen, mit denen Deutschland im Ersten Weltkrieg Krieg führte. Vorher wurden deutsche Wissenschaftler boykottiert.[778] Als besonders intensiv erwiesen sich die Kontakte zu jenen Chemikern, die wie Haber während des Krieges Giftgase entwickelten. Haber blieb auch während der Präsidialkabinette 1930–33 stets auf Deutschland fixiert. Hier hatte er seine Netzwerke in Wissenschaft, Wirtschaft und Politik. Außerdem identifizierte sich Haber mit Deutschland ganz anders als Einstein, der kein Nationalist, sondern Internationalist war. Am Ende seines Lebens meinte Haber, er sei zu spät gestorben. Einstein begrüßte seinen Freund Haber sarkastisch in der Gesellschaft der Emigranten: „Ich freue mich sehr […] darüber, dass Ihre frühere Liebe zur blonden Bestie ein bisschen abgekühlt ist. Wer hätte gedacht, dass mein lieber Haber mir als Anwalt der jüdischen, ja der palästinensischen Sache auftreten würde?"[779] Nach Habers Tod kondoliert er dessen Sohn Hermann Haber. In Habers Tod sieht Einstein „die Tragik des deutschen Juden, die Tragik der verschmähten Liebe".[780] Einstein beschreitet seit den frühen 1920er-Jahren den anderen Weg, sich als jüdischer Schweizer und Deutscher zugleich für die Sache des Zionismus zu engagieren, ohne sich selbst einen Zionisten zu nennen.

Flexner verpflichtet den Wissenschaftsstar Einstein für Princeton, um das Ansehen des neu gegründeten Instituts zu mehren. Es geht dabei nicht um neue wissenschaftliche Erkenntnisse. Fritz Haber unterlag ab 1914 dem Boykott deutscher Wissenschaftler als Angehöriger eines Feindstaates. Dieser Boykott wurde erst durch Deutschlands Aufnahme in den Völkerbund von 1926 von den ehemaligen Entente-Staaten durchbrochen. Szöllösi-Janze weist zu Recht darauf hin, erst Besuche Fritz Habers und anderer deutscher Wissenschaftler im Ausland seien ein „Indikator" für die „Reintegration" der deutschen Wissenschaftler „in die internationale Gemeinschaft". Albert Einstein war für das Ausland so etwas wie ein weißer Rabe und ein „untypischer Vertreter der deutschen Wissenschaft"[781]. Er war zwar Deutscher, aber zugleich auch Schweizer Staatsbürger. Aus seiner pazifistischen Grundhaltung machte Einstein während des Ersten Weltkriegs kein Geheimnis. Insofern war Einstein nach dem Ersten Weltkrieg bei Auftritten im Ausland nur in Maßen eine Art Eisbrecher für die Wiederanbahnung der deutschen internationalen Wissenschaftskontakte. Dennoch bestreitet es Szöllösi-Janze nicht, dass Einsteins Paris-Besuch 1922 in der Öffentlichkeit als spektakulär empfunden wurde, weil es der erste Besuch eines deutschen Wissenschaftlers nach dem Krieg war. Der Besuch kam seinerzeit auf Initiative des französischen Physikers Paul Langevin zustande.[782]

Im Juni 1933 ist Einstein in Oxford und ab September 1933 erneut in England. Am 3. Oktober 1933 hält er eine Rede in der Royal Albert Hall in London für einen Hilfsfond für verfolgte jüdische Wissenschaftler zur Bildung einer jüdischen Flüchtlingsuniversität.[783] Die Menschen sind gekommen, um Einstein zu hören. Einsteins Wirkung ist überwältigend. In der britischen Presse wird er gefeiert als „Symbol des Geistes und als Symbol der Tapferen und Hochherzigen".[784] Noch in Europa verändert Einstein 1933 seinen kämpferischen Pazifismus. Anlass ist die Machtergreifung der Nationalsozialisten in Deutschland. Einstein vertrat bis dahin die Auffassung, dass der Militarismus in den entsprechenden Ländern ins Wanken komme, wenn nur zwei Prozent der Wehrpflichtigen den Wehrdienst verweigern würden.

Namentlich in den USA fand Einstein 1932 unter jungen Leuten begeisterte Anhänger. Vor allem die konservative republikanische Presse nahm Anstoß an Einsteins Kampagne. Auch in Europa gab es Anhänger von Einsteins pazifistischen Forderungen. Es ist bezeichnend, dass der König von Belgien Einstein vertraulich darum bat, junge inhaftierte Wehrdienstverweigerer auf der Grundlage seines Kurswechsels davon zu überzeugen, dass sie angesichts der Bedrohung durch Hitler-Deutschland nicht mehr den Wehrdienst verweigern sollten. Einstein hatte dazu geraten, Wehrdienstverweigerer nicht zu Verbrechern zu machen, sondern sie besonders riskante, aufopferungsvolle Arbeiten leisten zu lassen.[785] Aus pragmatischen Gründen propagiert Einstein nun für defensive Rüstung westlicher Demokratien gegen Hitlers Aufrüstung und Angriffspläne. Er war kein doktrinärer Pazifist.

Die antisemitischen „Säuberungen" der Nationalsozialisten bewirkten einen enormen Verlust an prominenten Wissenschaftlern in Deutschland. Albert Einstein und Fritz Haber waren Teile jenes „brain drain". Betroffen waren Hunderte von Hochschullehrern. „Zur Säuberung" des Lehrkörpers kam die „Säuberung" der Studentenschaft. Beides führte „zu einer Qualifikationseinbuße, die nie wieder voll wettgemacht werden konnte", und zu einer Stagnation in der Wissenschaft in Deutschland.[786]

Wie sehr die Nationalsozialisten Albert Einstein als Feind deutschen „Wesens" ansahen, zeigt die Tatsache, dass bereits am 20. März 1933, also einen Tag vor der Verabschiedung des Ermächtigungsgesetzes, in Ulm die Einsteinstraße in Fichtestraße umbenannt wurde.[787] Am gleichen Tag benennt man in Ulm die Friedrich-Ebert-Straße mit ihrem früheren Namen „Münchner Straße" um, denn die Nationalsozialisten sahen in Ebert einen der wichtigsten „Novemberverbrecher".[788]

1933–1945
Leben im Exil

Öffentliche Distanzierung von Hitler-Deutschland

Am 30. Januar 1933 hält sich Einstein in Kalifornien auf. In einem Brief vom 27. Februar erklärt er: „Im Hinblick auf Hitler wage ich es nicht, deutschen Boden zu betreten."[789] Am 10. März begründet Einstein vor der Presse seinen Entschluss, nicht mehr nach Deutschland zurückzukehren: „Solange mir eine Möglichkeit offensteht, werde ich mich nur in einem Lande aufhalten, in dem politische Freiheit, Toleranz und Gleichheit aller Bürger vor dem Gesetz herrschen. [...] Diese Bedingungen sind gegenwärtig in Deutschland nicht erfüllt. Es werden dort diejenigen verfolgt, die sich um die Pflege internationaler Verständigung besonders verdient gemacht haben, darunter einige der führenden Künstler ... Ich hoffe, dass in Deutschland bald gesunde Verhältnisse eintreten werden und dass dort in Zukunft die grossen Männer wie Kant und Goethe nicht nur von Zeit zu Zeit gefeiert werden, sondern dass sich auch die von ihnen gelehrten Grundsätze im öffentlichen Leben und im allgemeinen Bewusstsein durchsetzen."[790] Danach reist Einstein nach New York. Er überquert mit Elsa den Atlantik. Noch auf dem Schiff verfasst er das Rücktrittsschreiben an die Preußische Akademie der Wissenschaften, die sein Arbeitgeber ist. Von Antwerpen aus lässt Einstein sich nach Brüssel im Auto fahren. Dort betritt er die deutsche Gesandtschaft und erklärt seinen Verzicht auf die deutsche Staatsangehörigkeit.[791] Als Begründung erklärt Einstein: „Die in Deutschland gegenwärtig herrschenden Zustände veranlassen mich, meine Stellung bei der Preussischen Akademie der Wissenschaften hiemit niederzulegen. Die Akademie hat mir 19 Jahre lang die Möglichkeit gegeben, mich frei von jeder beruflichen Verpflichtung wissenschaftlicher Arbeit zu widmen. Ich weiss, in wie hohem Maße ich ihr zu Dank verpflichtet bin. Ungern scheide ich aus ihrem Kreise auch der Anregungen und der schönen menschlichen Beziehungen wegen, die ich während dieser langen Zeit als ihr Mitglied genoss und stets hochschätzte. Die durch meine Stellung bedingte Abhängigkeit von der Preussischen Regierung empfinde ich aber unter den gegenwärtigen Umständen als untragbar."[792] Einstein ist den Nationalsozialisten eine der wichtigsten Hassfiguren überhaupt.[793] Die Reaktion in Deutschland erfolgt 1933 rasch. Hämisch berichten deutsche Zeitungen, wegen der „üblen deutsch-feindlichen Hetze des jüdischen Professors Einstein" seien sein Berliner Bankkonto gesperrt und sein Barguthaben beschlagnahmt worden, denn das Geld „sollte zweifellos der Vorbereitung für Hoch- und Landesverrat dienen".[794] In Belgien dagegen wird Einstein im Frühjahr 1933 als Freund empfangen. Zuerst von den Wissenschaftlerkollegen in Antwerpen und danach vom belgischen Königspaar in Brüssel.[795]

Nach dem 23. März 1933 fordern die Machthaber eilends die Preußische Akademie der Wissenschaften auf, ein förmliches Disziplinarverfahren gegen Einstein zu eröffnen, das mit dem Ausschluss Einsteins enden soll. Dem Berliner Physiker Max von Laue zufolge ist eine außerordentliche Plenarsitzung der Preußischen Akademie der Wissenschaften „einer der entsetzlichsten Eindrücke meines Lebens".[796] Der Sekretär der Akademie Ernst Heymann wird in seiner Aussage bestätigt, Einstein betreibe „Greuelhetze" und sein Austritt sei nicht zu bedauern. Fölsing erklärt, die Akademie, der zu diesem Zeitpunkt nur ein einziges NSDAP-Mitglied angehörte, schaltete sich mit diesem Votum „selbst gleich". Einstein widerspricht öffentlich: „Insbesondere habe ich mich an keiner Greuelhetze beteiligt. [...] Ich muss noch daran erinnern, dass ich Deutschlands Ansehen in all diesen Jahren nur genutzt habe, und dass ich mich niemals daran gekehrt habe, dass – besonders in den letzten Jahren – in der Rechtspresse systematisch gegen mich gehetzt wurde, ohne dass es jemand der Mühe wert gehalten hat, für mich einzutreten. Jetzt aber hat mich der Vernichtungskrieg gegen meine wehrlosen jüdischen Brüder gezwungen, den Einfluss, den ich in der Welt habe, zu ihren Gunsten in die Waagschale zu legen."[797]

Einstein bedauert es 1934, dass die nationalsozialistische Judenverfolgung im Ausland verharmlost wird. Max Born schreibt ihm dazu aus dem britischen Exil: „Das Hauptunglück liegt darin, dass die saturierten Juden der bisher verschonten Länder wie ehedem die deutschen Juden glauben, durch patriotische Gebärden sich sichern zu können. Aus diesem Grunde sabotieren sie die Aufnahme der deutschen Juden wie früher letztere die Aufnahme der Ostjuden. In Amerika ist dies ebenso der Fall wie in Frankreich und England."[798]

Schon im belgischen Seebad Le Coq-sur-Mer wird Einstein auf Anordnung des Königs von zwei Polizisten zur Sicherheit seiner Person bewacht.[799] In der Presse ist zu lesen, auf seinen Kopf sei in Deutschland für den Fall seiner Ermordung eine Summe von 5.000 Dollar ausgesetzt.[800] Später steht in einer deutschen Zeitung, Einstein sei „noch nicht gehängt", nachdem zuvor seine „Verbrechen" aufgezählt werden.[801] Noch nicht einmal bei allen Juden in Deutschland trifft Einstein mit seiner strikten Ablehnung des NS-Regimes auf Zustimmung. Elsa Einstein stellt in einem Brief vom 11. April 1933 empört fest: „Mein Mann erhält wieder und wieder Schmähbriefe [...] Die deutschen Juden betrachten ihn als Unheilbringer."[802] Es gab unter ihnen unterschiedliche Strategien, den Nationalsozialismus zu entschärfen. Für die Propaganda der Nationalsozialisten galt Einstein seit über zehn Jahren als Prototyp der so genannten „jüdisch-bolschewistischen Weltverschwörung", die 1918 die Novemberrevolution bewirkte, die der „Dolchstoßlegende" zufolge Deutschlands Kriegsniederlage zur Folge hatte. Vereinfachend wurde Einstein von vielen Konservativen als ein Prophet des allgemeinen Wertezerfalls gesehen.[803]

Die Einsteins mieten in Le Coq eine Doppelhaushälfte. Dort kommen als Mitbewohner Einsteins Sekretärin Helen Dukas und sein Mathematiker Walther Mayer sowie Einsteins Stieftochter Margot mit ihrem Mann Dimitrij Marianoff dazu. Stieftochter Ilse und ihr Mann Rudolf Kayser versuchen in letzter Minute in der Haberlandstraße 5 in Berlin zu retten, was zu retten ist. Ende Mai plündert ein SA-Trupp Teppiche und Bilder. Alles Übrige wird durch den französischen Botschafter in Berlin, André François-Poncet, gerettet.[804] Dass Einsteins Konten in Deutschland beschlagnahmt werden, bedeutet einen Verlust von 30.000 Mark. Einstein sagt: „Ich bin in Deutschland zur bösen Bestie avanciert."[805]

Von Zürich aus reist Einstein im Herbst 1933 nach Oxford. Dort hält er erstmals in englischer Sprache eine Grundsatzrede „Zur Methodik der Theoretischen Physik", der zufolge „die axiomatische Grundlage der Physik nicht aus der Erfahrung erschlossen, sondern frei erfunden werden muss". An dieser Überschätzung des „reinen Denkens" hält Einstein bis an sein Lebensende fest.[806] Noch in Europa stellt Einstein klar, dass er Pazifist bleibe. Dennoch sei es in Europa aktuell notwendig, in den demokratischen Ländern so lange nicht zur Kriegsdienstverweigerung aufzurufen, wie die demokratischen Länder durch aggressive Diktaturen bedroht seien.[807] Einstein will nach der „Bücherverbrennung" vom 10. Mai 1933 nichts mehr mit deutschen Körperschaften zu tun haben. Dazu zählt er auch die Deutsche Physikalische Gesellschaft und die Friedensklasse des ruhmreichen Ordens „Pour le Mérite".[808]

Im Mai 1933 besucht Einstein in Zürich seinen Sohn Eduard. Dieser leidet an Schizophrenie und ist während des Besuchs teilnahmslos. Der Vater empfindet das Schicksal seines jüngeren Sohnes als bitter.[809] Er kümmert sich um Eduard, ist aber von der Erblichkeit von Geisteskrankheiten überzeugt. Milevas Schwester erkrankte ebenfalls an Schizophrenie. Zum letzten Mal in seinem Leben sieht Einstein Mileva, die sich ihm und Elsa gegenüber entgegenkommend verhält.[810] Von Zürich aus reist er ins englische Oxford. Im Christ Church College in Oxford hält er erstmals in englischer Sprache am 10. Juni 1933 die „Herbert Spencer Lecture".[811]

Einstein entwickelt nun einen antifaschistischen Aktivismus, der über persönliche Betroffenheit eindeutig hinausgeht: „Falls Ermahnungen [deutscher gelehrter Gesellschaften] nichts helfen, sei nach meiner Meinung ein zweiter Bruch der internationalen Beziehungen [wie nach dem Ersten Weltkrieg] durchaus gerechtfertigt."[812] Einstein hat den Vorteil, deutlich jünger zu sein als Haber und als pazifistischer Schweizer und Deutscher kaum auf Feindseligkeiten im Ausland zu stoßen. Einstein steht 1933 vor der Wahl, sich in England oder in den USA niederzulassen. Weil ein internationaler Gestapo-Haftbefehl erging, muss er – so warnt ihn sein Umfeld – auch im Ausland mit Anschlägen auf seine Person rechnen. Deswegen stellt ihm der konservative Unterhausabgeordnete Oliver Locker-Lampson (1880–1954) in England zwei Leibwächter an die Seite. In den USA kann sich Einstein sicherer fühlen als in England, auch für den Fall eines deutschen Revanchekriegs. Mit einem bevorstehenden deutschen Angriffskrieg rechnet Einstein auf Grund der deutschen Aufrüstung unter Hitler erst ab 1938. Im Oktober 1933 reisen Albert Einstein und seine Frau Elsa samt Sekretärin Helen Dukas mit einem Passagierschiff nach New York. Einstein weiß, dass er Europa mindestens für lange Zeit verlässt.[813] Sich anderswo als in Princeton niederzulassen, kommt für ihn schon deshalb nicht in Frage, weil er nur dort eine gut bezahlte Professur ohne Lehrverpflichtung erhalten kann, so wie in Berlin ab 1914.

Einstein verschafft sich einen großen Abschied von Europa. In der Londoner Royal Albert Hall hält er einen Vortrag bei einer gemeinsamen Veranstaltung des „Academic Assistance Council", des „Refugee Assistance Council" und anderer Hilfsorganisationen. Am Abend des 3. Oktober 1933 ist der Saal mit 10.000 Besuchern überfüllt. Einstein spricht Englisch. Seine Wirkung ist aufrüttelnd und bewegend. Er dankt den Engländern, dass sie „der Tradition von Toleranz und Gerechtigkeit treu geblieben sind". Er hofft, man könne später sagen, „daß in unseren Tagen Freiheit und Ehre dieses Kontinents durch seine westlichen Nationen gerettet worden sind". In der britischen Presse wird Einstein als charismatisch gefeiert.[814] Am 10. Oktober 1933 geht Einstein in Southampton an Bord eines Dampfers. Im Frühjahr 1934 will Einstein wieder in England sein. Er kommt aber erst wieder 1952 nach Europa und besucht Zürich und Deutschland.

Exil in Princeton – Retter von etwa 100 Verfolgten

Im Herbst 1933 trifft Einstein in Princeton ein. Die kurze Distanz zur Metropole New York erweist sich als günstig, denn Einstein wird noch oft dorthin reisen. In Princeton angelangt, gelingt es ihm problemlos, seinen Vertrag bei entsprechend erhöhten Bezügen von fünf auf zwölf Monate im Jahr auszuweiten. Einstein ist einer der ganz wenigen deutschen Emigranten, der finanziell keinerlei Probleme im Exilland seiner Wahl hatte. Allerdings tun sich neue Probleme auf. Abraham Flexner, sein Geldgeber, der die Stiftung für das „Institute for Advanced Study" verwaltet, verhält sich allzu dominant. Er öffnet Post, die an Einstein adressiert ist. Manches davon leitet er nicht weiter, auch eine Einladung des US-Präsidenten Roosevelt ins Weiße Haus in Washington. Einstein soll nur dem „Institute of Advanced Study" in Princeton gehören. Einstein stellt die Bevormundung ein für alle Mal ab, indem er droht, Princeton zu verlassen.[815] 1933 ist wissenschaftlich gesehen von ihm als 54-jährigen nichts Großes zu erwarten. Aber Einsteins Exzellenz strahlt auf Institut und Universität ab. In den USA tritt Einstein für eine Aufgabe des Isolationismus ein und für demokratische Solidarität gegen die aggressiven Staaten.[816] Einstein gibt sein einmonatiges Engagement am Christ Church College in Oxford bereits im Jahr 1934 auf.[817] Privat erholt sich Einstein beim Segeln im Atlantik oder in Binnenseen.

Er widmet sich immer mehr der Aufgabe, in Deutschland und Europa bedrängten Juden zur Emigration zu verhelfen. Der erste in dieser langen Reihe von ca. hundert „Geretteten" ist Alfred Moos. Er hat gerade einmal drei Semester Jura in Heidelberg und Berlin studiert, bevor er nach Großbritannien emigriert. Einstein lässt seine Frau Elsa den erläuternden Brief aus Le Coq-sur-mer an Hugo Moos in Ulm am 15. April 1933 senden, also an den Vater von Alfred Moos.[818] Albert Einstein fügt dem hinzu, Herr Landauer erkläre, dass er eine Hilfskraft benötige für die Erledigung von Arbeiten, die er einem fremden bezahlten Mann nicht anzuvertrauen in der Lage sei. Er, also Alfred Moos, hätte, da er ja in freundschaftlichen bzw. verwandtschaftlichen Beziehungen nahestände, sich bereit erklärt, ihm ohne Bezahlung zu helfen.[819] Es geht also um eine Arbeitserlaubnis, die für einen Emigranten leichter zu erhalten ist, wenn er nicht eine bezahlte Arbeit aufnimmt und so eine Konkurrenz für heimische Arbeitslose ist.

Den Ausschlag für die rasche Auswanderung gaben für Alfred Moos zwei Dinge: zum einen wollte ihn die Gestapo in Berlin verhaften, weil er als Jurastudent Mitglied im Rotfrontkämpferbund war.[820] Sein Berliner Vermieter verriet der Gestapo nicht seine Ulmer Adresse. Zum anderen erlebte Alfred Moos am 1. April in Ulm den Boykott jüdischer Geschäfte. Obwohl die Kunden nicht daran gehindert worden seien, jüdische Geschäfte zu betreten, hätten sich nur ganz wenige hereingetraut.[821] Alfred Moos macht bei dem Kaufmann Landauer in London eine Kaufmannslehre. 1935 wandert er mit seiner späteren Frau Erna Adler nach Palästina aus. Albert Einstein setzt sich mit einer von Alfred Moos gewünschten, allgemein gehaltenen Empfehlung für seine Auswanderung nach Palästina am 21. März 1935 ein.[822] Alfred Moos brauchte dafür einen Al-Pass für 1.000 Palästina-Pfund, den sein späterer Schwiegervater Isaak Adler (1877–1939) finanzierte, aber auch selbst bei der Auswanderung nach Palästina benutzen konnte.[823] Alfred Moos lebt nun in Tel Aviv und ist für die Templer-Gesellschaft tätig. Später wird er selbständiger Import- und Export-Kaufmann und spezialisiert sich auf Waren aus Australien und Neuseeland. Aus Rücksichtnahme auf seinen Vater, der noch in Deutschland lebt, gibt Alfred Moos die deutsche Staatsbürgerschaft auf und erwirbt diejenige für Palästina. 1941 befürchtet Alfred Moos, dass die Deutschen unter Rommel über Ägypten Palästina besetzen könnten. Deshalb schreibt er einen Brief an Albert Einstein mit der Bitte,

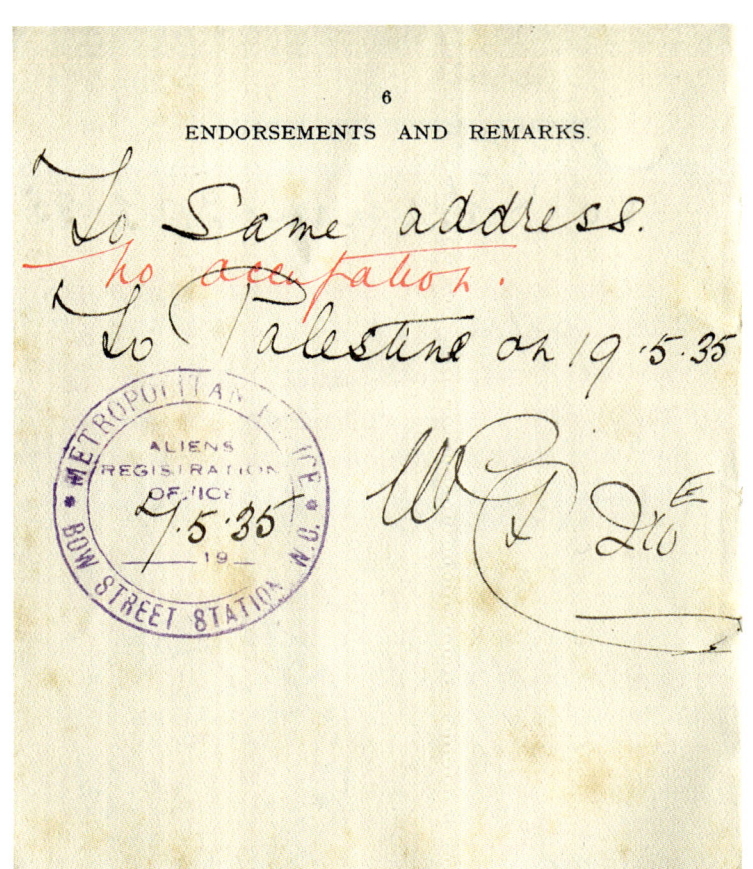

Abb. 32
Britischer Pass für Palästina von Alfred Moos, ausgestellt am 30. September 1933, am 19. Mai 1935 nach Palästina ausgewandert.

ihm bei der Emigration in die USA zu helfen. Einstein bedauert es, dass dies nach dem neuen Reglement nicht möglich sei, weil die USA keine deutschen Emigranten aufnehmen würden, von denen noch nahe Verwandte in Deutschland lebten (bei Alfred Moos ist dies sein Vater Hugo Moos).[824] 1953 kehrt Alfred Moos mit Frau und dem ältesten Sohn Michael nach Deutschland zurück. Ihm missfielen die hohen Importzölle auf Waren aus Australien und Neuseeland und anderes.[825] 1934 erkrankt Ilse Einstein (verheiratete Kayser) in Paris so schwer, dass die Mutter, Elsa Einstein, nach Paris kommt, um die Tochter bis zu ihrem Tod zu pflegen. Noch 1934 emigriert Ilses Schwester Margot Einstein nach Princeton. Auch mit Einsteins Hilfe emigriert 1935 Ilses Witwer, der Literaturhistoriker Rudolf Kayser, in die USA. Nach dem Tod seiner Frau Ilse Einstein bleibt er nur noch ein Jahr in Paris. Nun wird er an der Brandeis-University in New York Professor für europäische Literatur.[826]

Erstmals in seinem Leben kann es sich Einstein im August 1935 leisten, ein eigenes Haus zu kaufen, nicht nur ein Sommerhaus. Es ist das Haus 112, Mercer Street in Princeton. Einstein zahlt das Haus bar, ebenso die Renovierung und Umbauten.[827] 1936 leidet Elsa Einstein an Kreislauf- und Nierenproblemen. Einstein setzt das monatelange Leiden seiner Frau massiv zu. Elsa berichtet, „daß er elend und gedrückt herumging".[828] Sie stirbt am 20. Dezember 1936 zu Hause. Einstein lebt nicht allein. Bei ihm im Haus leben seine Stieftochter Margot und seine Sekretärin Helen Dukas. Einstein hat weiterhin Probleme, Englisch zu sprechen. Sein Englisch wird auch mit den Jahren nicht besser. Wie viele andere Emigranten bleibt er in der deutschen Sprache zu Hause. Einsteins vertraute Freunde leben in New York, z. B. der Arzt Gustav Bucky (1880–1963), der vermögende Phamazeutika-Fabrikant Leon Watters und der Volkswirtschaftler Otto Nathan (1893–1987), der später

Abb. 33
Alfred und Erna Moos in Tel Aviv auf dem Balkon
ihrer Wohnung, September 1936.

Abb. 34
Das Haus 122, Mercer Street, Albert Einsteins
Privathaus in Princeton/USA.

sein Nachlassverwalter wird.[829] In Princeton sind es am ehesten Außenseiter, zu denen er engeren Kontakt hat, z. B. zu dem Philosophen Franz Oppenheim, dem Historiker Erich von Kahler (1885–1970), der früher zum Stefan-George-Kreis gehörte, oder zu dem Schriftsteller Hermann Broch (1886–1951). Letzterem verhelfen Albert Einstein und Thomas Mann 1938 gemeinsam zur Emigration.[830] Broch konvertierte schon 1909 vom Judentum zum Katholizismus.

Während der Jahre bis zum Zweiten Weltkrieg widmet sich Albert Einstein in Princeton abgesehen von Wissenschaft und Lehre der Förderung des Zionismus und der Rettung von Verwandten und Freunden aus Deutschland. Ein prominentes Beispiel für sein Eintreten für den Zionismus ist, dass er sich 1936 als Spendensammler betätigt, um die letzten noch fehlenden 150.000 Dollar für die Gründung des „Palestine Orchestra" unter Leitung von Bronislaw Huberman (1882–1947)[831] durch eine Spenden-Gala in New York zusammenzubringen. Das Palestine Orchestra wurde 1948 in „Israel Orchestra" umbenannt und besteht heute noch. Die ersten Konzerte werden von Arturo Toscanini (1867–1957) dirigiert, der bereits Anfang der 1930er-Jahre, weil er Gegner des Faschismus war, Italien verließ und seitdem in den USA lebte.

Nach dem Pogrom vom 9. November 1938 werden Juden in Deutschland verschärft verfolgt. Zehntausende Juden werden in Konzentrationslager deportiert. Die meisten noch in Deutschland verbliebenen Juden bemühen sich nun, das Land zu verlassen. Auch viele Verwandte, Freunde und Bekannte von Albert Einstein fliehen und emigrieren aus Deutschland. Aus einer staatlich kontrollierten Emigration wird eine panikartige Massenflucht. Kommerzielle Fluchthelfer, die sich nicht selten als Betrüger entpuppen, haben Hochkonjunktur.[832] Die Fliehenden werden völlig ausgeplündert.[833] Insgesamt werden von den Nationalsozialisten 5,6 bis 6,3 Millionen Juden ermordet.[834]

Ein Angestellter des Nürnberger Hetzblatts „Der Stürmer" verlangt am 25. Oktober 1937 vom Ulmer Oberbürgermeister Friedrich Foerster (1894–1970)[835] die Beseitigung der über dem Eingang der Ulmer Synagoge angebrachten Inschrift: „Dieser Satz wird von vielen deutschen Volksgenossen als jüdische Reklame und vor allem auch als eine Herausforderung betrachtet. Wir glauben sicher, daß Sie die Möglichkeit haben, unter den geschilderten Umständen dafür Sorge zu tragen, daß diese Inschrift an der Synagoge verschwindet. Ihren Mitteilungen darüber sehen wir gern entgegen."[836] Oberbürgermeister Foerster nötigt daraufhin das Israelitische Vorsteheramt Ulm dazu, die Inschrift zu entfernen, wobei er den Wortlaut korrigiert: „Mein Haus heiße ein Bethaus aller Völker"[837]. Der Spruch stammt aus dem Alten Testament. Darin heißt in Jesaja 56,7 die Formulierung eigentlich so: „Mein Haus sei ein Bethaus allen Völkern." Foerster erklärt außerdem, die Inschrift werde „seit langem von der deutschblütigen Einwohnerschaft als ihrem Volksempfinden widersprechend beanstandet".[838] Am 16. November 1937 wird der „Beschluss auf Beseitigung der Inschrift" gefasst. Der Auftrag dazu wird am 18. November 1937 erteilt. Am 26. November meldet Foerster Julius Streicher als Schriftleiter des Wochenblatts „Der Stürmer" Vollzug. Am 4. Dezember bedankt sich dieser freudig.[839] An der Stelle ist darauf hinzuweisen, dass es schwirig ist, während der NS-Diktatur eine Grenze zwischen Herrschaft und Gesellschaft zu ziehen. Einige Stimmen gehen sogar so weit, „die repressiven den integrativen" Elementen des NS-Regimes fast vollständig unterzuordnen. In dieser Perspektive kontrollieren sich die Volksgenossen, diszipliniert durch die NS-Organisationen, weitgehend selbst, oder, wie Peter Spona zugespitzt formulierte: „Die Bevölkerung litt keine Herrschaft oder wurde verführt; sie herrschte selbst […] aktiv mit."[840] Dies galt nicht für Verfolgte.

Einschneidender als die Entfernung der Inschrift am Eingang der Synagoge von 1937 sind die Erwägungen im Ulmer Gemeinderat vom 12. Oktober 1938. Knapp vier Wochen vor der Reichspogromnacht wird erwogen, die Synagoge abzureißen, weil die Gemeinde mit 276 Juden und etwa 100 Familien zu klein geworden sei und das Gemeindehaus als Kultstätte ausreiche 1933 gab es 530 Personen.[841] Infolgedessen wendet sich der Ulmer Oberbürgermeister Foerster am 4. November 1938 schriftlich an die jüdische Kultusgemeinde. Der Weinhof solle neugestaltet werden. Die Synagoge stehe „in ihrem fremdländischen Baustil […] in gänzlich unharmonischem Kontrast zu den anderen Altulmer Häusern und insbesondere zu dem historischen Schwörhaus". Man müsse deshalb die Synagoge abbrechen. Das sei auch wegen verkehrstechnischer Verbesserungen nötig. Foerster bittet um alsbaldige Stellungnahme.[842] Der Vorsitzende des Israelitischen Vorsteheramts Ulm, Rechtsanwalt Leopold Hirsch II (geb. Ulm 1887)[843], bestätigt den Eingang des Schreibens am 8. November 1938.[844] Das bisher Dargestellte zeigt, dass man in Ulm die Judenverfolgung mit besonderem Eifer betrieb. In Ulm hatte es bereits am 11. März 1933 einen Boykott jüdischer Geschäfte gegeben, bevor er reichsweit drei Wochen später erfolgte.[845] In diese Richtung weist auch der hohe Stimmenanteil der NSDAP in Ulm in den drei Reichstagswahlen von 1932 (in eckigen Klammern die reichsweiten Ergebnisse), Juli 39,7 % [37,4 %]; November 34,6 % [33,1 %] und 1933 44,95 % [43,9 %]. Rudi Kübler urteilt: „Die Region ist und bleibt eine Hochburg der Nationalsozialisten."[846]

Die antisemitische Repression gegenüber den Ulmer Juden eskalierte bereits vor Herschel Grynspans Attentat in Paris vom 7. November 1938 und vor der Reichspogromnacht vom 9. November 1938. Rechtsanwalt Leopold Hirsch II emigriert 1939 in die USA und ist dort als Buchhalter tätig. Er stirbt 1973 in New Orleans, Lousiana, und ist der Vater von Susan Rosen. Im Zuge der Reichspogromnacht wird in der Nacht vom 9. auf 10. November 1938 auch die Ulmer Synagoge von SA-Leuten in Brand gesetzt.[847] Bereits am 10. November 1938 kapituliert das Israelitische Gemeinde-Vorsteheramt Ulm und erteilt „im Prinzip die Zustimmung zu dem Abbruch der hiesigen Synagoge".[848] Der Abbruch begann am 18. November 1938 statt. „Die Abbruchkosten werden, soweit möglich, aus dem anfallenden Abbruchmaterial und Inventar gedeckt."[849] Allgemein werden die jüdischen Gemeinden dazu gezwungen, die darüber hinaus anfallenden Kosten zu übernehmen, so auch in Ulm.[850] Während des Krieges wird der Platz der ehemaligen Synagoge für ein Löschwasserbecken genutzt.[851]

Die Auswanderung der nahen Verwandten Albert Einsteins setzt sich fort, als sein ältester Sohn Hans Albert Einstein (1904–1973) mit seiner Frau Frieda Knecht (1895–1958) 1938 in die USA emigriert. Er studierte an der ETH Zürich Ingenieurwissenschaften bis 1930 und war danach als Ingenieur für Stahlbau in Dortmund tätig. 1936 wurde er an der ETH Zürich promoviert. In den USA ist Hans Albert Einstein am Ende seiner beruflichen Karriere Professor für Hydraulik an der Universität Berkeley in Kalifornien (bis 1970). Mit in die USA emigrieren die Söhne Bernhard Caesar Einstein (1930–2008) und Klaus Einstein (1932–1938), der kurz nach der Emigration in den USA an Diphterie stirbt. 1939 folgt Einsteins Schwester Maja Einstein (1881–1951). Sie lebte mit ihrem Mann seit 1922 in Colonnata bei Florenz, zuvor in Luzern.[852] Ihrem Mann, dem Schweizer Paul Winteler aus Aarau (1882–1952), wird die Einreise in die USA wegen Krankheit verweigert. Nun zieht er nach Lugano im Schweizer Kanton Tessin zu seiner Schwester Anna Besso (geb. Winteler), die mit Einsteins Freund Michele Besso verheiratet ist. In Italien werden 1938 ebenfalls scharfe antisemitische Rassegesetze verabschiedet. Neu geschlossene Ehen von Nichtjuden und Juden werden demzufolge für gesetzeswidrig und damit geschieden erklärt.

Die vermehrten Drohungen Hitlers und anderer führender Nationalsozialisten, man werde gegebenenfalls die Juden in Europa vernichten, haben Peter Longerich zufolge einen vielschichtigen Charakter. Zunächst sei ein Satz aus Hitlers Rede zum 30. Januar 1939 zitiert: „Wenn es dem internationalen Finanzjudentum in und außerhalb Europas gelingen sollte, die Völker noch einmal in den Weltkrieg zu stürzen, dann wird das Ergebnis nicht die Bolschewisierung der Erde und damit der Sieg des Judentums sein, sondern die Vernichtung der jüdischen Rasse in Europa." Longerich zufolge sollte durch die Vernichtungsdrohung der Vertreibungsdruck auf die deutschen Juden erhöht und die Aufnahmebereitschaft des Auslands erpresst werden. So unrealistisch das NS-Kalkül auch ist, sollte nach Longerich „mit der Ankündigung, die Juden unter deutscher Herrschaft, im Falle eines Weltkrieges zu vernichten, die Bildung einer gegen Deutschland gerichteten Allianz der Westmächte im Falle eines deutschen militärischen Vorgehens auf dem Kontinent verhindert werden".[853] Auch noch nach Kriegsbeginn zählten die Auswanderungen von Juden aus dem Reichsgebiet zu den Optionen der „Judenpolitik" des NS-Regimes. Man will allerdings die Auswanderung ins europäische Ausland und nach Palästina möglichst eingrenzen.[854] Indessen werden ab Herbst 1939 Massenerschießungen in Polen durchgeführt. Dabei werden auch Tausende Juden ermordet, lange bevor der Holocaust planmäßig betrieben wird.[855] Massenmord in Polen und anderswo und nötigender Druck zum Auswandern im Reich gehen also parallel nebeneinander her. Im Lauf des Jahres 1941 ist es nur noch sehr wenigen Einzelpersonen möglich, ins Ausland zu emigrieren.

Von den nahen Ulmer Verwandten emigrieren 1939 in die USA Carl Moos (1880–1959) mit seiner Ehefrau Hilda Moos (geb. Hirsch, * Ulm 1892) und Sohn Heinz Moos (* Ulm 1912) mit Ehefrau Else Moos (* Ulm 1921). 1940 folgen Frida geb. Moos (* Ulm 1885) und ihr Ehemann, der Kaufmann Leopold Hirsch (* Ulm 1876), sowie dessen Kinder Fritz Moritz Hirsch (1908–1945) und Anneliese Hirsch (* Ulm 1921). Einstein gibt nahen Ulmer Verwandten ein Affidavit. Besonders viele Briefkopien etc. erhielten sich von Einsteins Vetter

Abb. 35
Einstein-Skulptur von Ottmar Hörl auf dem
Ulmer Münsterplatz, Mai 2018.

Kaufmann Leopold Hirsch.[856] Er heiratete 1906 Einsteins Cousine Frida Moos. In Ulm war er Mitglied des Israelitischen Kirchenvorsteheramts. Die Jüdische Kultusvereinigung Württemberg verweist in einem Schreiben am 30. April 1940 darauf. Darin wird ausgeführt, Hirsch gehöre einer alteingesessenen Kaufmannsfamilie an. 1933, 1935 und 1937 ist Leopold Hirsch Teilhaber der Firma M. u. H. Hirsch, Futterstoffe und Schneiderartikel, in der Hafengasse 8 und 10.[857] 1939 gibt es dort kein Geschäft der Hirsch-Brüder mehr. Leopold Hirsch wohnt im Hinterhaus des so genannten „Judenhauses" der Neutorstraße 15. Zu korrigieren ist die Angabe in der Stammtafel Einstein von 1979, er sei bereits 1939 ausgewandert.[858] Einstein empfiehlt ihn am 3. Dezember 1940.[859] Leopold Hirsch erhält von der Jüdischen Kultusvereinigung Württemberg, von Ernst Moos, ein Zeugnis, das ihn empfiehlt.[860] Leopold Hirsch bleibt in Kontakt mit Otto Nathan, Einsteins Nachlassverwalter in New York.[861] Einstein selbst sendet am 3. Dezember 1940 einen Brief an seinen Vetter Leopold Hirsch.[862] Er empfiehlt, sich mit dem Ingenieur Erich Marx in Verbindung zu setzen. Er habe früher in Karlsruhe gelebt und lebe jetzt in San Francisco. Offenbar meint Einstein damit, dass Marx ein Affidavit geben könne. Ihm selbst sei das nicht mehr möglich, weil er schon zu viele gab, so dass sie in letzter Zeit stets abgelehnt wurden. Dennoch solle Leopolds Sohn Fritz Moritz Hirsch sich auf ihn, Einstein, berufen. Er sei bereit, für dessen Zuverlässigkeit einzustehen. Am gleichen Tag bürgt Einstein für Leopold Hirsch und empfiehlt ihn als zuverlässig und verlässlich.[863] Datiert vom 6. Juni 1940 bedankt sich A. Frenkel bei Leopold Hirsch für die finanzielle Sachverwaltung und Vertretung seiner Eltern.[864] Im Einstein-Archiv der Hebrew University in Jerusalem werden Zeitungsartikel aus ‚The San Francisco News' von Leopold Hirsch aufbewahrt.[865] Leopold Hirsch berichtet über seine abenteuerliche Flucht zusammen mit seiner Frau aus der Mandschurei über Korea nach Japan und schließlich nach San Francisco in Kalifornien von September bis November 1940.[866]

In einem handschriftlichen Brief vom 14. März 1941 beschreibt er einem Vetter und dessen mutmaßlicher Frau Maya (wohl aus der Hirsch-Verwandtschaft), wie sie in San Francisco leben.[867] Leopold Hirsch hat wegen seines vorgerückten Alters (65 Jahre) zwar noch keine Stellung gefunden, aber er gebe die Hoffnung nicht auf. Frida dagegen habe wieder Arbeit in Haushaltungen, aber noch nichts Dauerndes. Tochter Anneliese (geb. Ulm 1921) sei immer noch in New York, wo sie eine gute Stelle habe. Danach berichtet Leopold Hirsch von der Hoffnung, die Kauffmanns würden seinem Sohn Fritz Moritz Hirsch (geb. Ulm 1908) ein Affidavit verschaffen. Auch geht es um die Auswanderung des Schwagers von Leopold Hirsch, nämlich von Julius Moos (geb. Ulm 1883).[868] Diese Auswanderung ist bekanntlich gescheitert. Albert Einstein lässt nicht locker und unterstützt die Auswanderung von Fritz

Moritz Hirsch am 3. April 1941.[869] Am 23. Oktober 1941 schreibt Albert Einstein an Leopold Hirsch. Er freut sich, dass er und seine Frau sich „wacker" durchbringen, und bewundert es, dass Leopold die englische Sprache so gut beherrscht, dass er seine Erlebnisse auf Englisch niederschreiben kann. Er würde so etwas nie schaffen. Für eine Reise hat Albert Einstein Leopold und seiner Frau Geld gegeben. Er verlangt es nicht zurück. Am 2. April 1943 erwähnt Einstein einen Besuch der Tochter von Leopold und Frida Hirsch, Anneliese, und ihres Mannes, den Einstein „prächtig" nennt.[870]

1941 gelingt es Einstein, sozusagen in letzter Minute, dem Architekten seines Caputher Sommerhauses Konrad Wachsmann[871] zur Emigration in die USA zu verhelfen. Weil Schriftsteller den Behörden überlebenswerter als Architekten galten, gibt Einstein Wachsmann als Schriftsteller aus. Er schrieb ein Buch über den Holzbau, das im Ernst Wasmuth Verlag erschien.[872] In den USA wird er in verschiedenen Städten als Architekt tätig, zuletzt ab 1964 in Los Angeles.[873] Konrad Wachsmann steht hier als Beispiel für höchstwahrscheinlich wesentlich mehr Freunde, die Albert Einstein durch Affidavits und andere Hilfen rettete. Einstein gab wie der Laupheimer Carl Laemmle so viele Affidavits, dass keine neuen von ihm anerkannt wurden. Ohne Beleg wird mehrfach von etwa hundert Juden gesprochen, die Einstein rettete. Am 26. Juli 1941 schreibt Albert Einstein an Eleanor Roosevelt, die Gattin des Präsidenten der USA: „Derzeit wird vom State Department eine Politik praktiziert, die es Flüchtlingen, darunter so viele wertvolle Persönlichkeiten, die Opfer der grausamen faschistischen Gewalt in Europa sind, praktisch unmöglich macht, ihnen in Amerika Zuflucht zu geben."[874] Eleanor Roosevelt teilt am 9. August 1941 mit, sie habe seinen Brief mit großem Interesse gelesen und ihn dem Präsidenten zur Kenntnis gegeben.[875] Es geschieht nichts.

Seine Ulmer Cousins Hugo Moos (1877–1942) und dessen lediger Bruder Julius Moos (1883–1944) haben Einstein zufolge zu lange gewartet.[876] Obwohl noch nicht förmlich im Krieg gegen Deutschland, nehmen die USA 1940, als die beiden ihre Auswanderung betreiben, keine Zuwanderer aus Deutschland mehr auf, wenn nahe Verwandte von ihnen noch in Deutschland leben. In einem Brief vom 23. Oktober 1941 an seinen Cousin Carl Moos kommentiert er das Geschehene: „Unter den obwaltenden Umständen sehe ich leider keine Möglichkeit, die Beiden aus Deutschland heraus zu bekommen. Es ist eben zu lange gewartet worden."[877] Noch im Februar und April 1941 erklärt sich Einstein dazu bereit, zur Auswanderung von Hugo Moos das Seine durch Übernahme der Passagekosten zu tun.[878] Allerdings bittet er darum, ein Zusatz-Affidavit zu geben, weil die letzten drei bis vier seiner persönlichen Affidavits vom US-Konsulat in Stuttgart abgewiesen wurden. Schon ein Jahr zuvor lässt Albert Einstein vorsichtig seinen Cousin Alfred Moos wissen, dass es augenblicklich in Palästina noch gefährlicher sei als in Deutschland. Sollte sich die Situation so verändern, dass eine Auswanderung nach Palästina möglich sei, dann werde Hugo Moos auf seine Hilfe zählen können.[879] Bitter stellt Einstein in einem Brief am 13. November 1941 fest, das „Schicksal" seiner Vettern Hugo und Julius Moos gehe ihm „sehr nahe": „Ich sehe aber leider gar keine Möglichkeit [,] wie hier noch geholfen werden könnte. Es ist eben auch von den Beiden zu lange gewartet worden. Ich bin finanziell nicht mehr in der Lage zu helfen und meine Freunde sind in der gleichen Situation. Es ist übrigens noch eine nahe Verwandte von mir in Deutschland, von der ich sehr viel halte und der ich auch absolut nicht helfen konnte." [880] Die beiden starben im KZ Theresienstadt unter menschenverachtenden Umständen. Zwei Ulmer Cousinen ersten Grades wenden sich offensichtlich nicht hilfesuchend an Einstein in Princeton. Es sind Lina Einstein (1875–1944), im KZ Treblinka ermordet, nachdem sie dorthin am 26. September 1942 deportiert wurde [881], und Marie Dreyfus (1911 verheiratete, 1918 geschiedene Wessel). Marie Dreyfus genoss Albert Einsteins besondere Sympathie. Dies belegen Einsteins Briefe an Elsa Einstein, in denen er von den Ulm-Besuchen 1913 und 1923 berichtet. Marie Wessel (geb. Dreyfus) ist nach dem 22. August 1942 im KZ Theresienstadt gestorben. Das Todesdatum ist nicht bekannt.[882]

Weil nicht alle nahen Verwandten von Albert Einstein genealogisch erforscht sind, kann man in Bezug auf die erforschten nahen Verwandten festhalten: 17 werden gerettet, 7 sind ermordet worden. Auch das Sterben im KZ Theresienstadt ist als Ermordung zu bewerten, nicht im Sinn von Tötungsdelikten im engeren Sinn, aber im erweiterten Sinn, wie es der renommierte Historiker Eberhard Kolb für das Massensterben im KZ Bergen-Belsen feststellt. Die miserable medizinische Versorgung, die extrem schlechte Ernährung und die sonstigen Haftbedingungen erlauben dieses Urteil.[883] „Ein Viertel der Gefangenen des Ghettos Theresienstadt starben dort vor allem wegen der entsetzlichen Lebensumstände." [884] Als nahe Einstein-Verwandte werden hier alle Nachfahren von Albert Einsteins Großeltern väterlicherseits angesehen, ebenso deren angeheiratete Verwandte. Es geht also um die Nachfahren des Buchauer und Ulmer Damenkonfektions-Kaufmanns Abraham Einstein (1808–1868) und von Helene Einstein (geb. Moos, 1814–1887) in Ulm. Und die Koch-Verwandten von Albert Einstein, also die Nachfahren und angeheirateten Verwandten der Großeltern mütterlicherseits, also des Cannstatter Kornhändlers Julius Koch (1816–1897) und seiner Frau Jette Koch (geb. Bernheimer, 1825–1885). Von den vier Kindern lebt 1933 nur noch Albert Einsteins Lieblingsonkel Caesar Koch (1854–1941). Er stirbt 1941 in Brüssel, offenbar unbehelligt von den deutschen Besatzern. Über den weiteren Lebensgang seiner drei Kinder (Paul Koch * 1890, Suzanne Koch * 1892, Raymond Koch * 1893) ist nichts bekannt. Albert Einsteins Cousins und Cousinen der Koch-Linie sind kaum erforscht. Immerhin wissen wir, dass Elsa Einsteins ältere Schwester Hermine (1872–1942) mit dem polnischen Juden Ludwig Gumpertz († 1943) verheiratet war. Beide starben im KZ Theresienstadt. Tochter Alice (1882–1957) emigrierte mit ihrem Mann Hermann Gutmann (1882–1978) in die Schweiz, wohingegen ihre Tochter (1919–2013) in die USA emigrierte; von Elsa Einsteins jüngerer Schwester Paula Einstein (* Hechingen 12.2.1878, † 1955, verheiratet mit Georg Mayer) ist bisher fast nichts bekannt. Eine Hilfe durch Einstein für die Gumpertz-Nachfahren ist derzeit nicht zu belegen.

Abb. 36
Nina Einstein-Mazzetti und ihre Töchter Anna Maria und Luce, ermordet von Angehörigen der Deutschen Wehrmacht am 3. August 1944 in der Toskana, und die beiden Adoptivtöchterzwillinge.

Abb. 37
Albert Einsteins Vetter in Italien: Robert(o) Einstein und Agar Cesarina, genannt Nina, Mazzetti, Rom, um 1927.

Von den weitläufigen Verwandten ist der Ulmer Musikwissenschaftler Paul Moos [885] zu nennen. Nur durch Einsteins Hilfe konnte er 1939 nach Belgien emigrieren, wo er die deutsche Besetzung unbehelligt überlebte. Bei seiner Einreise ist die Fürsprache der belgischen Königin Elisabeth ausschlaggebend, die Einstein erwirkt.[886] Sein Bruder Rudolf Moos emigriert ebenfalls, offenbar ohne Hilfe von Albert Einstein. Er zieht nach Liverpool in England zu seiner Tochter.

In seinen Memoiren prangert er die Ausraubung der Juden durch die Deutschen an. Mit seinem weitläufigen Vetter Albert Einstein verband ihn Freundschaft.[887] In einem Brief an seinen Vetter Carl Moos vom 25. März 1944 zieht Einstein eine vorläufige Bilanz: „[...] Ich habe das Glück, mein Leben in angestrengter Arbeit zubringen zu können und wäre glücklich zu nennen, wenn die Menschenwelt draussen nicht so grauslich wäre. Jedenfalls bin ich dankbar dafür, dass wenigstens der grösste Teil der Familie beizeiten in Sicherheit gebracht worden ist."[888] Ein bitteres Ende erfährt er von seinem Cousin Roberto Einstein, der Elektroingenieur in Italien, v. a. in Rom, war. Er ist der Sohn von Onkel Jakob Einstein. Wegen Zunahme des Antisemitismus in Italien flieht er aufs Land in die Toskana. Dort werden seine Ehefrau Agar Cesarina, genannt Nina, Mazzetti und die Töchter von einer deutschen Fallschirmjägereinheit am 3. August 1944 ermordet. Roberto Einstein verzweifelt, weil er mit dem Verlust seiner Familie nicht fertig wird. Deshalb nimmt er sich am 12. Juli 1945 mit Schlaftabletten das Leben. Er schreibt eine Reihe von Abschiedsbriefen an die Menschen, die ihm wichtig sind.[889] Roberto Einstein bittet sie im Juni 1945 um Vergebung dafür, dass er nicht mehr länger leben wolle.[890]

Eintreten für die Entwicklung einer amerikanischen Atombombe aus Furcht vor einer deutschen Atombombe

Das Jahr 1939 ist für Albert Einsteins Biografie einschneidend. Der deutsche Überfall auf Polen vom 1. September löst am 3. September den Zweiten Weltkrieg aus. Dass es demnächst zu diesem Krieg kommen würde, war seit dem 15. März 1939 klar, als Hitler den Kern von Tschechien völkerrechtswidrig annektierte. Die Furcht davor ging nun um, Hitler könne eine Atombombe entwickeln lassen und nach der Weltherrschaft greifen. Diese Furcht verleitet Einstein und andere Physiker in den USA dazu, dem Präsidenten zu empfehlen, Hitler mit der Entwicklung der Atombombe zuvorzukommen. In seinem Feriensitz in Long Island wird Einstein Mitte Juli 1939 von zwei alten Bekannten aufgesucht. Es sind Eugene Wigner (1902–1995), Professor für Theoretische Physik an der Universität Princeton, und der Physiker Leó Szilárd (1898–1964), Gastforscher an der Columbia Universität in New York. Beide arbeiten später am Manhattan-Projekt mit. Vor allem Szilárd ist in heller Aufregung. Alle drei wissen um die militärische, politische und physikalische Bedeutung der Kernspaltung. Präsident Roosevelt nimmt sich aber erst am 11. Oktober 1939 Zeit dafür, seinen Freund und Berater Alexander Sachs zu empfangen. Dieser präsentiert ihm den Brief von Einstein und das physikalische Hintergrundmaterial, in dem Szilárd die Machbarkeitschancen einer Atombombe zusammenfasst. Roosevelt erfasst rasch die Bedeutung des Vorschlags: „Sie wollen verhindern, daß die Nazis uns in die Luft jagen. [...] Dies erfordert, daß wir tätig werden."[891] Damit entscheidet Roosevelt letzten Endes, dass das „Projekt Manhattan" gestartet wird. Am 7. März 1940 wird ein zweiter Brief an Roosevelt geschrieben, um das Vorhaben zu beschleunigen, weil noch viel zu wenig geschah.[892] Der zweite Brief, den Einstein mitunterzeichnet, enthält eine Passage, die belegt, dass man 1940 viele Technikfragen noch nicht vorhersagen konnte. „Das neue Phänomen würde auch zum Bau von Bomben führen. Es sei vorstellbar, daß extrem starke Bomben eines neuen Typs auf diesem Wege konstruiert werden können. Eine einzige Bombe dieser Art könne, auf einem Schiff befördert, einen Hafen zusammen mit Teilen des umliegenden Gebiets zerstören.[893]

Siegfried Grundmann urteilt, die USA wären auch ohne Einsteins Briefe in den Besitz der Atombombe gekommen, aber vermutlich entscheidende Jahre später.[894] Zudem verfügte das FBI über Beweise für Einsteins Kontakte zu einzelnen Kommunisten in Deutschland, so Grundmann. Das FBI nahm fälschlich an, Einstein arbeitete in Deutschland für den kommunistischen Untergrund.[895] Wie auch immer, Einstein kommt nicht für die Mitarbeit am Manhattan-Projekt in Frage. Man sah in ihm ein Sicherheitsrisiko.[896] Zudem ist Einstein als theoretischer Physiker nicht für die Lösung praktischer Fragen geeignet. Einstein hat 1939/40 den Bau der Atombombe empfohlen, aber er war nie an ihrer Entwicklung beteiligt.

Völlig unberechtigt war die Furcht nicht, Hitler könne eine Atombombe bauen und einsetzen lassen. Nach heutigem Forschungsstand der deutschen Nuklearforschung und Rüstungswirtschaft leisteten Deutschlands Nuklearphysiker keinen inneren Widerstand gegen die

Entwicklung der Atombombe. Nach Kriegsende wurde Legendenbildung betrieben. In Wirklichkeit warben mehrere deutsche Kernphysiker, unter ihnen Werner Heisenberg, nachhaltig für die Entwicklung einer deutschen Atombombe. „Bis 1941 lag Deutschland im Wettlauf mit den Angelsachsen vorn, obwohl nur geringe Mittel für die Grundlagenforschung investiert worden waren."[897] Offenbar war aber nicht Werner Heisenberg, sondern der Diplomatensohn Carl Friedrich von Weizsäcker die treibende Kraft. Wie Heisenberg ist auch Weizsäcker davon überzeugt, Hitler werde den Krieg gewinnen. Wenn der Krieg länger dauere, dann werde auch die Atombombe einzusetzen sein. Der Däne Niels Bohr verweigert 1941 beim Besuch Heisenbergs in Kopenhagen jegliche Zusammenarbeit. Im Jahr 2000 finden sich in seinem Nachlass zahlreiche Briefentwürfe an Heisenberg. Bohr sandte sie aber nie ab. 1941 kam es zu einem irreparablen Zerwürfnis zwischen Bohr und Heisenberg.[898]

Werner Heisenberg sieht 1941 bereits die Straße für die deutsche Atombombe frei.[899] Der dänische Physiker Niels Bohr macht aber nicht mit und flieht 1943 ins neutrale Schweden, was die alliierten Forschungsgruppen in ihrem Tempo bestärkt. Bohr war „Halbjude" und wurde rechtzeitig gewarnt. Er übersiedelte noch während des Kriegs in die USA und beteiligte sich dort unter einem Decknamen am „Manhattan-Projekt".[900] 1941 betrachtet das deutsche Heereswaffenamt das Entwicklungsvorhaben zwar als abgeschlossen, will aber nicht die Verantwortung für den mit enormen Kosten verbundenen Übergang vom Labor zur großindustriellen Entwicklung übernehmen. Deshalb überlässt man die Verantwortung der Kaiser-Wilhelm-Gesellschaft. Letzten Endes ist der Misserfolg auf Werner Heisenberg zurückzuführen, der sich als Wissenschaftler überfordert fühlt, mit extrem hohen Mitteln umzugehen. Folglich konzentriert er sich auf den Bau eines Reaktors. Allerdings zerstören die Alliierten die einzige Fabrik für die Lieferung von sogenanntem Schwerem Wasser in Norwegen. Danach stagnieren die Arbeiten in Deutschland.[901] Hitler wird durchaus über die Möglichkeit einer deutschen Atombombe informiert. Er entscheidet sich aber dagegen, weil die Wissenschaftler „keine Prognose für den Abschluss einer möglichen Waffenentwicklung wagten".[902] Auf den europäischen Kriegsschauplätzen spielte ein jeweiliger rüstungstechnischer Vorsprung keine kriegsentscheidende Rolle.[903] Die alliierte Luftüberlegenheit eliminierte den deutschen Vorsprung, z.B. in der Raketentechnik. Der Zweite Weltkrieg wurde letzten Endes in der Luft entschieden.[904] Das „Manhattan-Projekt" für den Bau der Atombombe wird erst am 6. Dezember 1941 begonnen, einen Tag vor dem Angriff Japans auf Pearl Harbour. Am 9. Dezember erklärt Deutschland den USA den Krieg.[905]

1945 versuchen Einstein und Szilárd, den Einsatz der Atombombe zu verhindern. Einstein fordert in einem Brief an Präsident Roosevelt, die Atombombe wenigstens nicht gegen Städte und Zivilisten einzusetzen. Roosevelt öffnet Einsteins Brief nie. Er stirbt vorher.[906] Auch der Physiker Leó Szilárd macht Einwände gegen den Einsatz der Bombe geltend. Mit 69 Mitunterzeichnern fordert er, die Bombe dürfe im Krieg gar nicht eingesetzt werden. Er sendet einem guten Freund den Appell zur Weiterleitung an Präsident Harry S. Truman (1884–1973).

Der Freund ist aber Anhänger des Manhattan-Projekts und lässt den Appell solange liegen, bis die Atombomben über Hiroshima und Nagasaki explodieren.

Am 6. August 1945, kurz nach acht Uhr Ortszeit, wird die japanische Stadt Hiroshima durch den ersten Abwurf einer Uranbombe ausgelöscht. Einstein macht gerade Urlaub in den Bergen. Es ist von einem kalkulierten, vermeidbaren Verbrechen zu sprechen.[907] Im Grund sind beide Atombombenabwürfe „unnötig".[908] Zuvor wurden durch konventionelle Bomben ganze Städte ausgelöscht, ohne dass dies Japans Führung zur Kapitulation brachte. Erst der Eintritt der Sowjetunion am 8. August 1945 und die sowjetische Offensive bringt Japan zum Umdenken.[909] Vor Hiroshima wurde Japan in den US-Massenmedien „als bereits geschlagen" dargestellt. Nach Kriegsende dreht sich die Berichterstattung. Nun heißt es, „die Japaner seien immer noch stark gewesen, das Militär kampfbereit und dass eine Invasion viele Opfer gefordert hätte". Vermutlich sind „beide Varianten nicht völlig falsch".[910] Dementsprechend erhöht Truman die erwartete Zahl der gefallenen US-Soldaten bei einer Invasion von Japans Hauptinseln. Anfangs nennt er Tausende, später Zehntausende, dann eine Viertelmillion und zuletzt eine Million.[911] Japan kapituliert am 2. September 1945 förmlich gegenüber den USA, also 27 Tage nach dem Atombombenabwurf auf Hiroshima. Der Atombombeneinsatz gegen Japan bewirkt noch etwas anderes. Als „Vater der Atombombe" wird J. Robert Oppenheimer gefeiert. Der Physiker Robert Oppenheimer empfindet Schuldgefühle und sorgt sich um einen Rüstungswettlauf zwischen den USA und der Sowjetunion. In einem Gespräch mit US-Präsident Truman äußert er sich derart emotional, dass Truman ihn wegschickt und später erklärt, „er wolle diesen Hurensohn nie mehr sehen."[912] Einstein aber gerät nun „unversehens zum Übervater: wegen der magischen Aura der Formel $E = m \cdot c^2$ und wegen der mittlerweile bekannt gewordenen Tatsache, dass er im August 1939 den Präsidenten auf die Möglichkeit einer Atombombe aufmerksam gemacht hatte."[913] Wie konnte Einstein das Dilemma lösen? Bei wissenschaftlichen Fehlern gestand er stets freimütig Fehler ein. Aber hier ging es um den größten politischen Fehler seines Lebens.

1945–1955
Nach dem Zweiten Weltkrieg – und Weiterwirken bis heute

Reaktion auf die Atombombenabwürfe von 1945: Einstein fordert Weltregierung

Am 6. August 1945 explodiert die erste amerikanische Atombombe über der japanischen Stadt Hiroshima. Als Helen Dukas Einstein berichtet, sie habe davon im Radio gehört, sagt er Folgendes: „Oh, weh. Und das war's." [914] Das Zerstörungspotenzial der Bombe erschreckt viele Menschen auf der ganzen Welt. Kurz darauf veröffentlicht die amerikanische Regierung den „Smyth Report". Er ist eine offiziöse Chronik der Atombombenentwicklung. Verfasser ist ein Professor der Princeton University. Im Report wird Einsteins und Szilárds Brief an Präsident Roosevelt vom August 1939 erwähnt, in dem die beiden Physiker die Entwicklung einer amerikanischen Atombombe forderten, um Hitlers Bombe zuvorzukommen. Seit Herbst 1945 kann Einstein sich der öffentlichen Diskussion über die Atombombe und über eine neue Weltordnung nicht entziehen.

Einstein fordert öffentlich die Einsetzung einer Weltregierung. Ende 1945 erwähnt er als Redner bei einer Alfred-Nobel-Gedenkveranstaltung die Themen Schuld und Verantwortung der Wissenschaftler und seine eigene Rolle beim Entschluss der USA, die Atombombe zu bauen: „Wir haben den Bau dieser neuen Waffe gefördert, um die Feinde der Menschheit daran zu hindern, dass sie uns zuvor kämen; bedenkt man die Mentalität der Nazis, so kann man sich die unbeschreibliche Zerstörung und Versklavung der Welt vorstellen, die die Folge ihrer Priorität beim Bau der Bombe gewesen wäre. Diese Waffe wurde dem amerikanischen und dem britischen Volk als Treuhändern der ganzen Menschheit, als Kämpfer für Frieden und Freiheit übergeben. – Aber bisher ist weder der Friede noch irgendeine der in der Atlantik-Charta versprochenen Freiheiten gesichert. Der Krieg ist gewonnen – aber nicht der Friede." [915] Einstein übernimmt auf Bitten Szilárds hin den Vorsitz des „Notkomitees der Atomforscher" [916]. Allerdings hat das „Notkomitee" keinen sichtbaren Einfluss auf die Politik. Bis zu seinem Tod engagiert sich Einstein als Pazifist. In der McCarthy-Ära gerät er umso mehr in den Fokus der amerikanischen Geheimdienste. Einstein gibt trotz zeitweiser Verzweiflung auch in der Ära des Kalten Kriegs nie die Hoffnung auf. Politisches Engagement sei weiterhin sinnvoll: „Das Verzweifeln ist ja noch weniger sinnvoll als das Streben nach einem unerreichbaren Ziel". Ein Vergleich mit dem britischen Philosophen Bertrand Russell (1872–1970) zeigt, dass Einstein Versuchungen, vom Pazifismus abzuweichen, konsequent widersteht. Russell revidiert nämlich nach Kriegsende seinen Pazifismus und plädiert dafür, die USA solle einen Präventivkrieg gegen die SU führen, solange diese noch keine Atombombe habe, wonach die USA die Führung in einer Weltregierung zu übernehmen habe. Einstein lehnt dagegen Angriffskriege stets strikt ab. Als die SU ab 1949 über die Atombombe verfügt, kehrt Russell zum Pazifismus zurück.

Ablehnung von Kontakten mit deutschen Institutionen

Wegen der Shoa ist Einstein gegenüber Nachkriegsdeutschland unerbittlich abweisend. Er fordert – auf der Linie des Morgenthauplans – eine Deindustrialisierung Deutschlands. Auch humanitäre Aktionen für Not leidende Deutsche lehnt er ab. Der Schriftsteller Hermann Broch wirkt mäßigend auf ihn ein. Eine scharfe Abfuhr erteilt Einstein seinem Physiker-Kollegen Arnold Sommerfeld, der ihn bittet, den Austritt aus der Bayerischen Akademie der Wissenschaften von 1933 rückgängig zu machen. „Nachdem die Deutschen meine jüdischen Brüder in Europa hingemordet haben, will ich nichts mehr mit Deutschen zu tun haben, auch nichts mit einer relativ harmlosen Akademie."[917] Er schreibt, es sei „evident, dass ein selbstbewusster Jude nicht mehr mit irgendeiner deutschen offiziellen Veranstaltung oder Institution verbunden sein will."[918] Einstein lässt es nicht zu, dass sein alter Verlag Vieweg das schmale „gemeinverständliche" Bändchen „über die spezielle und allgemeine Relativitätstheorie" wieder erscheinen lässt: „Nach dem Massenmord der Deutschen an meinen jüdischen Brüdern will ich es nicht, daß noch Publikationen von mir in Deutschland herauskommen." Intensiv korrespondiert Einstein nur mit seinem Physikerfreund Max von Laue.[919] Eine Ausnahme macht Einstein bei einer Oberschule in Berlin-Neukölln. Er erlaubt, dass sie nach seinem Namen benannt wird.[920]

Am „Institute for Advanced Study" an der Universität Princeton wird Einstein im Frühjahr 1946 mit 65 Jahren emeritiert. Er setzt durch, dass sein Gehalt und seine Arbeitsmöglichkeiten bestehen bleiben. Er drohte, im Fall einer Pensionierung Princeton zu verlassen, was man dort wegen Einsteins Popularität nicht wünscht. Die Leitung des „Institute" übernimmt im Herbst 1946 Robert J. Oppenheimer. Er entwickelt es zu einem herausragenden Zentrum physikalischer Forschung.[921]

1947 kommt es für Einstein nicht in Frage, zur Max-Planck-Gedenkfeier nach Plancks Tod nach Göttingen zu reisen. Dennoch ehrt er Planck rühmend bei der Gedenkfeier der amerikanischen Akademie der Wissenschaften.[922] 1947 ist Einstein gesundheitlich angeschlagen und durch wiederkehrende Schmerzanfälle im Unterleib geplagt. Erst im Dezember 1948 wird die Ursache diagnostiziert. Einstein leidet an einem Aneurysma, also einer sklerotischen Ausbeulung der großen Unterleibsaorta von der Größe einer Grapefruit.[923] Einsteins Schwester Maja stirbt am 25. Juni 1951 nach langem Leiden. Einstein vermisst sie außerordentlich.[924] Einstein schreibt zu ihrem Tod: „Nun fehlt sie mir mehr, als man sich vorstellen kann."[925] Maja Einstein wurde 1910 an der Universität Bern in Romanistik promoviert und war ihrem Bruder eine sehr gute Unterhalterin. Ihrem verwitweten Bruder macht sie in Princeton viel Freude. Sie liest ihm häufig vor. Die beiden sehen einander je älter, umso ähnlicher.

Einsteins erste Frau Mileva Einstein starb bereits am 4. August 1948 in Zürich. Eduard Einstein, der an Schizophrenie erkrankte, stirbt zehn Jahre nach dem Vater in der Zürcher Psychiatrie „Burghölzli" im Jahr 1965.

Ablehnung des Präsidentenamts Israels

Am 16. November 1952 wird Einstein das Präsidentenamt des jungen Staates Israel angetragen. Einstein erfährt bereits über die Nachrichtenagenturen vom Angebot des Ministerpräsidenten Ben Gurion (1886–1973). Daraufhin ruft er selbst in Washington den israelischen Botschafter an und teilt ihm mit, er fühle sich geehrt, lehne aber ab. Am Tag darauf erscheint Aba Ebans (1915–2002) Stellvertreter in Princeton und überbringt das offizielle Schreiben. Einstein hat seine Antwort bereits vorbereitet: „Ich bin tief bewegt über das Anerbieten unseres Staates Israel, freilich auch traurig und beschämt darüber, dass es mir unmöglich ist, dieses Anerbieten anzunehmen. Mein Leben lang mit objektiven Dingen beschäftigt, habe ich weder die natürlichen Fähigkeiten noch die Erfahrung im richtigen Verhalten zu Menschen in der Ausübung offizieller Funktionen. Deshalb wäre ich für die Erfüllung der hohen Aufgabe auch dann ungeeignet, wenn nicht vorgerücktes Alter meine Kräfte in steigendem Masse beeinträchtigte. Diese Sachlage betrübt mich umso mehr, als die Beziehung zum jüdischen Volke meine stärkste menschliche Bindung geworden ist, seitdem ich über unsere prekäre Situation unter den Völkern völlige Klarheit erlangt habe."[926] Der israelische Ministerpräsident Ben Gurion kennt den Nonkonformisten Einstein gut genug, um intern einem Assistenten Folgendes einzugestehen: „Was sollen wir machen, wenn er Ja sagt? Ich mußte ihm die Präsidentschaft anbieten, weil es unmöglich war, es nicht zu tun. Aber wenn er annimmt, dann kriegen wir Probleme."[927] Ben Gurion muss Einstein die Präsidentschaft anbieten, weil er als der bedeutendste Jude der Welt gilt, und dies schon seit Jahrzehnten. Einstein ist kein Realpoliker, sondern ein Idealist.[928] Der Nonkonformist und Außenseiter Einstein weiß, dass eine Rolle als Staatspräsident mit seiner Persönlichkeit nicht vereinbar ist: „Es ist zwar schon mancher Rebell ein Bonze geworden, aber das kann ich nicht über mich bringen."[929]

Letzte Jahre – Ulms Kontakte zu Einstein

Als 1950 der amerikanische Präsident die Fertigstellung der Wasserstoffbombe verkündet, reagiert Einstein mit einer Ansprache an die ganze Nation im Fernsehen. Sie wird wenige Tage zuvor in Princeton aufgenommen. Die unmittelbare Wirkung ist stark, aber es gibt keinen durchschlagenden Erfolg.[930] Einstein und seine Anhänger können nichts gegen das Wettrüsten ausrichten. Es beginnt die McCarthy-Ära mit ihrer Einschüchterung, Inquisition und Vernichtung von Karrieren in verschiedenen Lebensbereichen. Einstein wehrt sich gegen die Knebelung der Meinungsfreiheit. Noch in seinem letzten Lebensjahr engagiert er sich mit Bertrand Russell gegen einen Nuklearkrieg. Das endgültige Dokument der Organisation trägt den Namen „Russell-Einstein-Manifest". Einstein unterzeichnet den Appell am 11. April 1955. Es ist sein letzter Brief. Er stirbt am 18. April.[931] Er wehrt sich gegen den Vorwurf, er sei der „Übervater der Atombombe". In der US-Zeitschrift „Newsweek" erklärt er im März 1947, „daß die militärische Anwendung der Atomenergie auch ohne seine damalige Intervention nicht viel anders verlaufen wäre."[932] Diese Feststellung Einsteins ändert nichts an seiner Mitverantwortung bei der Herstellung der Atombombe. Schließlich gesteht Einstein seinen Irrtum ein: „Wenn ich gewusst hätte, dass diese Befürchtung [Hitler baue die Atombombe] grundlos war, hätte ich mich an der Öffnung der Pandorabüchse nicht beteiligt."[933]

Einstein hasst die Deutschen nicht. Er macht sich Spinozas Sicht zu eigen, die Hass, Sünde oder Schuld negiert. Auch Otto Hahns Bitte, der neu gegründeten Max-Planck-Gesellschaft beizutreten, lehnt Einstein scharf ab: „Die Verbrechen der Deutschen sind wirklich das Abscheulichste, was die Geschichte der sogenannten zivilisierten Nationen aufzuweisen hat. Die Haltung der deutschen Intellektuellen – als Klasse betrachtet – war nicht besser als die des Pöbels. Nicht einmal Reue und ein ehrlicher Wille zeigt sich, das Wenige wieder gut zu machen, was nach dem riesenhaften Morden noch gut zu machen wäre. Unter diesen Umständen fühle ich eine tiefe Aversion dagegen, an irgendeiner Sache beteiligt zu sein, die ein Stück des deutschen öffentlichen Lebens verkörpert, einfach aus Reinlichkeitsbedürfnis."[934] Er vermisst, „dass von Schuldgefühl und Reue bei den Deutschen keine Spur zu finden ist".[935] Dessen ungeachtet lässt er seine ablehnende „Haltung gegenüber allem Deutschen niemals einzelne Personen entgelten".[936] Den alten Berliner Kollegen Walter Nernst († 1941) und Max Planck († 1947) bewahrt Einstein „ungetrübte Verehrung" und ein ehrendes Angedenken.[937]

Man darf annehmen, dass Einstein die Vorgänge im von den Alliierten besetzten Deutschland in der Presse verfolgt. Auch erreichen ihn in vielen Briefen Nachrichten vom Holocaust-Tod von Verwandten, Freunden und Bekannten. Als Ulms Oberbürgermeister Theodor Pfizer (1904–1992) 1949 Einstein nicht öffentlich die Ehrenbürgerwürde seiner Geburtsstadt Ulm anträgt, lehnt dies Albert Einstein mit zwei Begründungen ab. Er lässt die Absage seinen Cousin Carl Hirsch mitteilen. „Ich bin mir des Umstandes wohl bewusst, dass gerade die Leute, welche derartige Vorschläge machen, zu den politisch Besten gehören, die nicht nur viel gelitten haben, sondern auch jetzt noch leiden. Es ist aber unmöglich für mich, die Ehrenbürgerschaft anzunehmen. Die unglaublichen Verbrechen, die die Deutschen gegen meine jüdischen Brüder begangen haben und die wieder gut zu machen – soweit dies noch möglich ist – sie nicht den leisesten Versuch gemacht haben, machen es für mich unmöglich, irgendeiner öffentlichen deutschen Vereinigung anzugehören. […] Trage bitte Sorge, dass meine Ablehnung nicht in die Presse kommt oder sonstwie an die Oeffentlichkeit, damit die Initiatoren für ihre freundliche Gesinnung nicht irgendwie zu leiden haben. Ich bin sicher, dass gerade sie meine Haltung verstehen werden."[938] Trotz Einsteins Absage der Ehrenbürgerwürde veranstaltet Ulm zu Einsteins 70. Geburtstag eine würdige Feier im Schuhhaussaal. Die Festrede hält der Münchner Lehrstuhlinhaber für Theoretische Physik Walter Gerlach. Er kennt Einstein aus direkten Begegnungen seit den Jahren vor dem Ersten Weltkrieg. Ulms Oberbürgermeister Theodor Pfizer gratuliert seit 1949 Einstein jedes Jahr bis zu seinem Tod zum Geburtstag. Einsteins Reaktionen darauf fallen immer freundlicher aus. 1950 schreibt er: „Ich danke Ihnen und Ihren Mitbürgern freundlich für die liebenswürdige Gratulation. Ich darf Ihre Geste wohl auch als Zeichen einer aufrechten politischen Haltung betrachten. Freundlich grüßt Sie Ihr A. Einstein."[939] Im Jahr zuvor lässt Pfizer Einstein Exemplare der Druckschrift mit den Reden der Ulmer Feier zum 70. Geburtstag zukommen. Dafür bedankt sich Einstein freundlich. Er schreibt: „Ich lasse auch Herrn Kollegen Gerlach freundlich danken für die Mühe, der er sich bei dieser Gelegenheit unterzogen hat. Wir leben ja in einer Zeit tragischer und verwirrender Ereignisse, sodass man sich doppelt freut über jedes Zeichen humaner Gesinnung."[940] Im Lauf der Jahre gelingt es Oberbürgermeister Pfizer offenbar, Einsteins Sympathie zu gewinnen.[941] Das gelingt ihm auch, indem er dessen pazifistisches Engagement anerkennt.[942] Einstein schreibt ihm 1954: „Sie haben offenkundig jene Art von Einfühlung die, wenn allgemein verbreitet, die menschlichen Beziehungen ungemein viel wohltuender gestalten würde".[943]

Am Mittwoch, 13. April 1955, kommen Albert Einsteins Ärzte Walter Bucky und Rudolf Ehrmann, die beide auch seine Freunde sind, von New York zu Einstein nach Princeton. Einstein lehnt eine Operation energisch ab. Am Freitag, 15. April 1955, wird Albert Einstein ins Krankenhaus gebracht. Sein Sohn Hans Albert Einstein kommt aus Kalifornien, um Abschied zu nehmen. Einsteins Freund und Nachlassverwalter, der Nationalökonom Otto Nathan (1893–1987), kommt aus New York. In der Nacht zum Montag, am 18. April um kurz nach ein Uhr morgens, stirbt Albert Einstein. Das Aneurysma ist endgültig geplatzt.[944] Es gibt nur eine schlichte Feier im Krematorium. Zwölf enge Freunde sind dabei. Otto Nathan rezitiert Goethes Epilog zu Schillers „Glocke", den Goethe zur Trauerfeier von Schiller schrieb.

Einsteins Asche wird an einem unbekannten Ort verstreut. Einsteins Stieftochter Margot Einstein berichtet über seine letzten Stunden. Er sei furchtlos, still und bescheiden dem Tod gegenüber gewesen.[945]

Im Testament gestattet Einstein seiner Stieftochter Margot und seiner Sekretärin lebenslanges Wohnen im Haus in Princeton. Er verfügt, dass sein Haus auf alle Zeiten niemals zu einer Gedenkstätte an seine Person umgewandelt werden dürfe. Abgesehen von Erbstücken für die Nachkommen vermacht er seinen Nachlass der Hebrew University of Jerusalem. US-Gerichte verfügen, dass Erbstücke, darunter auch Einstein-Briefe, z.B. an Mileva, nicht als Teil des Nachlasses anzusehen seien, sondern Eigentum der jeweiligen Erben seien. Einsteins Verfügungen vor seinem Tod sind gegen einen Kult um seine Person gerichtet. In einem Jahrhundert, in dem der Personenkult Triumphe feiert, bleibt er bescheiden als Humanist, Demokrat und Pazifist. Rechte und linke Diktatoren waren ihm genauso zuwider. Albert Einstein wird am 1. Oktober 1940 amerikanischer Staatsbürger. Er behält aber seine Schweizer Staatsbürgerschaft. Der große Europäer Albert Einstein kommt offenbar 1952 unbeachtet von den Medien noch einmal nach Europa.[946] Einstein lässt sich von einem jungen Mann durch das unzerstörte Büdingen in Mittelhessen führen. Er bedankt sich in einem Brief vom 20. Juli 1952. Einstein ist zuvor in Zürich.[947] Seine ungewöhnliche Neugier bewahrt er offenbar bis ins Alter.

Weiterwirken 1955–2018

Am 9. November 1958 enthüllt Oberbürgermeister Pfizer eine Gedenktafel am Neubau der Sparkasse Ulm. Die Israelitische Gemeinde Württembergs ist bereits zuvor für die in der Reichspogromnacht angezündete und danach abgerissene Synagoge entschädigt worden. 2012 schenkt die Stadt Ulm der Israelitischen Gemeinde Ulm das Grundstück für die neu zu erbauende Synagoge auf dem Weinhof. Landesrabbiner Dr. Bloch erklärt 1958, der eben zu Ende gegangene Ulmer „Einsatzgruppen-Prozess" habe dazu beigetragen, das Ansehen Deutschlands und das des deutschen Richterstandes in der Welt zu heben. In dem Prozess, der eine Pionierleistung im Vorfeld der Frankfurter Auschwitz-Prozesse von 1962/63 darstellt, sind zehn Männer angeklagt, weil sie 1941 in Litauen Juden erschossen.[948] Wegen gemeinschaftlicher Beihilfe zum Mord – eine Mordanklage ist wegen eines restriktiven BGH-Urteils nicht möglich[949] – werden sie zu Freiheitsstrafen verurteilt.[950] Verhandelt wird die Ermordung von über 5.500 europäischen Juden in Litauen durch Gestapo, Sicherheitsdienst, Schutz- und Grenzpolizisten sowie Zollbeamte.[951] Obwohl die Strafen gering ausfallen[952], ist ein Anfang für die systematische Ahndung der NS-Verbrechen durch westdeutsche Gerichte gemacht.[953] Der Ulmer Prozess lässt eine Polarisierung in der Bevölkerung erkennen. In der Presse aber zeichnet sich ein Wandel im Umgang mit den NS-Verbrechen ab.[954]

Am 9. November 1958 erklärt Ulms Oberbürgermeister Pfizer, ohne die Täter exakt zu nennen: „[...] müssen wir erwidern, dass eine solche Schuld, von den Menschen nicht gesühnt werden kann. Durch die Worte auf dieser Tafel ersteht die Synagoge nicht wieder, keiner der Millionen Gemordeten, wird wiedererweckt, kein einziger Rechtsbruch getilgt."[955] Wie sehr der Holocaust Pfizer beschäftigt, wird deutlich, als 1961 eine Dokumentation über die Ulmer Opfer des Holocaust erscheint. Autor ist der Sozialdemokrat und Beschäftigte der Stadt Ulm Heinz Keil.[956] Pfizer tritt auch für die Sache von Minderheiten ein, z. B. durch die Anbringung einer Gedenktafel am ehemaligen KZ Oberer Kuhberg im Jahr 1971. Der späte Zeitpunkt ist für die Geschichte der Bundesrepublik typisch. Ulms Oberbürgermeister gedachte erst spät der nichtjüdischen Opfer der NS-Diktatur, aber er tat es.

Die große Feier von Albert Einsteins 80. Geburtstag in Ulm am 14. März 1959 bietet fast alles, was sich Oberbürgermeister Theodor Pfizer für die Feier des 70. Geburtstags am 14. März 1949 erträumte. Es kommen über 200 Physiker nach Ulm. Redner sind Oberbürgermeister Theodor Pfizer und der Hamburger Kernphysiker Carl Friedrich von Weizsäcker (1912–2007).[957] Der Festakt wird live im Süddeutschen Rundfunk übertragen und findet im Kino Capitol statt. Zwei Wissenschaftlertagungen für Physiker gehen dem Festakt voraus, zuerst vom 12. bis 14. März die Tagung der süddeutschen Mitglieder der Physikalischen Gesellschaft (Württemberg-Baden-Pfalz e.V.). Es kommen aber auch Teilnehmer aus der übrigen Bundesrepublik Deutschland und aus der Schweiz. Aus München kommen so gut wie alle bedeutenden Physiker.[958] Die zweite wissenschaftliche Tagung veranstaltet die Firma AEG-Telefunken für Betriebsangehörige aus der ganzen Bundesrepublik am 13. März 1959. Am selben Abend werden alle Teilnehmer der beiden Tagungen von der Stadt Ulm im Rathaus empfangen.[959] Oberbürgermeister Pfizer erklärt, Einstein sei Weltbürger gewesen.[960] Er beklagt antisemitische Ausschreitungen in der Bundesrepublik, darunter zahlreiche Schändungen von jüdischen Gräbern. Er setzt seine ganze Hoffnung auf die junge Generation bei der Aufgabe, den Antisemitismus vollends zu besiegen. Carl Friedrich von Weizsäcker spricht treffend Einsteins Besonderheit an: „Der Ruhm Einsteins steht in der eigentümlichen Spannung [...] zwischen Größe und Unverständlichkeit."[961]

Otto Hahn, Max Born und Werner Heisenberg – drei Nobelpreisträger für Physik kommen am 27. Januar 1967 nach Ulm. Anlass ist die Grundsteinlegung für das „EinsteinHaus" in Ulm, das als eigenes Haus der Ulmer Volkshochschule errichtet wird. Werner Heisenberg

(1901–1976) hält die Festrede.[962] Kernaussagen sind: „Wo immer in der Welt gesprochen, wo ihre merkwürdige Abstraktheit, ihr Mangel an unmittelbarer Lebendigkeit diskutiert und beklagt wird, überall gilt Einstein gewissermaßen als das menschliche Symbol dieser Welt […]. Noch nie vor ihm hat ein Gelehrter sich so weltweiten Ruhm erworben wie Einstein, und dies noch dazu mit Gedanken, die außerordentlich schwierig und abstrakt und für den Laien kaum nachzuvollziehen sind. […] Da aber stellte sich heraus, dass die alten Begriffe im neuen Bereich der Welt nicht mehr passen, dass sie die Wirklichkeit nicht mehr ergreifen. Einstein war der erste, der das mit aller Schärfe erkannte und der seine naturwissenschaftlichen Zeitgenossen zwang, schon so fundamentale Begriffe wie Raum und Zeit in Frage zu stellen und neu zu deuten."[963] Weil in Ulm das Haus einer Volkshochschule errichtet werde, sei vor allem an Einsteins Stellung zu den Fragen der Gesellschaft zu denken, „zu den sozialen Problemen seiner Zeit". Einstein sei politisch links eingestellt gewesen. Der Sozialismus und die Arbeiterbewegung hätten ihn angezogen. Nationalismus und Militarismus seien ihm verhasst gewesen. Er sei für Freiheit und Pazifismus eingetreten. Allerdings sei Einstein kein Marxist gewesen.

Am 16. Oktober 1968 wird das „EinsteinHaus" eingeweiht. Ulms Oberbürgermeister Pfizer erklärt in zuvor nicht gekannter Klarheit: „Dass heute einzelne Deutsche trotz Buchenwald, Auschwitz und Theresienstadt noch immer nichts gelernt haben, ist eine schmerzliche Erkenntnis, aber mitzuwirken, dass in Deutschland Verbrechen, wie sie an den Juden geschehen sind, sich nicht wiederholen, das ist eine Aufgabe für uns alle, nicht zuletzt für die Kräfte, die im Bereich der Ulmer Volkshochschule für die ‚Humanitas' wirken, die mit dem Bild Albert Einsteins verbunden ist."[964] Die viel beachtete Festrede hält der Tübinger Professor für Rhetorik, Walter Jens (1923–2013).[965]

Jens würdigt Einstein mit einer Frage: „Wo ist der Schriftsteller deutscher Sprache, der von sich sagen könnte, er habe den Militarismus des Kaiserreichs so früh durchschaut wie den Faschismus oder die amerikanische Inquisition?"[966] Es fällt einem dazu höchstens noch Heinrich Mann (1871–1950) ein, mit dem Einstein seit 1914 befreundet ist. Auch Heinrich Mann war ein strikter Gegner des Ersten Weltkriegs. Seinen 1914 nur als Privatdruck kursierenden Roman „Der Untertan", der den wilhelminischen Obrigkeitsstaat geißelt, hat Einstein mit größtem Interesse gelesen. Walter Jens bescheinigt Albert Einstein eine kritische Hellsichtigkeit in der Beurteilung von unterdrückerischen Regimen des 20. Jahrhunderts. Jens bezeichnet Einsteins Schrift „Why Socialism?"[967] von 1949 als eine Streitschrift, die sich gegen die „Oligarchie des Privatkapitals" wende. Er verlange Planwirtschaft und Zerschlagung von Machtkonzentrationen, Änderung der Eigentumsverhältnisse durch Vergesellschaftung

Abb. 38
Albert Einstein, November 2017, Plakat der
Universität Ulm im Kontext mit dem Jubiläum
50 Jahre Universität Ulm.

von Produktionsmitteln als Voraussetzung eines menschenwürdigen Lebens. Jens betont, dass Einstein nicht von der Neuen Linken als Vordenker beansprucht werden könne, weil er an Toleranz und Gleichheit aller Bürger vor dem Gesetz, also an liberalen Theorien festhalte.[968] Jens prophezeit: „Er wird ein Ärgernis bleiben – für jene so gut, die Liberalität und Sozialismus nicht zu vereinigen wissen wie für die anderen, die ideologisierend von ‚freier Wissenschaft' sprechen und dabei, wie ihre Beutezüge beweisen, über die räuberische Phase der menschlichen Entwicklung noch nicht hinausgekommen sind."[969]

1979 zeigt Ulm zur Feier von Albert Einsteins 100. Geburtstag eine umfassende Ausstellung des Stadtarchivs Ulm mit dem Titel „Einstein und Ulm", die das ganze Schaffen Einsteins erfasst und einen Überblick über sein Leben bietet. Dazu gibt es einen wissenschaftlichen Katalogband.[970] Die Ausstellung wird anschließend von der Deutschen Bibliothek in Frankfurt übernommen.

Otto Nathan in New York hat als Verwalter von Albert Einsteins Nachlass in einem Brief vom 2. Dezember 1980 an Alfred Moos geschrieben, „man habe keine Einwände gegen die Benennung der Universität Ulm nach Albert Einstein"[971]. Die Zustimmung erreicht der Ulmer Alfred Moos, ein naher Verwandter von Albert Einstein. Der damalige Universitätsrektor Prof. Dr. Detlef Bückmann habe sich dazu begeistert geäußert. Bückmann macht allerdings im Februar 1981 einen Rückzieher, nachdem er mit dem damaligen Wissenschaftsminister Dr. Bernd Engler sprach: „Nach meinen Erfahrungen kann eine solche Namensgebung nur sinnvoll sein, wenn sie im allseitigen Einverständnis geschieht und nirgendwo eine Missstimmung zurückbleibt", schreibt er in seinem Brief an Alfred Moos[972]. Dieser kritisiert das dem damaligen Oberbürgermeister Hans Lorenser (1916–1989) gegenüber: „Auch musste man den Eindruck gewinnen, dass weder auf Seiten der Universitätsbehörden noch bei der Landesregierung oder der Mehrheitsfraktion im Landtag eine große Neigung vorhanden ist, der Ulmer Universität den Namen Einsteins zu geben."[973] Dem folgt eine Aktion des AStA der Universität Ulm Anfang Februar 1982. Man erklärt die Universität zur „Albert-Einstein Universität Ulm".[974] Der erste Anlauf für eine Albert-Einstein-Universität Ulm scheitert am Widerstand der damals dominanten Ulmer Mediziner-Fakultät, die sich beim Wissenschaftsministerium durchsetzt.[975] Erst 2006 kommt es dann zum Beschluss des Senats der Universität Ulm, sich zum 40-jährigen Jubiläum der Universität Albert-Einstein-Universität zu nennen. So beschlossen bei zwei Enthaltungen und ohne Gegenstimmen.[976] Willi Böhmer kommentiert den Beschluss in der Südwest Presse Ulm als die „einzig richtige Wahl"[977], Rüdiger Bäßler dagegen schreibt in der „Stuttgarter Zeitung" von einem „Taufakt mit kleinen Unsicherheiten", weil die Namensrechte bei der Hebrew University in Jerusalem lägen. Es bleibe eine letzte juristische Unsicherheit übrig. Demgegenüber habe Rektor Ebeling erklärt: „Sie können davon ausgehen, dass wir uns mit dem Thema in allen Richtungen befasst haben."[978]

Man habe bei der Hebrew University wegen der Namensrechte angefragt. Universitäts-Präsident Prof. Dr. Karl-Joachim Ebeling interpretiert die fehlende Antwort der Hebrew University noch am 1. Dezember 2006 als Zustimmung.[979] Aus dem Zusage-Dokument von 1980 sind keine Rechtsansprüche für das Jahr 2007 abzuleiten.[980] So sieht dies auch Universitäts-Präsident Ebeling.[981] Ebeling räumt ein, dass ihm der Inhalt des Briefs von Otto Nathan vom 2. Dezember 1980 nicht bekannt gewesen sei. Der Brief liefere „neue, interessante Gesichtspunkte". Er wolle ohnehin das aktuelle Ablehnungsschreiben aus Jerusalem schriftlich beantworten.[982] Am 6. März 2007 hofft Ebeling noch immer auf einen guten Ausgang.[983] Erst am 15. Juni teilt Ebeling mit, Einsteins Nachlassverwalter, die Hebrew University in Jerusalem, habe Nein zu der für Anfang Juli zum Universitätsjubiläum geplanten Umbenennung in „Albert-Einstein-Universität Ulm" gesagt. Ebeling bemerkt, eine Benennung der Universität Ulm nach Albert Einstein komme unabhängig von rechtlichen Möglichkeiten nur mit Zusage aus Jerusalem in Frage.[984]

2016/17 beschäftigt die Ulmer die Frage, wie die Reste der Fundamente von Einsteins Geburtshaus in Zukunft gezeigt werden sollten, nachdem an ihrer Stelle Bauarbeiten für das Wohn- und Einkaufszentrums-Projekt Sedelhöfe begonnen werden.[985] Schließlich werden viele Fundamentsteine geborgen und stehen für weitere Verwendung bereit.[986]

Denkmäler für Albert Einstein in Washington D.C. und Ulm

In Washington D.C. wird 1979 ein „Einstein-Monument" errichtet. Es befindet sich an der Ecke von „Constitution Avenue" und 21. Straße direkt vor der „Israel Academy of Sciences" in deren Garten im Blickkontakt zu den Denkmälern für Lincoln und Washington.[987] Und dort sitzt nun Einstein als achteinhalb Meter große Bronzefigur, geschaffen vom US-amerikanischen Bildhauer Robert Berks (1922–2011). Um ihn herum angebracht sind astronomische Objekte der verschiedensten Art. Eingraviert sind die Formeln seiner wichtigsten Erkenntnisse: des fotoelektrischen Effekts, der Speziellen und der Allgemeinen Relativitätstheorie.

1982 wird in der Fußgängerzone der Bahnhofstraße dort, wo Einsteins Geburtshaus vor der Zerstörung 1944 stand, ein offizielles Denkmal der Stadt Ulm errichtet.[988] Der Schweizer Künstler Max Bill ist von 1953/55 bis 1956 Gründungsrektor der Ulmer Hochschule für Gestaltung. Sein Denkmal aus rotem Granit aus der Ukraine im Stil der Konkreten Kunst stellt

Bill zufolge eine „Körper-Raum-Beziehung" her. Es wird am 4. September 1982 enthüllt. Die Steine sind so zusammengefügt, dass ein Haus vor Augen steht und so an Albert Einsteins Geburtshaus erinnert wird. Zwölf stehende Steine stehen für zwölf Tagstunden, zwölf liegende Steine stehen für zwölf Nachtstunden. Es geht also um den Faktor Zeit, den Einstein in der Allgemeinen Relativitätstheorie neu bestimmte.[989]

1984 lässt auch das Land Baden-Württemberg ein Einstein-Kunstwerk im öffentlichen Raum in Ulm aufstellen. Im Zeughausgelände gibt es seither eine Einstein-Brunnen-Plastik, die bei Passanten starken Anklang findet. Da schaut der Einstein-Kopf aus einem Schneckenhaus und streckt die Zunge heraus. Der Künstler, der Sinsheimer Bildhauer Jürgen Görtz, weist auf ein Einstein-Zitat hin: „Wenn ich gewusst hätte, wo das alles hinführt." Das Denkmal besteht aus Bronze, nur die schelmischen Augen sind aus Kunststoff.[990] Beim Festakt am 15. Juni 1984 gibt es einhelligen Beifall auch für die Brunnenskulptur.[991] Dem Künstler zufolge steht die Rakete symbolisch für die Ambivalenz unserer Zeit, also für die friedliche Eroberung des Alls, aber auch für die atomare Bedrohung.[992]

1989 wird in Bern Einsteins ehemalige Wohnung in der Kramgasse 49 in den Ursprungszustand versetzt und als Museum eröffnet. Die Einsteins wohnten dort möbliert von 1903 bis 1905.[993]

Im Frühjahr 2018 sorgen 500 serielle Einstein-Skulpturen des Künstlers Ottmar Hörl auf dem Ulmer Münsterplatz für Aufsehen. Sie können von Passanten verschoben und neu gruppiert werden. Auf diese Weise kommen viele dem verkleinerten Abbild des Ausnahmetalents Albert Einstein näher. Der Künstler legte ein Foto Albert Einsteins am Collège de France in Paris im Jahr 1921 zugrunde.

2004: Ulm feiert Einsteins 125. Geburtstag mit Festakt und Ausstellung im Stadthaus

Beim Festakt der Stadt Ulm zum 125. Geburtstag Albert Einsteins am 14. März 2004 ist der Einstein-Saal im Congress-Centrum bis auf den letzten Platz besetzt.[994] Oberbürgermeister Ivo Gönner geht auf die Beziehung der Stadt Ulm zu Albert Einstein ein. Er bezeichnet Einstein als Weltbürger, welcher tief in der Minderheit der jüdischen Deutschen verankert gewesen sei.[995] Zudem erinnert Gönner an die heftigen antisemitischen Anfeindungen in Deutschland seit 1922.[996] Er weist darauf hin, dass es für Ulm „kein Ruhmesblatt" in der Geschichte sei, dass 1933 die Einsteinstraße in Fichtestraße umbenannt wurde, um 1945 in Einsteinstraße zurückbenannt zu werden. Auch wenn Einstein 1949 die Ulmer Ehrenbürgerwürde ablehnte, habe er doch einen freundlichen brieflichen Kontakt mit Ulms Oberbürgermeister Theodor

Pfizer gepflegt. Nach Einsteins Tod sei das Haus der Ulmer Volkshochschule 1968 als „EinsteinHaus" eröffnet worden. Er glaube, das hätte Einstein gefallen, wäre es zu seinen Lebzeiten geschehen. Danach hält Bundespräsident Johannes Rau (1931–2006) eine Rede. Kein Wissenschaftler sei je volkstümlicher und beliebter gewesen als Albert Einstein.[997] Niemand könne es Einstein verdenken, dass er sich von Deutschland abgewandt habe, „angesichts der deutschen Kriegsschuld und vor allem angesichts des Mordes an den europäischen Juden".[998] Rau erklärt, Einstein habe sich bereits in den 1920er-Jahren in Deutschland zum Judentum, zum Pazifismus und zum Zionismus bekannt. Er habe vor der Machtergreifung der Nationalsozialisten gewarnt. Nach dem Zweiten Weltkrieg sei er für eine Weltregierung eingetreten, um Atomkriege zu verhindern. Er habe die ethische Verantwortung des Wissenschaftlers angemahnt. Etwa 12 Minuten, nachdem es gerade 100 Jahre her ist, dass Einstein um halb zwölf Uhr morgens geboren wurde, beendet der Bundespräsident seine Ansprache pointiert: „Sollten Sie, lieber Albert Einstein, uns jetzt hören können, […] (u)nser Beifall gilt Ihnen!"

Prof. Dr. Roland Sauerbrey, der Präsident der Physikalischen Gesellschaft, erklärt, man könne Einsteins Leistung für die Physik kaum überschätzen. Er schließt mit einem Einstein-Zitat: „Wer noch nie einen Fehler gemacht hat, der hat sich noch nie an etwas Neuem versucht."[999] Den Festvortrag hält der Einstein-Biograf[1000] Albrecht Fölsing aus Hannover. Nach dem Besuch der Einstein-Ausstellung im Ulmer Stadthaus am Münsterplatz erklärt Bundespräsident Rau: „Das haben die Ulmer gut gemacht."[1001] Albert Einsteins Urenkel Paul Einstein ist aus Frankreich angereist. Er bringt sein Erbstück mit, nämlich Albert Einsteins Geige. Darauf spielt er eine der Mozart-Sonaten vor, die sein Urgroßvater über die Maßen liebte.[1002] Nach dem Ulmer Festakt findet in Ulm vom 14. bis 17. März 2004 die Frühjahrstagung der Deutschen Physikalischen Gesellschaft statt.[1003] An ihr nehmen 220 Wissenschaftler(innen) teil. Prof. Dr. Manfred Salmhofer erklärt am 15. März: „Zu dieser Tagung wäre Einstein auch gern gekommen."[1004]

2005: Einsteinjahr in Deutschland – 100 Jahre „annus mirabilis" in Bern

Bundesweit wird das Jahr 2015 zum Einstein-Jahr erklärt. Es wird vom ehemaligen Bundeskanzler Gerhard Schröder in Berlin eröffnet. Dort gibt es die Einstein-Ausstellung des Max-Planck-Instituts für Wissenschaftsgeschichte in Berlin-Dahlem unter der Leitung des Einstein-Experten Jürgen Renn zu sehen. Im Katalogband geht es um die Voraussetzungen, die Einstein vorfand, und um seine grundlegenden Innovationen und die Folgen für die moderne

Physik bis heute.[1004] In München zeigt das Deutsche Museum eine Einstein-Ausstellung. Darin sind Einsteins wissenschaftliche Ausgangspunkte von besonderem Interesse. Bei der begleitenden Fachtagung werden 79 Vorträge in vier Fachrichtungen gehalten. Tagungsleiter ist der Ulmer Professor für Theoretische Physik Frank Steiner.[1005]

2018: Bedeutung Albert Einsteins

Die Beschäftigung mit Albert Einstein ist heute an dessen Gegenwarts- und Zukunftsbedeutung zu messen. Um zwei Beispiele von Gegenwartsbedeutung zu nennen: Das Navigationssystem GPS wäre ohne die Allgemeine Relativitätstheorie nicht machbar. Und ohne die Allgemeine Relativitätstheorie wäre die Erforschung von Schwarzen Löchern und Gravitationswellen nicht verständlich. Es geht also darum, Einstein für Laien und Experten gegenwarts- und zukunftsbezogen zu vermitteln. Einstein hat – nicht ohne Widersprüche, aber doch engagiert – ein Leben der Friedensliebe vorgelebt. Er hat sich zudem als Vorkämpfer für Menschenrechte und für die Demokratie betätigt. Er ist entschieden für ein geeintes Europa eingetreten, um den Frieden zu sichern. Er war ein großer Europäer. Einstein war ein streitbarer Gegner jeglichen Rassismus, vor allem des Antisemitismus. Ulm im Jahr 2018 ist nicht vergleichbar mit dem Ulm in der Kaiserzeit, in der Weimarer Republik, in der Nazi-Zeit und auch nicht mit dem Ulm in der unmittelbaren Nachkriegszeit. Durch die Gründung der Universität 1967 und des Science-Parks Ende der 1980er-Jahre hat sich Ulm qualitativ verändert.

Es lassen sich kaum Begegnungen mit Albert Einstein in Ulm nachweisen, Lebenszeugnisse aus Ulm, namentlich Fotos, gibt es fast überhaupt nicht. Einsteins nahe Ulmer Verwandte prägen ihn nicht. Wenn, dann sind es die Angehörigen seiner Kernfamilie, die ihn als Mensch mitprägen. Sie verlassen im Juni 1880 Ulm, also die Mutter Pauline und der Vater Hermann Einstein. Onkel Jakob Einstein lebt nach bisherigem Kenntnisstand nie in Ulm. Onkel Jakob Koch und Tante Julie Koch sind nur kurz in Ulm, Onkel Rudolf Einstein und Tante Fanny leben in Hechingen und später in Berlin. Fotos der Verwandten gibt es fast nur von den Großeltern, den Eltern, den Ehefrauen, den Söhnen und Stieftöchtern und den Nachfahren. Bei Vettern und Cousinen der weiteren Verwandtschaft sind die Lebenszeugnisse nicht besonders zahlreich. Große Ausnahme: Alfred Moos.

Die Fährten führen weg von Ulm nach München, Mailand, Pavia, Aarau, Zürich, Bern, Prag, Berlin, Caputh und Princeton, NJ/USA. Man könnte auch Leiden, Brüssel, Paris, Oxford, Pasadena, Cal und New York hinzuzählen. Einstein war als Internationalist ein entschiedener

Gegner von jeglichem Nationalismus. Er nannte sich selbst Weltbürger. Man würde der Persönlichkeit Albert Einstein gerecht, wenn Wissenschaftler und politisch interessierte Bürger in den genannten Städten miteinander in Dialog treten würden. Dabei ginge es um neugierige, offene Kommunikation unter den Einstein-Städten, sicher auch gleichberechtigt mit dortigen Bürgerinnen und Wissenschaftlerinnen. Am meisten freute sich Einstein von den Ehrendoktorwürden, die er erhielt, über den Ehrendoktor in Zürich, denn diese Stadt bezeichnet er selbst im August 1918 als seine Heimatstadt. Die Schweiz nennt er das Land, dem er zugewandt ist. Was Einstein an Ulm wichtig war, waren seine nahen Verwandten. Interessiert hat ihn darüber hinaus an Ulm das, was fast jeden Touristen interessiert, nämlich das Besteigen des Münsterturms. Themen von Einstein-Dialogen könnten die sein, für welche sich Einstein stark gemacht hat: Physik, Astronomie, Freiheit von Wissenschaft und Lehre, parlamentarische Demokratie, Menschenrechte, Frieden und ethischer Sozialismus sowie Kampf gegen Rassismus und Antisemitismus.

Zusammenfassung

Der junge Einstein nimmt mit fast 16 Jahren kurz nach Weihnachten 1894 sein Leben selbst in die Hand. Er verlässt das obrigkeitsstaatliche, militaristische Deutschland und flieht zu seinen Eltern nach Italien. Ungemein reif für sein Alter bewirkt er, dass er rechtzeitig aus der württembergischen Staatsbürgerschaft entlassen wird. So befreit er sich von der ihm verhassten Wehrpflicht. Ein gutes Jahr später reflektiert er sein Handeln und bekennt sich zur parlamentarisch demokratischen Republik der Schweiz. Damit analysiert er hellsichtig das imperialistische Deutsche Reich, das im Kriegsfall auf Eroberung von Gebieten und Einflusszonen aus ist. Das heißt, Einstein entwickelt früher als jeder andere bürgerliche deutsche Intellektuelle ein Weltbild, das dem aggressiven wilhelminischen Deutschen Reich ein oppositionelles Gegenbild einer friedlichen parlamentarisch demokratischen Republik entgegenstellt. Einstein formuliert gegen den Reichsgedanken eine Zukunftsutopie, die sich erst nach dem Zweiten Weltkrieg für Westdeutschland und ab 1990 für das vereinigte Deutschland als grundlegend erweist. Dazu kommt er durch die Begegnung mit seinem Pensionsvater Jost Winteler in Aarau. Einstein macht sich dessen radikaldemokratische und pazifistische Ideale zu eigen. Winteler studierte in den Reichsgründungsjahren in Jena auch den deutschen Nationalismus und Militarismus.

Hat Einstein sich opportunistisch verhalten, als er 1914 durch seine Verpflichtung als Professor für Theoretische Physik an der Preußischen Akademie der Wissenschaften ein Teil der Elite des aggressiven wilhelminischen Reichs geworden ist? Er zahlt einen Preis dafür, dass er als gut bezahlter Professor ohne jegliche Lehrverpflichtung in jenem Deutschland lebt, dessen demokratiefeindliches System er verachtet. In Berlin, von wo aus der deutsche Eroberungskrieg organisiert wird, hält er sich mit seiner Fundamentalkritik weitgehend zurück. Für den Preis seines Schweigens erhält er den „Lohn", in Berlin mit exzellenten Naturwissenschaftlern in Dialog zu treten. Wichtiger als dieser produktive Austausch ist für Einstein die Tatsache, dass er freigestellt ist für die Vollendung der Allgemeinen Relativitätstheorie. Die Lehre versetzt Einstein in innere Unruhe. Dadurch fehlt ihm die für wissenschaftliches Arbeiten nötige Ruhe. Er nutzt für Vorlesungen kein fertiges schriftliches Skript, sondern entwickelt das anstehende Thema frei. Als Einstein in Bern von 1902 bis 1909 am Patentamt arbeitete, hat er die innere Ruhe. Nur so wird für ihn 1905 das „Jahr der Wunder" möglich, in dem er vor allem die Spezielle Relativitätstheorie entwickelt. Einstein leitet als Professor für Theoretische Physik eine Revolution des Denkens ein. Von ihr ausgehend werden Physik und Astronomie völlig neu gedacht und entwickelt. Er entwickelt dabei auch Voraussetzungen für die Quantentheorie, die er sich selbst aber nicht zu eigen macht, weil er von einer Regelmäßigkeit der Schöpfung als grundlegender Struktur ausgeht. Diese Beharrlichkeit hat ihn in späteren Jahren als Wissenschaftler einsam gemacht. Dennoch ist die Innovation, die er im Fach Theoretische Physik bewirkt, derart außerordentlich, dass seine Irrtümer in späteren Jahren nicht sonderlich ins Gewicht fallen. Bisher wurde keine seiner grundlegenden Theorien widerlegt. Als Professor ist er für den wilhelminischen Wissenschaftsbetrieb ein Nonkonformist. Er begründet keine Schule, bildet keinen Doktoranden zur Promotion aus und keiner seiner Assistenten habilitiert sich bei ihm. Einstein ist als Wissenschaftler ein Einzelgänger, der aber in intensivem Austausch mit Kollegen steht.

Einstein „brennt" so intensiv für die Wissenschaft, dass er eine gewisse Distanz zu seinen Mitmenschen hält und sich nur den Menschen zuwendet, die er interessant findet. Gegenüber Frauen ist er dominant und egozentrisch. Dennoch zeigt er seinen Ehefrauen gegenüber immer wieder Empathie. Nur Mitglieder der Kernfamilie, vor allem die Mutter, prägen ihn. Seine Disziplin, enorme Konzentrationsfähigkeit, Erfolgsorientierung und durchaus auch Egozentrik hat er von ihr, denn den einzigen hochbegabten Sohn zu fördern, verhilft ihr dazu, als verheiratete Frau etwas Eigenständiges zu leisten, das weit über ihr hervorragendes Klavierspiel hinausreicht.

Einstein trägt nichts Entscheidendes zur Kriegswaffenentwicklung bei und arbeitet abgehoben von der Tagespolitik. Seine pazifistische Grundhaltung bewahrt ihn davor, von der Kriegsbegeisterung angesteckt zu werden. Neben all den für die Kriegswaffenentwicklung tätigen Berliner Naturwissenschaftlern ist Einstein so etwas wie ein „weißer Rabe". Dabei kommt ihm seine völkerverbindende Haltung zugute, die er durch Kontakte in den Niederlanden zu den theoretischen Physikern Lorentz und Ehrenberg und in der Schweiz zu dem französischen Schriftsteller und Pazifisten Romain Rolland bestärkt. Einstein ist ein Pazifist, der mitunter vom doktrinären Pazifismus abweicht und „pragmatische" Kompromisse macht. Einstein wünscht als Radikaldemokrat die Niederlage Deutschlands im Weltkrieg sowie den Sturz der Hohenzollern-Monarchie durch die Republik. Nur so scheint ihm ein Ende des aggressiven deutschen Militarismus möglich. 1918 ist Einstein von der Novemberrevolution begeistert, weil Ruhe und Ordnung gewahrt und kaum Gewalttaten verübt werden sowie die Macht des deutschen Militarismus für immer erledigt scheint. Einstein sieht seinen Irrtum bald ein. Nun orientiert er sich neu.

1919 wird die Richtigkeit von Einsteins Allgemeiner Relativitätstheorie empirisch nachgewiesen. Fortan ist Einstein weltweit ein Star. Er fördert den Starkult, nutzt aber die neue Rolle als Star, um für das zu werben, was ihm wichtig ist, nämlich den Zionismus und den Pazifismus. Personenkult lehnt Einstein strikt ab. Als Jude belastet ihn immer mehr, dass sein Volk diskriminiert und verfolgt wird. Deshalb entschließt er sich 1921 dazu, die Zionisten zu unterstützen, die in Palästina eine eigene Heimstatt aufbauen, mit dem Ziel, einen jüdischen Staat zu gründen. In den 1920er-Jahren schreibt Einstein über sein Außenseitertum: „Ich fühle, dass ich eine Person ohne Wurzeln bin. Die Asche meines Vaters liegt in Mailand. Ich begrub meine Mutter in Berlin und ich selbst bin ständig unterwegs – überall ein Außenseiter." [1007] Trotzdem hat Einstein viele Freunde und wird von vielen bewundert und geliebt.

Antisemitische Rechtsextreme erklären ihn zunehmend zum Feind, indem sie ihn schmähen und beleidigen. Wegen Morddrohungen verlässt er Deutschland im Herbst 1923 für mehrere Monate. Einstein unterstützt deutsche demokratische Politiker. Seine Utopie eines in Frieden geeinten Europas wird in der Zwischenkriegszeit nicht verwirklicht. Er wirbt für diese Haltung und für seine Arbeit in der Kommission für intellektuelle Zusammenarbeit des Völkerbundes. Sie ist die Vorgängerorganisation der UNESCO. Einsteins Engagement in der Kommission ist bis heute nicht hinreichend gewürdigt und auch kaum erforscht. Auch seine tiefgreifende Analyse der Fragen von Krieg und Frieden, die er im Auftrag des Völkerbundes im Jahr 1933 mit dem Psychoanalytiker Siegmund Freund vorlegt, gehört dazu.[1008] Einstein macht Leidenschaften, Affekte und Verhetzungen dafür verantwortlich, dass sich Menschen immer wieder für Eroberungskriege begeistern. Daher gilt es, Albert Einstein als einen der großen Europäer vor 1933 zu entdecken.

Einstein bereitet 1931 bis 1933 seine Emigration vor. Mit seiner Opposition gegen Hitler-Deutschland ist Einstein ein Ärgernis für die Nationalsozialisten, aber auch für viele Juden in Deutschland, die nicht erkennen wollen, dass die jüdischen Deutschen fortan ihr Glück in der Emigration suchen sollten. Erst nach der Reichspogromnacht am 9. November 1938 schließt sich ein Großteil der jüdischen Deutschen Einsteins Haltung an und emigriert oder versucht zu emigrieren. Für viele ist es zu spät. Sie werden von den Nationalsozialisten ermordet. Der Völkermord an fünf bis sechs Millionen Juden verbittert Einstein. In der Nachkriegszeit will er sich nicht mehr mit offiziellen deutschen Institutionen einlassen. Mit deutschen Einzelpersonen korrespondiert er jedoch. Sein wichtigster Freund in Westdeutschland bleibt Max von Laue. Einstein macht einen Kompromiss, indem er einem Westberliner Gymnasium erlaubt, sich nach seinem Namen zu nennen. Die jungen Menschen, die dort Schüler seien, seien weder für den Holocaust noch für den Krieg verantwortlich zu machen.

Einstein reformiert 1933 seinen Pazifismus und plädiert für die Tolerierung von Wehrdienstverweigerung in Gewissensfällen. Sonst befürwortet er eine defensive Aufrüstung der westlichen Demokratien, um der zu erwartenden Aggression Hitler-Deutschlands zu begegnen. In den USA gehört er zu denen, die für den Interventionismus eintreten. Folgerichtig fordert er mit dem Physiker Leó Szilárd den amerikanischen Präsidenten Roosevelt auf, eine Atombombe zu entwickeln, bevor Hitler den westlichen demokratischen Staaten damit zuvorkommt. 1945 bezeichnet Einstein diese Forderung als einen der größten Fehler seines Lebens, denn die USA gelangen als einziger Staat der Welt zu Atomwaffen, bis 1949 die Sowjetunion gleichzieht.

Einstein verlangt 1950 angesichts der Entwicklung der Wasserstoffbombe durch die USA eine Weltregierung, die einen Einsatz dieser Massenvernichtungswaffen als einzige Macht verhindern könnte. Bewusst verlangt er damit Utopisches. In seinem letzten Lebensjahr setzt er sich mit dem englischen Mathematiker und Philosophen Bertrand Russel für eine Welt ohne Atomwaffen ein. Wenn seit Hiroshima und Nagasaki keine einzige Atomwaffe mehr militärisch eingesetzt wurde, so hat das auch mit der Ächtung der Atomwaffen durch Pazifisten zu tun, viel stärker jedoch mit dem so genannten atomaren Patt. Einstein schreibt ein Jahr vor seinem Tod, dass er die ihn umgebende Gesellschaft stets kritisieren müsse und die lebensgefährlichen Gefahren nicht schweigend „schlucken" könne. Er bleibt bis zuletzt ein widerständiger Nonkonformist. Er bezeichnet sich selbst als Weltbürger.

Vergleicht man Einstein mit anderen deutschen Pazifisten, dann ist sein Wirken und sein Lebensgang beispiellos erfolgreich. Der deutsche Pazifist Ludwig Quidde (1858–1941), der 1927 den Friedensnobelpreis erhält, ist wie Einstein kein doktrinärer Pazifist. Beide befürworten defensive Kriege. Einstein hatte seine privilegierte Anstellung in Princeton nicht seinem Pazifismus zu verdanken, sondern seiner Rolle als weltweit anerkanntem Physiker-Star.

Einsteins Einsatz für den Zionismus und den jungen Staat Israel hält bis zu seinem Tod an. Seinen Nachlass stiftet er der Hebrew University in Jerusalem. Das Angebot, Präsident von Israel zu werden, lehnt er 1952 ab. Seine Unterstützung Israels jedoch bleibt vorbehaltlos. Heute ist Albert Einstein nicht nur für westliche Demokraten eine bedeutende Identifikationsfigur. Er trat für die Einigung Europas ein und hing einem aufklärerischen Vernunftglauben an, dem die Menschenrechte zugrunde liegen. Einstein steht für Freundlichkeit und Menschlichkeit.

Anmerkungen

1 Der Engländer. Faltblatt von Dorothea Hemminger und Christof Rieber. Europe Direct-Informationszentrum Ulm und Stadt Ulm/Repräsentation und Öffentlichkeitsarbeit, 2011.
2 Christof Rieber: Das Sozialistengesetz und die Sozialdemokratie in Württemberg 1878–1890. Stuttgart 1984 (= Schriften zur südwestdeutschen Landeskunde 18/1 und 18/2).
3 Z.B. Christof Rieber, 1995, 1999.
4 Albert Einstein an die Redaktion der Ulmer Abendpost, 18.3.1929. In: StA J 1 Neue Ordnung Einstein A; vgl. Einstein und Ulm, 1979, S. 98.
5 Zit. n. Norbert Frei: Zeitzeugen. In: Süddeutsche Zeitung 5, 7./8.1.2017, S. 5.
6 Isaacson, 2007, p. 88 f.
7 Spitzer, 2003, S. 255 ff.
8 Wolfrum, 2005 (Gebhardt), Bd. 23, S. 70.
9 Fritz Stern: Einstein's German World. Princeton 1999, hier zit. n. Ausgabe London 2001.
10 The Collected Papers and Correspondence of Albert Einstein. Various Editors. Princeton Bd. 1 ff. 1987 ff. (CPAE).
11 Stuttgarter Zeitung 299, 27.12.1999. In: StadtA Ulm G 2 Albert Einstein G 2.
12 Ebd.
13 SonntagsZeitung 1, 4.1.2009. In: Ebd.
14 Szöllösi-Janze, 1998, S. 14 f.
15 Fölsing, 1993.
16 Steiner, 1905.
17 Neffe, 2005.
18 Südwest Presse 36, 13.2.2016. In: StadtA Ulm G 2, A.
19 Albert Einstein an Heinrich Zangger, Ahrenshoop, 16.8.1918. In: CPAE Vol. 8B, p. 855 f.
20 Fölsing, 1983, S. 515 f.
21 Stuttgarter Zeitung 269, 20.11.2015. In: StA Ulm G 2 A.
22 Fölsing, 1993, S. 312 f.
23 Ebenda, S. 335 f.
24 Ebenda, S. 489.
25 Der Bund, 11.4.2015, freundliche Mitteilung von Herbert Hunziker vom 25.12.17.
26 de Padova, 2015, S. 276.
27 Janssen, Michael/Renn, Jürgen: Einsteins Weg zur allgemeinen Relativitätstheorie. In: Spektrum der Wissenschaft Spezial. Einsteins neue Weltordnung. 100 Jahre allgemeine Relativitätstheorie.[Stuttgart] 2015, S.12–19.
28 Brian Greene: 100 Jahre Raumzeit. Der Glanz des Genies. In: ebd., S. 6 ff.
29 Polchinski, Joseph: in: ebd., S. 62 ff.
30 Vgl. Frank Steiner (Hg.), 2005.
31 Fölsing, 1993, S. 371 ff.
32 Ebd., S. 644.
33 Ebd., S. 372 f.
34 Max Laue, theoretischer Physiker, hieß ab 1913 Max von Laue, weil sein Vater, ein preußischer Regierungsbeamter, in den erblichen Adelsstand erhoben wurde (Hermann, 1994, S. 204).
35 Bodanis, 2017, S. 54.
36 Ebd. , S. 57.
37 Albert Einstein an M. Solovine, [27.4.1906]. In: CPAE Vol. 5, p. 39 f.; der entsprechende Planck-Brief ist derzeit noch nicht gefunden worden.
38 Albert Einstein: Max Planck als Forscher. In: Die Naturwissenschaften 1 (1913), S. 1077–1079, ebenda, S. 1079, zit. n. Fölsing, 1993, S. 227.
39 Fölsing nimmt an, dass die Korrespondenz zwischen Max Planck und Einstein bereits vor dem 2.6.1906 begonnen hat (Fölsing, 1993, S. 226).
40 Max Planck an Albert Einstein, 6.7.1907. In: CPAE Vol. 5, p. 49 f.
41 Fölsing, 1993, S. 227.
42 Hermann, 1994, S. 156.
43 Schweizer Patentamt an Albert Einstein, Bern, 20.9.1904. In: CPAE Vol. 5, p. 29 f.
44 Patentamt an Albert Einstein, 27.4.1906. In: CPAE Vol. 5, p. 38 f.
45 Isaacson, 2007, p. 78.
46 Fölsing, 1993, S. 943; vgl. unten, Kapitel 4.
47 Albert Einstein an Rudolf Martin, Bern, 20.7.1905. In: CPAE Vol. 5, p. 33 f.
48 Vgl. Hermann, 1994, S. 150 f.
49 Max Planck: Das Prinzip der Relativität und die Grundgleichungen der Mechanik. In: Verhandlungen der Deutschen Physikalischen Gesellschaft, Bd. 8, 1906, S. 136–141, zit. n. Fölsing, 1993, S. 229.
50 Isaacson, 2007, p. 159.
51 Albert Einstein an Arnold Sommerfeld, 5.1.1908 bzw. 14.1.1908. In: CPAE Vol. 5, S. 85 f., S. 86 ff.
52 Mathematiker und Physiker, heiratet Anna Winteler (1872–1944), deren Bruder Paul Winteler Albert Einsteins Schwester Maja Einstein heiratet; Michele Besso lebte zeitweise in Rom und Triest, sonst v.a. am Patentamt Bern und war Privatdozent an der Universität Bern (CPAE Vol. 1, p. 379).
53 Albert Einstein an Michele Besso, 17.11.1909. In: CPAE Vol. 5, p. 218 f.
54 Albert Einstein an Michele Besso, 31.12.1909. In: CPAE Vol. 5, p. 225 f.
55 Albert Einstein an Jakob Laub, 27.8.1910. In: CPAE Vol. 5, p. 253 ff.; vgl. Albert Einstein an Arnold Sommerfeld, 19.1.1909 bzw. Juli 1910. In: CPAE Vol. 5, p. 228 ff., p. 244 ff.
56 Albert Einstein, Berlin, an Hedwig und Max Born, 27.1.1920. In: CPAE Vol. 9, p. 386 ff.
57 Professor für theoretische Physik an der Universität Leiden/Niederlande 1878–1912.
58 Arnold Sommerfeld an H.A. Lorentz, München, 26.12.1907. In: Lorentz Papers, Mikrofilm-Rolle 4, American Institute of Physics. Zit. n. Fölsing, S. 229.
59 Albert Einstein an Arnold Sommerfeld, 14.1.1908 In: CPAE Vol. 5, p. 86 ff.
60 Vgl. Hermann, 1994, S. 185.
61 Fölsing, 1993, S. 328.
62 1868–1934, physikalischer Chemiker, Wissenschaftsorganisator in Berlin.
63 Albert Einstein an Heinrich Zangger, 20.11.1911. In: CPAE Vol. 5, p. 352 f., und 25.12.1911. In: CPAE Vol. 5, p. 378 f.
64 Albert Einstein an Heinrich Zangger, 20.11.1911. In: CPAE Vol. 5, p. 352 f.; Albert Einstein an Heinrich Zangger, 25.12.1911. In: CPAE Vol. 5, p. 378 f.
65 Szöllösi-Janze, 2015[2], S. 244.
66 Einstein an Heinrich Zangger, 20.11.1911. In: CPAE Vol. 5, p. 352 f.
67 Fritz Haber an Albert Einstein, 19.12.1911. In: CPAE Vol. 5, p. 376 ff.
68 Ebd., p. 377, n. 1; Fritz Haber an Albert Einstein, 22.7.1914. In: CPAE Vol. 5, p. 539 f.
69 Fölsing, 1993, S. 328.
70 Ebd., S. 329.
71 Fölsing, 1993, S. 370.
72 vgl. de Dijne, 2016, S. 27 f.
73 Ebd., S. 28.
74 Fölsing, 1993, S. 946.
75 Ebd., S. 312.
76 Ebd., S. 333.
77 Ebd., S. 946.
78 Goenner, 2015, S. 41.
79 Fölsing, 1993, S. 334.
80 Gerlach, 1979, S. 95 [Kopie in: StadtA Ulm G 2 Albert Einstein F].
81 Szöllösi-Janze, 1998, S. 245 ff.
82 Ebd., 1998, S. 199 f.
83 Ebd., S. 250 f.
84 Ebd., S. 251.
85 Ebd., S. 252; Albert Einstein an Heinrich Zangger, 20.5.1912. In: CPAE Vol. 5, p. 467 ff.
86 Szöllösi-Janze, 1998, S. 253.
87 Ebd.
88 Szöllösi-Janze, 1998, S. 213.
89 Ebd., S, 253.
90 Ebd., S. 253; Albert Einstein an Erwin Freundlich, 7.12.1913. In: CPAE

Vol. 5, 581.
91 Fölsing, 1993, S. 375.
92 Szöllösi-Janze, 1998, S. 249 f.
93 Fritz Stern: Einstein's German World. Princeton 1999, zit. n. britischer Ausgabe: London 2000, S. 5 ff.
94 Stern, 2000, S. 5.
95 CPAE Vol. 5, p. 634.
96 Albert Einstein an Mileva Marić, 23.3.1901. In: CPAE Vol. 1, p. 281.
97 CPAE Vol. 1, p. 380.
98 Albert Einstein, Prag, an Elsa Löwenthal, 30.4.1912. In: CPAE Vol. 5, p. 456 ff.
99 Pauline Einstein an Albert Einstein, 18.9.2011. In: CPAE Vol. 5, p. 324, n. 5.
100 Mileva Marić-Einstein an Albert Einstein, Prag, 4.10.1911. In: CPAE Vol. 5, p. 331.
101 Fölsing, 1993, S. 369; vgl. Albert Einstein an Maurice Solovine, [16.-22.3. 1913]. In: CPAE 5, p. 517.
102 Albert Einstein an Elsa Löwenthal, 5.3.1914. In: CPAE Vol. 5, p. 600.
103 Albert Einstein an Mileva Einstein-Marić, 15.9.1914, In: CPAE Vol. 8B, p. 57 f., n. 4; Albert Einstein an Paul Ehrenfest, 8.7.1914. In: CPAE Vol. 8B, p. 41 f.
104 Adressbuch Ulm 1914, S. 149.
105 Albert Einstein an Elsa Löwenthal geb. Einstein, 10.10.1913. In: CPAE Vol. 5, p. 557 ff.
106 Albert Einstein an Elsa Löwenthal geb. Einstein, 30.4.1912. In: CPAE Vol. 5, p.456 ff.
107 Albert Einstein an Elsa Löwenthal, [11.?]8.1913. In: CPAE Vol. 5, p. 544 f.
108 Albert Einstein an Elsa Löwenthal geb. Einstein, 10.10.1913. In: CPAE Vol. 5, p. 558
109 Albert Einstein an Elsa Löwenthal geb. Einstein, nach 21.12.1913. In: CPAE Vol. 5, p. 585 f.
110 Ebd.
111 Hermann, 1994, S. 2079.1942.
112 Albert Einstein an Carl Erlanger, Barres 1307, Buenos Aires, Argentina, 18.9.1942. Kopie in: StadtA Ulm G 2 Albert Einstein E; Albert Einstein an Carlos Erlanger, 16.4.1929. In: Einstein und Ulm, 1979, S. 63, Nr. 45; vgl. Albert Einstein an Carlos Erlanger, 31.3.1949. In: StadtA Einstein, Albert G 2 bzw. Einstein und Ulm, 1979, Nr. 46, S. 63 f.; vgl. Henning Petershagen: Wo Albert Einstein geboren wurde. Das Haus Bahnhofstraße 20 ist ein Stück Geschichte der Ulmer Juden. In: Südwest Presse 203, 1.9.2012, S. 312. In: StadtA Ulm G 2 Albert Einstein A.
113 Adressbuch 1912.
114 StadA Ulm F3 fa, Bahnhofstraße 20; möglicherweise lag das Geburtszimmer auf der Rückseite des Gebäudes; vgl. Ballon-Luftaufnahme des Bahnhofviertels, um 1905. In: StadtA Ulm F3 fa.
115 Geburtsurkunde. In: Einstein und Ulm, 1979, S. 61, Nr. 42; CPAE Vol. 1, p. 1, n. 2.
116 Albert Einstein an Carlos Erlanger, 16.4.1929. Kopie in: StadtA Ulm G 2 F; vgl. Einstein und Ulm, 1979, S. 63, Nr. 45.
117 Einstein und Ulm, 1979, S. 64.
118 Albert Einstein an Carlos Erlanger, 31.3.1949. In: Einstein und Ulm, 1979, S. 63.
119 Albert Einstein an Pauline Einstein, 28.4.1910. In: CPAE 5, Document 204, p. 237 f.
120 Albert Einstein an Pauline Einstein, 28.4.1910. In: CPAE Vol. 5, p. 237 f.
121 Petershagen, 2016, S. 144.
122 Albert Einstein an Elsa Löwenthal, 5.3.1914. In: CPAE Vol. 5, p. 600.
123 Ebd.
124 Albert Einstein an Elsa Löwenthal, nach 21.12.1913. In: CPAE Vol. 5, p. 585.
125 Albert Einstein an Elsa Löwenthal, vor 2.12.1913. In: CPAE Vol. 5, p. 572 f.
126 Szölösi-Janze, 1998, S. 253.
127 Die Augsburger Familienanwältin Arne-Kathrin Kilg-Meyer bestätigt dies in ihre darüber geschriebenen Kurzbiografie: Kilg-Meyer, 2015, passim; vgl. StadtA G 2 Albert Einstein C.
128 Albert Einstein an Elsa Löwenthal, Mitte Januar 1914. In: CPAE Vol. 5, p. 593.
129 Szölösi-Janze, 1998, S. 253.
130 CPAE Vol. 8B, p. 990.
131 CPAE Vol. 8B, p. 991.
132 CPAE Vol. 8A, p. 45, n. 3.
133 CPAE Vol. 8B, p. 45, n. 3.
134 Dieter Hoffmann: Einsteins Berlin. Auf den Spuren eines Genies. Berlin 2006, S. 203.
135 Albert Einstein an Mileva Einstein, Memorandum with Comments, ca. 18.7.1914. In: CPAE Vol. 8A, p. 44 f.
136 Albert Einstein an Mileva Einstein, ca. 18.7.1913. In: CPAE Vol. 8B, p. 45.
137 Albert Einstein an Elsa Löwenthal, 24.7.1914. In: CPAE Vol. 8B, p. 47 f.
138 Michelle Besso an Albert Einstein, 17.1.1928, zit. n. Fölsing, 1993, S. 383, 875.
139 Pers. Mitt. von Helen Dukas an A. Pais, zit. n. ebenda.
139 Albert Einstein an Elsa Löwenthal, 24.7.1914. In: CPAE Vol. 8B, p. 47 f., n. 2.
141 Albert Einstein an Elsa Löwenthal, nach 26.7.1914. In: CPAE Vol. 8B, p. 48 f.
142 Albert Einstein an Elsa Löwenthal, 30.7.1914. In: CPAE Vol. 8B, p. 50 f.
143 Albert Einstein an Elsa Löwenthal, 30.7.1914. In: CPAE Vol. 8B, p. 51 f.
144 Neffe, 2005, S. 114.
145 Albert Einstein an Mileva Einstein-Marić, 18.8.1914. In: CPAE Vol. 8B, p. 55 f.
146 Szöllösi-Janze, 2010², S. 124, 131, 142, 191 ff
147 Albert Einstein an Helena Savić, 8.9.1916. In: CPAE Vol. 8B, p. 337 f.; Übersetzung aus dem Französischen zt. n. Neffe, 2005, S. 189.
148 Einstein und Ulm, 1979, S. 50.
149 Palaoro, 2009, S. 95 f.
150 Ebd., S. 44 f.
151 Er war Leiter des Stadtarchivs und gehörte zu den im Herbst 1920 gegründeten Wehrbund „Schwabenbanner Ulm", an dessen Spitze er bis zu seinem Tod am 7. Juni 1938 stand. Erst 1939 wurde das „Schwabenbanner" aufgelöst. Seine paramilitärische Karriere kennzeichnet ihn als republikfeindlichen Rechtsextremisten (Raberg, Lexikon, 2010, S. 377).
152 Walter Schmidlin: Die Juden in Ulm. In Ulm und Oberschwaben 31 (1941), S. 73 ff.
153 Ebd., 20, S. 168.
154 Ebd., S. 169.
155 Ebd., S. 168 f.
156 Ebd., S. 169.
157 Ulmer Schnellpost 4, S. 420, zit. n. Engel, 1982. S. 62.
158 Ebd., S. 32; die weitere Bevölkerungsentwicklung in: Einstein und Ulm, S. 50.
159 Engel, 1982, S. 51.
160 Ebd., S. 62.
161 Ebd.; Ulmer Schnellpost 214, 14.9.1873, S. 835.
162 Ebd.
163 Ebd.
164 Ebd.
165 Ulmer Schnellpost 213, 13.9.1873.
166 Raberg, Lexikon, 2010, S. 295 f.
167 Wettengel, 2015, S. 326.
168 Ulmer Schnellpost, 22.11.1861, S. 1100 zit. n. Engel, 1982, S. 88.
169 StadtA Ulm B 005/5 Nr. 87, §§ 1001, 1017, 1077.
170 Wettengel, 2015, W. 326; vgl. Weltin, 1990, S. 468 f.
171 Mitglieder der israelitischen Gemeinde spenden für das Ulmer Münster, in: Fink, 1990, S. 72 f.; Münsterblätter 1 (1878), S. 23, zit. n. Wettengel, 2015, S. 326.

172 Szöllösi-Janze, 2015², S. 58 f.
173 Szöllösi-Janze, 2015², S. 58 f.
174 Berghahn, 2003 (Gebhardt Bd. 16), S. 170.
175 Ebd., S. 172.
176 Ebd., S. 172 f.
177 Ebd., S. 173.
178 Ebd., S. 175.
179 Selbst wenn man eine gewisse Verzinsung in 21 Jahren in Rechnung stellt, reicht die Stiftungssumme am Ende nicht vollständig für das Künstlerhonorar für die Jeremias-Figur aus, was man 1877 kaum wissen konnte (freundl. Mitt. von Gunther Volz, Ulm, vom 15.3.2018).
180 Freundl. Mitt. von Gunther Volz, Ulm, der an einer Veröffentlichung über Carl Federlin arbeitet.
181 Einstein und Ulm, 1979, S. 58.
182 Bergmann, 2009, S. 11.
183 Raberg, Lexikon, 2010, S. 536.
184 Maier, 1877, S. 1.
185 Ebd., S. 38.
186 Fölsing, 1993, S. 50, 52 f., 67, 83.
187 Raberg, Lexikon, S. 308 f.
188 Gawatz, 2000, S. 305.
189 Ebd., S. 306.
190 Ebd., S. 308.
191 StadtA Ulm, B 005/1 Nr. 4, 45; Ulmer Bilderchronik, Bd. 2, 1931, S. 82.
192 StadtA Ulm, B 005/1, Nr. 4, 50.
193 Ebd., Nr. 4, 52.
194 Ebd., Nr. 4, 54.
195 Einstein und Ulm, 1979, S. 50.
196 Engel, 1982.
197 Szölösi-Janze, 2015, S. 24.
198 Ebd.
199 Treu, 2014, S. 106 ff.
200 StadtA Ulm B 2: 961/21, Nr. 17 (1878–81), S. 312.
201 StadtA Ulm B 122/51 Nr. 60, 42; vgl. Engel, 1982, S. 51.
202 Ulmer Adressbücher von 1870, 1873, 1876 und 1878.
203 StadtA Ulm B 377/01-377/02, Nr. 3, Israelitische Kirchengemeinde.
204 Jahresbericht Stuttgart, 1871.
205 Die Cannstatter Synagoge (Fölsing, 1993, S. 943) wurde erst später eingeweiht.
206 Adressbuch Ulm 1878.
207 Einstein und Ulm, 1979, S. 56.
208 Dorothea Hemminger/Christof Rieber: Der Engländer. Faltblatt. Hg.: Stadt Ulm, Europabüro-Europe Direct in Zusammenarbeit mit der Zentralstelle, Öffentlichkeitsarbeit und Repräsentation, o.J. (2012); Henning Petershagen: Wo Einsteins Vater arbeitete. In: Südwest Presse 210, 11.9.2010, S. 32.
209 www.genipedia.de.
210 Ebd., S. 65.
211 Vgl. Köpf, 1982, S. 168.
212 Hemminger/Rieber, 2012.
213 Koepf, 1982, S. 121.
214 Freundl. Mitt. von Dr. Günter Kolb, Landesdenkmalamt Tübingen, Juli 2010.
215 www.genipedia.de.
216 Adressbuch 1870 und 1873, Branchenverzeichnis; allerdings findet sich 1870 und 1873 keine Eintragung für August Einstein im Personenverzeichnis des Adressbuchs.
217 Gantsache 1879 (StadtA Ulm B 005/5 Nr. 75: Gemeinderats-Protokoll, 1879, § 314, [den 8. April 1879] „[...] gegen August Einstein, Kaufmann, Inhaber der Firma A.R. Einstein, [...] § 251, [den 8. April 1879] Als Güterpfleger wird vorgeschlagen Friedrich Rommel in der Gantsache des August Einsteins, Kaufmanns, Innhaber der Firma A.R. Einstein."

218 StadtA Ulm B 961/21, Nr. 19, S. 444 f.
219 Raberg, Lexikon, 2010, S. 508.
220 StadtA Ulm B 122/51 Nr. 60, 42; vgl. Engel, 1982, S. 51.
221 Adressbuch Ulm 1865.
222 Allgemeine Zeitung des Judentums, 5.6.1891, zit.n. www.allemannia.wirtembergia.de.
223 Wie Anm. 27.
224 StadtA Ulm, B 961/21/16, S. 312.
225 StadtA Ulm, B 961/2120, S. 312.
226 StadtA Ulm, B 961/19, S. 1742.
227 Albert Einstein an Pauline Einstein 28.4.1910. In: CPAE Vol. 5, p. 237 f.
228 Ebd.
229 Adressbuch Ulm 1883.
230 Adressbuch Ulm 1891.
231 Adressbuch Ulm 1900; nun verkauft er das Haus Lange Str. 11 (ebd.).
232 Fölsing, 1993, S. 44.
233 Familienregister Cannstatt 963 bzw. 192. In: StadtA Stuttgart.
234 Hohenzollernsche Blätter vom Juni 1881.
235 Muth, 2013, S. 47–64.
236 Ebd.
237 StadtA Zürich: VIII E 18 (1876–1892).
238 StadtA Ulm, Familienregister 8, 118.
239 Vgl. Kapitel 1.
240 geb. München, (Geburtsurkunde für Manuel Louis Koch, geb. München, Adlzreiterstr. 14 am 1.8. 1887, vom 30.9.1887 (StadtA Zürich 366)).
241 Verzeichnis der Bürger der Stadt Zürich [...] auf 1. Oktober 1904. Zürich 1904. In: StadtA Zürich: Nr. 13, 850.
242 Der Betrag der von Jakob Koch gezahlten Gemeindesteuer spricht für Wohlstand, aber nicht für Reichtum: Vermögen: 150 sfr; Total: 150 sfr; Steuerbetrag: 900 sfr; Hälfte 450 sfr („Koch, Jacob, Kfm. In Genua, Riesbach; Bahnhofstr. 73" (StadtA Zürich StadtA Zürich III Riesbach: Gemeindesteuer 1890, Register); 1891 wird genauso viel Gemeindesteuer entrichtet und die Adresse Löwenstr. 43 hinzugefügt (ebd.).
243 Albert Einstein an Julia Niggli, 6.[?]8.1899. In: CPAE Vol. 1, p. 221 ff.
244 Verzeichnis der Bürger der Stadt Zürich [...] auf 1. Oktober 1904. Zürich 1904. In: StadtA Zürich: Nr. 13, 850
245 Henning Petershagen: Wo Albert Einstein geboren wurde. Das Haus Bahnhofstraße 20 ist ein Stück Geschichte der Ulmer Juden. In: Südwest Presse 203, 1.9.2012, S. 32.
246 Bis 30.6.1894: Bahnhofstraße B 135 (Adressbücher 1890, 1894).
247 Einstein und Ulm, 1979, S. 65.
248 Maja Winteler-Einstein [ab 1924], Albert Einstein. In: CPAE Vol. 1, p. 1.
249 StadtA Ulm, Steuer-Cataster StA Ulm: B 961/21, 16, I. Band, S. 300.
250 StadtA Ulm, Steuer-Cataster StadtA Ulm: B 961/21, 16, I. Band, S. 93.
251 StadtA Ulm, Steuer-Cataster StadtA Ulm: B 961/21, 16, I. Band, S. 308.
252 1842–1902. [Jubiläumsfestschrift der] Bettfedernfabriken Straus & Co Cannstatt, Untertürkheim, Berlin, Paris, Odessa, Moskau (Cannstatt 1902), S. 9 ff. (www.bv.untertuerkheim.de/pdf/Straus-Bettfedernfabriken-Festschrift-1902-Wirtemberg-de.pdf.).
253 Jubiläumsfestschrift, (1902), S. 10 ff.
254 Fölsing, 1993, S. 21.
255 Ebd.
256 Brachner u.a. (Hg.), 2005, S. 17.
257 CPAE Vol. 1, p. lii
258 Pläne und Aufrisse. In: Brachner u.a. (Hg.), 2005, S. 18.
259 Fölsing, 1993, S. 22.
260 Ebd., S. 42 f.
261 Anzeige von 1891 (ebd., S. 44).
262 Brachner u.a. (Hg.), 2005, S. 41.
263 Nicolaus Hettler: Die Elektrotechnische Firma J. Einstein & Cie in München. Stuttgart 1996.
264 Neffe, 2005, S. 45 ff.
265 Brachner u.a. (Hg.). 2005, S. 41.

266 Ebd., S. 42 f.
267 Ebd., S. 44.
268 Brachner u.a. (Hg.), 2005, S. 45.
269 Neffe, 2005, S. 55.
270 Ebd.
271 Ebd., S. 54 f.
272 Brachner u.a. (Hg.), 2005, S. 46.
273 Neffe, 2005, S. 55 f.
274 CPAE Vol. 1, lii f.
275 CPAE Vol. 1, p. liii f.
276 CPAE Vol. 1, p. liv, n. 21.
277 Freundl. Mitt. von Dipl. oec. Jutta Hanitsch, Geschäftsführende Direktorin des Wirtschaftsarchivs Baden-Württemberg, Stuttgart-Hohenheim, vom 16.3.2018.
278 Freundl. Mitt. von Eva Krampen-Kosloski vom Oktober 2017.
279 CPAE Vol. 5, p. liv, note 23; Adolph Lehmanns Allgemeiner Wohnungsanzeiger 1906–1912 (steht im Netz).
280 Ebd., 1906.
281 Quellenangabe durch freundl. Mitt. von Marco Huggele, vom März 2018, zu emitteln über „Anno".
282 Ida geht es materiell gut, weil sie von ihrem Sohn Robert unterstützt wird (Albert Einstein an Pauline Einstein, 28.4.1910. In: CPAE Vol. 5, p. 557 f.).
283 Ida Einstein an Albert Einstein, 3.8.1913. In: CPAE Vol. 5, p. 541.
284 CPAE Vol. 1, p. lv.
285 Albert Einstein an Maja Winteler, Zürich, 1898. In: Maja Winteler: Beitrag, S. 17. In: CPAE Vol. 1, p. 211.
286 Neffe, 2005, S. 24.
287 Pyta, 2015, S. 243.
288 Neffe, 2005, S. 24 ff.
289 Pyta, 2015, S. 247.
290 Vgl. Neffe, 2005, S. 30 f.
291 Fölsing, 1993, S. 28, 943.
292 Fölsing, 2015, S. 34.
293 Vgl. Albert Einstein an Rudolf Martin, Dekan der philosophischen Fakultät der Universität Zürich, 20.7.1905. In: CPAE Vol. 5, p 33 f.
294 Neffe, 2005, S. 37Ad.
295 Goenner, 2015, S. 11.
296 Raberg, Lexikon, 2010, S. 536.
297 Kantonschule Aargau, Personalakte [26.10. 1895 – 3.10.1896]. In: CPAE Vol. 1, S. 15 ff.
298 Freundl. Mitt. von Herbert Hunziker, Alte Kantonsschule Aarau, vom 14.9.2017.
299 Programm der Aargauischen Kantonschule für das Schuljahr 1896/97, 1897; freundl. Mitt. von Herbert Hunziker, Alte Kantonschule Aarau, vom 14.9.2017.
300 Ebd., S. 13.
301 Winteler, [1924], Lebensbild. In: CPAE Vol. 1, p. lvi.
302 Ebd., p. lvii.
303 Neffe, 2005, S. 27.
304 Ebd., S. 28.
305 Neffe, 2005, S. 27.
306 Albert Einstein an Paul Nathan, 3.4.1920. In: CPAE Vol. 9, p. 492; vgl. Fölsing, 1993, S. 28 f.
307 Spitzer, 2009, S. 255 ff.
308 Winteler, Lebensbild, [1924]. In: CPAE Vol. 1, p. lxiv; Neffe, 2005, S. 29.
309 Ebd., S. 30.
310 Winteler, Lebensbild [1924], p. lxii.
311 Einstein, 1979.
312 Otto Neustätter an Albert Einstein, 12.3.1929. Zit. n. Fölsing, 1993, S. 48.
313 Winteler, Lebensbild, [1924], CPAE 1, 1987, p. lxiii.
314 Ebd., p. lxiii.

315 Albert Einstein an Philipp Frank, Briefentwurf, 1940. Zit. n. Fölsing, 1993, S. 41.
316 Bodanis, 2017, S. 21.
317 Albert Einstein: Die Religiosität der Forschung. In: Mein Weltbild. Erstdruck 1934. Zit. n. Steiner, 2005, S. 207.
318 Ebd., S. 210.
319 Ebd., S. 213 f.
320 Renn, 2016, S. 61.
321 Seelig, 1960, S. 13.
322 Neffe, 2005, S. 36.
323 Fölsing, 1993, S. 37.
324 Renn, 2016, S. 61.
325 Albert Einstein, 1992, S. 4, zit. n. Renn, 2006, S. 63.
326 CPAE Vol. 1, p. 384.
327 Albert Einstein an Caesar Koch, 1924 In: CPAE Vol. 14, p. 354 f.
328 Fölsing, 1993, S. 48 ff.
329 Albert Einstein an Caesar Koch, Sommer 1895. In: CPAE Vol. 1, p. 9 f.
330 Z.B. Albert Einstein an Caesar Koch, Favia, Sommer 1895. In: CPAE Vol. 1, p. 9 f.
331 Albert Einstein an Elsa Einstein, 9.10.1924. In: CPAE Vol. 14, S. 526.
332 Neffe, 2005, S. 55.
333 Einstein, Autobiographisches, zit. n. Fölsing, 1993, S. 51.
334 Gustav Maier an Jost Winteler, 26.10.1895. In: CPAE Vol. 1, S. 14.
335 Freundl. Mitt. von Herbert Hunziker, Aarau, vom Oktober 2017.
336 Fölsing, 1993, S. 624.
337 De Dijne, 2016, S. 78.
338 Albert Einstein an Mileva Marić, Mettmenstetten, 10.[?]8.1899. In: CPAE Vol. 1, p. 225 ff.
339 CPAE Vol. 1, p. 385 f.
340 Albert Einstein an Julia Niggli, 6.[?]8.1899. In: CPAE Vol. 1, p. 221 ff.
341 Albert Einstein an Mileva Marić, Mettmenstetten, 22.[?]7.1901, p. 312 f.
342 Albert Einstein, Mailand, an Mileva Marić, 23.3.1901. In: CPAE Vol. 1, p. 279 ff., p. 281.
343 see the Confirmation and the Declaration of Property in a Concession for Electric Lighting, both of 7 May 1900, IMN, notarial files of Giycomo Galli, nos. 4962/2034 and 4963/2039 CPAE Vol. 1, p.##.
344 Ebd., p. 281, n. 15; see the list of creditors in the Inventory of 25 october 1902, IMN, notarial files of Domenico Fiva, no. 3922/1227).
345 Albert Einstein an Mileva Marić, zweite Maihälfte [?] 1901. In: CPAE Vol. 1, p. 300.
346 Albert Einstein an Mileva Marić, 15.4.1901 In: CPAE Vol. 1, p. 291 ff. bzw. CPAE Vol. 1, p. 255, n. 4.
347 Einstein, Autobiographisches, 1969, S. 10, zit. n. Fölsing, 1993, S. 65.
348 Receipt for the Return of Doctoral Fees, Zürich, 1.2.1902. In: CPAE Vol. 1, p. 331.
349 Fölsing, 1993, S. 100 f.
350 Ebd., S. 101.
351 Albert Einstein an Mileva Marić, 8.[?] 2.1902. In: CPAE Vol. 1, p. 334 f.
352 CPAE Vol. 1, p. 382; CPAE Vol. 5, p. 638 f.].
353 Grüning, 1990, S. 158.
354 Ebd.
355 Neffe, 2005, S. 116 f.
356 Grüning, 1990, S. 215.
357 Ebd., S. 42.
358 CPAE Vol. 1, p. 385.
359 Freundl. Mitt. von Dr. Alexandra Vlachos, Bern, 19.1.2018; Albert Einstein an Marie Winteler, 14.1.1869; 3.2.1869; ca. 5.2.1896; 18.2.1896; ca. 24.2.1896; 2.3.1896; 14.4.1896; 3.10.1896; 14.4.1896; 3.10.1896; 14.4.1896; 3.10.1896; 24.3.1897; 21.5.1897; 21.5.1897; 6.9.1899; 15.9.1909; 7.3.1910; 15.7.1910; 7.8.1910. In: CPAE Vol. 15, p. 3 ff.
360 Ebd.
361 Albert Einstein an Marie Winteler, Pavia, 21.4.1896. In: CPAE Vol. 1,

362 p. 21 f.
362 Marie Winteler an Albert Einstein, Olsberg, [4.–25.11.] 1896, Olsberg, 30.11.1896. In: CPAE Vol. 1, p.50 f., p. 52 f.
363 Albert Einstein an Pauline Winteler, [Mai 1897]. In: CPAE Vol. 1, p. 55 f.
364 Vgl. Susan Marti/Stephanie Gropp: Ein Liebesbrief von Albert Einstein. In: Berner Zeitschrift für Geschichte 03/2016. Freundl. Mitt. von Herbert Hunziker, Aarau vom Dezember 2017.
365 CPAE Vol. 1, p. 385.
366 Berner Zeitung, 11.4.2015, freundl. Mitt. von Herbert Hunziker, Aarau.
367 Ebd.; Albert Einstein an Marie Winteler, 7.3.1910. In: CPAE Vol. 15, p. 20 f.
368 Der Bund, zit. n. https://www.derbund.ch/bern/stadt/Verfehlte-Liebe-verfehltes-Leben/story/16356317.
369 Freundl. Mitt. von Herbert Hunziker, Aarau, vom 25.12.2017; freundl Mitt. von Dr. Alexandra Vlachos, Historisches Museum der Stadt Bern, an C. Rieber, 19.1.2018: http://www.bezg.ch/img/publikation/16_3/gropp-marti.pdf.
370 Albert Einstein an Mileva Marić, Zürich, 16.2.1898. In: CPAE Vol. 1, p. 211 f.
371 Albert Einstein an Mileva Marić, 13. oder 20.3.1899. In: CPAE Vol. 1, p. 215 f.
372 Albert Einstein an Mileva Marić, early August 1899. In: CPAE Vol. 1, p. 220 f.
373 Einstein an Mileva Marić, 10.[?].8.1899. In: CPAE Vol. 1, p. 225 ff.
374 Albert Einstein an Mileva Marić, Mettmenstetten, Anfang August 1899. In: CPAE Vol. 1, p. 220 f.
375 Albert Einstein an Mileva Marić, 10.8.1899. In: CPAE Vol. 1, S. 225 ff.
376 Mileva Marić an Albert Einstein, 1900 [?]. In: CPAE Vol. 1, p. 242.
377 Albert Einstein an Mileva Marić, Paradies (Mettmenstetten), 10.[?]8.1899. In: CPAE Vol. 1, p. 225 f.
378 Isoz, 2006, S. 56, mit Foto von Anna Schmid.
379 Albert Einstein an Anna Meyer-Schmid, Bern, 12.5.1909. In: CPAE Vol. 5, p. 181.
380 Albert Einstein an Georg Meyer, 7.6.1909. In: CPAE Vol. 5, p. 158 f.
381 Freundl. Mitt. von Hanspeter Isoz vom 21.1.201; vgl. Isoz, passim.
382 www.altwerden-spaeter.blog.> 2017/01/07.
383 Albert Einstein an Mileva Marić, 28.[?]7.1900. In CPAE Vol. 1, p. 248 f.
384 Albert Einstein, Melchtal, an Mileva Marić, 1.8.1900 In: CPAE Vol. 1, p. 249 f.
385 Albert Einstein, Zürich, an Mileva Marić, 14.[?]8.1900 In: CPAE Vol. 1, p. 254 f.
386 Albert Einstein, Mailand, an Mileva Marić, 20.8.1900 In: CPAE Vol. 1, p. 255 ff.
387 Mileva Marić an Albert Einstein, 2.5.1901 In: CPAE Vol. 1, p. 295.
388 Mileva Marić an Albert Einstein, 3.5.1900 In: CPAE Vol. 1, p. 277 f.
389 Mileva Marić an Albert Einstein, zweite Maihälfte [?]. In: CPAE Vol. 1, p. 301.
390 Albert Einstein an Mileva Marić, 28[?]5.1901. In: CPAE Vol. 1, p. 304 f.
391 Albert Einstein an Mileva Marić, 4.[?]6.1901. In: CPAE Vol. 1, p. 306 f.
392 Albert Einstein an Mileva Marić, 7.[?]7.1901. In: CPAE Vol. 1, p. 308 f.
393 CPAE Vol. 1, p. 382 f.
394 Albert Einstein an Mileva Marić, 19.12.1901. In: CPAE Vol. 1, p. 328 f.
395 Ebd.
396 Albert Einstein an Mileva Marić, 28.12.1901. In: CPAE Vol. 1, p. 329 f.
397 Albert Einstein an Mileva Marić, 19.12.1901. In: CPAE Vol. 1, p. 328 f.
398 Fölsing, 1993, S. 127.
399 Albert Einstein an Carl Seelig, Princeton, 5.5.1952, zit. n. Fölsing, 1993, S. 127.
400 Sayen, 1985, S. 70, zit. n. ebd., S. 482.
401 Albert Einstein an Mileva Marić, 4.2.1902. In: CPAE Vol. 1, p. 332 f.
402 Albert Einstein an Michele Besso, 22.1.1903. In: CPAE Vol. 5, S. 10 ff.
403 CPAE Vol. 1, p. 282; Habicht promoviert 1904 und geht als Gymnasiallehrer in den Kanton Graubünden (ebd., S. 137).

404 Fölsing, 1993, S. 118 f.; zieht 1905 nach Lyon und später nach Paris (ebd., S. 137, 255, 291, 369, 592, 594, 695).
405 Albert Einstein an Elsa Löwenthal, 7.5. und 21.5.1912. In: CPAE Vol. 5, p. 459, p. 469 f.
406 Albert Einstein an Elsa Löwenthal, 30.4.1912. In: CPAE Vol. 5, p. 456 f.
407 Albert Einstein an Elsa Löwenthal, 23.3.1913. In: CPAE Vol. 5, p. 517 f.
408 Albert Einstein an Elsa Löwenthal, 11.8.1913. In: CPAE Vol. 5, p. 544 f.
409 Albert Einstein an Elsa Löwenthal, nach 11.8.1913. In: CPAE Vol. 5, p. 545 f.
410 Szölösi-Janze, 1998, S. 253.
411 Albert Einstein an Elsa Löwenthal, nach 21.12.1913. In: CPAE Vol. 5, p. 585.
412 Albert Einstein an Elsa Löwenthal, vor 2.12.1913. In: CPAE Vol. 5, p. 572 f.
413 Albert Einstein an Michele Besso, 12.2.1915. In: CPAE Vol. 8B, p. 91 f.
414 Albert Einstein an Heinrich Zangger, ca. 10.4.1915. In: CPAE Vol. 8B, p. 116 ff.
415 Michele Besso an Albert Einstein, 30.10.1915. In: CPAE Vol. 8B, p. 188 f.
416 Albert Einstein an Heinrich Zangger, 26.11.1915. In: CPAE Vol. 8B, p. 204 ff.
417 Albert Einstein an Michele Besso, Arenshop, [29.7.1918]. In: CPAE Vol. 8B, p. 835 ff.
418 Heiratsurkunde, Berlin, 2.6.1919. In: CPAE Vol. 9, p. 82; Zivilregister-Bericht, Berlin 2.6.1919. In: ebenda, p. 83 f.
419 Albert Einstein an die Jüdische Gemeinde von Berlin, 5.1.1912. In: CPAE Vol. 12, p. 29.
420 Goenner, 2015, S. 69.
421 Isaacson, 2007, p. 245 f.
422 Ilse Einstein an Georg Nicolai, 22.5.1918. In: CPAE Vol. 8B, p. 769 ff.; vgl. Neffe, 2005, S. 120.
423 Ilse Einstein an Georg Nicolai, 22.5.1918. In CPAE Vol. 769.
424 Z.B. Ilse Einstein an die Protestantische Synode von Berlin, 9.3.1920. In: CPAE Vol. 9, p. 467 f.
425 Neffe, 2005, nach S. 256, Fotoseite 11; ebenda, S. 438.
426 CPAE Vol. 14 (2015, seit Dezember 2016 im Netz).
427 Albert Einstein an Betty Neumann, 8.8.1923. In: CPAE Vol. 14, p. 165 f.
428 Albert Einstein, Berlin, an Betty Neumann, 28.10.1924. In: CPAE Vol. 14, p. 544
429 Artikel ‚Hans Mühsam'. In: www.wikipedia.de vom 31.5.2017.
430 Albert Einstein, Berlin, an Betty Neumann, 15.6.1924. In: CPAE Vol. 14, p. 401.
431 Albert Einstein an Betty Neumann, Lautrach, 8.8.1923. In: CPAE Vol. 14, p. 165 f.
432 Albert Einstein: Empfehlung für Betty Neumann, Berlin, 23.8.1923. In: CPAE Vol. 14, p. 170.
433 Albert Einstein an Betty Neumann, zwischen 15. und 31.7.1923. In: CPAE Vol. 14, p. 138 f.
434 Albert Einstein an Betty Neumann, Berlin, 30.9.1923. In: CPAE Vol. 14, p. 207 f.
435 Albert Einstein an Betty Neumann, Leiden, 30.9.1923 bzw. Berlin, 30.10.1923 bzw. Leiden, 4.12.1923 bzw. Berlin, 11.1.1924 Genf, 26.7. bzw. 27.7. bzw. Lautrach, 6./8.8.1924. In: CPAE Vol. 14, p. 207 f. bzw. p. 222 bzw. p. 264 f. bzw. p. 316 f. bzw. p. 462 bzw. p. 463 f. bzw. p. 467 f.
436 Albert Einstein an Betty Neumann, Bonn, 21.9.1923. In: CPAE Vol. 14, p. 193.
437 Angebot eines Lehrstuhls an der Columbia University in New York. Doc. 11. In: CPAE Vol. 14, Nr. 140, p. 277.
438 Albert Einstein, Berlin, 7,11.1923. In: CPAE Vol. 14, S. 227.
438 Albert Einstein an Betty Neumann, Leiden, 13.11.1923. In: CPAE Vol. 14, p. 244.
440 Albert Einstein an Betty Neumann, Leiden, 27.11.1923. In: CPAE Vol. 14, p. 258.

441 Albert Einstein an Betty Neumann, Leiden, 4.12.1924. In: CPAE Vol. 14, p. 264 f.
442 Hans Mühsam an Albert Einstein, 9.12.1923. In: CPAE Vol. 14, p. 279 ff.
443 Albert Einstein an Betty Neumann, 14.1.1924. In: CPAE Vol. 14, p. 317.
444 Albert Einstein, Kiel, an Betty Neumann, 24.5.1924. In: CPAE Vol. 14, p. 386.
445 Albert Einstein an Betty Neumann, Berlin, 28.1.1924. In: CPAE Vol. 14, p. 321.
446 Albert Einstein an Betty Neumann, Berlin, 30.1.1924. In: CPAE Vol. 14, p. 322 f.
447 Albert Einstein, Berlin, 5.6.1924. In: CPAE Vol. 14, p. 401.
448 Albert Einstein, Lautrach, 6. and 8.8.1924. In: CPAE Vol. 14, p. 467 f.
449 Albert Einstein, Leiden, 10.10.1924. In: CPAE Vol. 14, p. 527.
450 Stern, 2000, p. 142.
451 Einsteins Antwortbrief ist adressiert an „Frau Flora Neumann Griesplatz 2 Graz Österreich" (Albert Einstein, Lissabon, an Flora Neumann-Mühsam, 11.3.1925. In: CPAE Vol. 5, p. 713).
452 Neffe, 2005, S. 119.
453 Elsa Einstein an Hermann Struck und Frau, o.O, o.D., 1929, Max Planck-Gesellschaft, zit. n. Fölsing, 1993, S. 483.
454 Fölsing, 1993, S. 483.
455 Grüning, 1990, S. 258.
456 Ebd., S. 158 f.
457 Albert Einstein an Michele Besso, 12.12.1920. In: CPAE Vol. 9, p. 293 f.
458 Ehlers, 2005, S. 17.
459 Grüning, 1990, S. 251.
460 Ebd., S. 249.
461 Freundl. Mitt. von Herbert Hunziker, Aarau, März 18; das sogenannte „Gassenhauer-Trio" (freundl. Mitt. von Gerhard Hunold, Ulm, 27.3.18).
462 Lise Meitner an Max Born, 1.6.1948. Archiv der Max Planck-Gesellschaft, Berlin. Zit. n. Hermann, 1994, S. 45.
463 Ehlers, 2005, S. 182.
464 Ebd., S. 184.
465 Renn, 2006, S. 59.
466 CPAE Vol. 1, p. 382.
467 CPAE Vol. 5, p. 31 f., Doc. 27.
468 Albert Einstein: Über einen die Erzeugung und Umwandlung des Lichtes betreffenden heuristischen Gesichtspunkt", Annalen der Physik 17, 1905, S. 132–194. Beendet am 17. März, eingegangen am 18. März 1905.
469 Schwäbische Zeitung Ulm 56, 8.3.2004. In: StadtA Ulm G 2 Albert Einstein F.
470 Felix Strautmann (Quelle: htpp://www.news.uzh.ch/de/articles/2005/1552.html./); Albert Einstein: Eine neue Bestimmung der Moleküldimensionen. Dissertation an der Universität Zürich (CPAE Vol. 2, p. 170–182, Doc. 14 [2. Teil]), beendet 30.4. 1905, gedruckt Bern 1905; vgl. Nachtrag 1906 und Berichtigung 1911. Siehe dazu Fölsing, 1993, S. 928.
471 Albert Einstein, 18. oder 25.5.1905, an Conrad Habicht. In: CPAE Vol. 5, p. 31 f., Doc. 27.
472 Albert Einstein: „Über die von der molekularkinetischen Theorie der Wärme geforderte Bewegung von in ruhenden Flüssigkeiten suspendierten Teilchen". In: Annalen der Physik 17, 1905, S. 549–560.
473 CPAE Vol. 2, p. 223–236, Doc. 16.
474 Vgl. Artikel „Brownsche Bewegung" in: www.wikipedia.de vom 3.1.2018.
475 CPAE Vol. 2, p. 253 ff., Doc. 22.
476 Albert Einstein, 18. oder 25.5.1905, an Conrad Habicht. In: CPAE Vol. 5, p. 31 f., Doc. 27.
477 Ebd., p. 32, n. 8; CPAE Vol. 2, p. 275–310, Doc. 23; Albert Einstein: Zur Elektrodynamik bewegter Körper. In: Annalen der Physik 17, 1905, S. 891–921. Beendet Juni 1905, angekommen bei den Annalen der Physik am 30.6.1905.
478 Einstein on the theory of relativity. In: CPAE Vol. 2, p. 253–274.
479 Albert Einstein: Über einen die Erzeugung und Umwandlung des Lichtes betreffenden heuristischen Gesichtspunkt", Annalen der Physik 17, 1905, S. 132–194.
480 Gatterburg, 2017, S. 78.
481 Fölsing, 1993, S. 172.
482 CPAE Vol. 2, p. 312–315; Fölsing, 1993, S. 944 f.
483 CPAE Vol. 2, p. 359 ff.
484 Renn (Hg.), 2005, S. 93.
485 Ebd.
486 Ebd.
487 Cox/Forshaw, 2015.
488 Einstein, Über die spezielle und allgemeine Relativitätstheorie, 2001, S. 20.
489 Renn, 2005, in: Steiner, S. 41.
490 Neffe, 2005, S. 161.
491 Neffe, 2005, S. 162.
492 Fölsing, 1993, S. 164.
493 Das Folgende beruht auf freundlichen Hinweisen des promovierten Physikers Herbert Hunziker, Aarau vom 13.2.2018.
494 CPAE Vol. 2, p. 432 ff.
495 Einstein, 1982, p. 8.
496 Seelig, 1956, S. 9–17.
497 Ebd., S. 14.
498 Seelig, 1956, S. 15 f.
499 Steiner, 2005e, S. 16.
500 Jansen/Renn, 2015, S. 13.
501 Pais, 2009, S. 250.
502 Steiner, 2005e, S. 17 f.; Albert Einsteins Vortrag „Erklärung der Periheldrehung des Merkur aus der allgemeinen Relativitätstheorie" (Einstein, Erklärung der Perihelbewegung des Merkur aus der allgemeinen Relativitätstheorie. Sitzungsbericht der Preußischen Akademie der Wissenschaften. 1915, S. 831–839. In: CPAE Vol. p. ##).
503 Ebd., S. 21.
504 Renn, 2006, S. 66.
505 Albert Einstein. In: CPAE Vol. 6, p. 284; vgl. Renn, 2006, S. 67.
506 Jansen/Renn, 2015, S. 13.
507 Nussbaumer, 2015, S. 42 f.
508 Ehlers, 2005, S. 90; vgl. Interview mit Prof. Dr. Frank Steiner: Ohne Relativitätstheorie kein Navigationssystem fürs Auto. In: Schwäbische Zeitung 56, 8.3.2004. In: StadtA Ulm G 2 Albert Einstein F.
509 Vgl. Artikel „GPS" in: www.wikipedia.de.
510 Freundl. Mitt. des Ulmer physikalischen Chemikers Welf A. Kreiner, Ulm, vom 19.12.2017.
511 Albert Einstein an Michele Besso, 21.12.1915. In: CPAE Vol. 8A, p. 223.
512 de Padova, 2015, S. 208 f.
513 Ebd., S. 209.
514 Artikel „Wolfgang Pauli". In: www.wikipedia.de vom 3.1.2018.
515 David Hilbert an Albert Einstein, 13.11.1915. In: CPAE Vol. 8A, p. 115 f.
516 Rebhahn, Bd. 1, 1999, S. 1003.
517 Fölsing, 1993, S. 422.
518 Rebhahn, Bd. 1, 1999, S. 1003.
519 Albert Einstein an David Hilbert, 20.12.1915. In: CPAE Vol. 8A, p. ##.
520 Albert Einstein an David Hilbert, 18.2.1916. In: CPAE Vol. 8A, p. 264.
521 Mombauer, 2014, S. 42 ff.
522 Albert Einstein an Heinrich Zangger, Ahrenshoop, vor 11.8.1918. In: CPAE Vol. 8B, p. 849 f.
523 Fölsing, 1993, S. 391.
524 Ebd.
525 Ebd., S. 392, auch zu den folgenden Zitaten.
526 Ebd.
527 CPAE Vol. 8B, p. 995.
528 CPAE Vol. 8B, p. 996.
529 CPAE Vol. 8B, p. 1000.
530 Wehler, Bd. 4, 2003, S. 32.

531 Fölsing, 1993, S. 401.
532 CPAE Vol. 8B, p. 995 f.
533 CPAE Vol. 8B, p. 997.
534 Ebd.; CPAE Vol. 6, Doc. 19. p. 207–210.
535 Fölsing, 1993, S. 449 ff.
536 Ebd., S. 133–210.
537 Ebd., S. 397 ff.; Szölösi-Janze, 1998, S. 256 ff.
538 Fölsing, 1993, S. 400.
539 „Gaskrieg". In: www.wikipedia.de.
540 Z.B. vom 27.9.1916 an 14 Tage in Holland (CPAE Vol. 8A, p. 1003).
541 Fölsing, 1993, S. 395, S. 409 ff.
542 Ebd., S. 411.
543 Albert Einstein an Michele Besso, 21.12.1915. In: CPAE Vol. 8A, p. 223.
544 Fölsing, 1993, S. 441 f.
545 Albert Einstein an Michele Besso, 9.3.1917. In: CPAE Vol. 8B, p. 400 f.; vgl. Fölsing, 1993, S. 446.
546 Fölsing, 1993, 442 f.
547 Ebd., S. 455 f.
548 Albert Einstein an Michel Besso, 9.8.1917. In: CPAE Vol. 8A, p. 477 f.
549 Fölsing, 1993, S. 460.
550 Albert Einstein an Michele Besso, Berlin, 24.6.1917. In: CPAE Vol. 8A, p. 477.
551 Ebd.
552 Fölsing, 1993, S. 462.
553 Albert Einstein an Hans Albert Einstein, 25.1.1918. In: CPAE Vol. 8B, p. 614 f.
554 Fölsing, 1993, S. 464.
555 Grüning, 1990, S. 157.
556 Geb. Aachen 1879, jüdischer Deutscher, 1911 zum reformierten Glauben konvertiert.
557 Fölsing, 1993, S. 947.
558 Edgar Meyer an Albert Einstein, 11.8.1918. In: CPAE Vol. 8B, p. 852 f.
559 Albert Einstein an Heinrich Zangger, Ahrenshoop, 16.8.1918. In: CPAE Vol. 8B, p. 855 f.
560 Albert Einstein, Ahrenshoop, an Edgar Meyer, 18.8.1918. In: CPAE Vol. 8B, p. 856 f.
561 Fölsing, 1993, S. 477.
562 Niess gibt diese Zahl für zehn Uhr morgens an; wie viele Menschen tatsächlich am 9. November 1918 in Berlin demonstriert haben (Niess, 2017, S. 26), exakte Zahlen werden sich wohl nie ermitteln lassen; Theodor Wolff, der Chefredakteur des „Berliner Tageblatts", bezeichnet in dessen Ausgabe vom 10.11.1919 die Novemberrevolution als „(d)ie größte aller Revolutionen" (ebd., S. 49).
563 Niess, 2017, S. 19.
564 Ebd., S. 23.
565 Ebd., S. 26 f.
566 Ebd., S. 27.
567 Scheidemann, Bd. 1, 1928, S. 303 f.
568 Ebd., S. 307.
569 Ebd., S. 305.
570 Ebd., S. 308.
571 Ebd., S. 307.
572 Winkler, Bd. 1, 2000, S. 377.
573 Niess, 2017, S. 125 f.
574 Winkler, Bd. 1, 2000, S. 372.
575 Fölsing, 1998, S. 475.
576 Ebd., S. 476.
577 Ebd., S. 473.
578 Albert Einstein an Maja und Paul Winteler, 11.11.1918. In: CPAE Vol. 8B, p. 944; Fölsing, 1998, S. 475.
579 Albert Einstein an Pauline Einstein, 11.11.1918. In: CPAE Vol. 8B, p. 944.
580 Albert Einstein an Max Born, 7.9.1944. Zit. n. CPAE Vol. 8B, p. 944, n. 3.
581 Albert Einstein an Leo Arons, 12.11.1918 oder später. In: CPAE Vol. 8B, p. 945.
582 Albert Einstein an Max Born, 8.12.1919. In: CPAE Vol. 9, p. 280 f.; vgl. Wehler, Gesellschaftsgeschichte, Bd. 4, 2003, S. 401.
583 Grüning, 1990, S. 171.
584 Gall, 2009, S. 212.
585 de Padova, 2005, S. 269.
586 Berliner Tageblatt, 14.11.1918. Zit. n. ebd., S. 267.
587 Fölsing, 1993, S. 477.
588 Ebd., S. 483.
589 Fritz Haber an Albert Einstein, [ca.20.2.1919]. In: CPAE Vol. 9, p. 109.
590 Max Planck an Albert Einstein, 20.2.1919. In: CPAE Vol. 9, p. 107 f.
591 Fritz Haber [Luzern?], an Albert Einstein, (nach 3.8.1919). In: CPAE Vol. 9, p. 125 f.
592 Szöllösi-Janze, 1998, S. 426 ff.
593 Albert Einstein an Mileva Einstein, In: CPAE Vol. 8B, p. 166.
594 Pauline Einstein an Albert Einstein, Heilbronn, 7.9.1915, in: CPAE Vol. 13: p. 23 to CPAE Vol. 8, 113e.
595 Albert Einstein an Auguste Hochberger, vor 24.4.1918. In: CPAE Vol. 8B, p. 711 f.
596 Fölsing, 1993, S. 475.
597 CPAE Vol. 1, p. 389.
598 CPAE Vol. 9, p. 572.
599 CPAE Vol. 9, p. 582.
600 CPAE Vol. 9., p. 587.
601 Fölsing, 1993, S. 549.
602 Ebd.
603 CPAE Vol. 1, p. 380; vgl. Maja Winteler-Einstein an Albert Einstein, 9.10.1919. In: Vol. 9, Nr. 128a, In: Vol. 10, p. 218 f.
604 Albert Einstein an Michele Besso, 12.12.1919. In: CPAE Voll. 9, p. 293.
605 Sieben oder acht (Grüning, 1990, S. 139).
606 Ebd., S. 142.
607 Fölsing, 1993, S. 549.
608 Einstein selbst rettet immerhin seine Auslandsguthaben in Leiden in den Niederlanden und die Nobelpreissumme in New York (Fölsing, 1993, S. 61).
609 Ebd., S. 401 ff.
610 Hermann, 1994, S. 201.
611 Fölsing, 1993, S. 495.
612 Albert Einstein an Pauline Einstein, 27.9.1919. In: CPAE Vol. 9, p. 170; vgl. Neffe, 2005, S. 14 f.
613 Albert Einstein an Max Planck, Leiden, 23. Oktober 1919. Postkarte. In: CPAE Vol. 9, p. MPG. Zit. n. Fölsing, 1993, S. 497.
614 Fölsing 1983, S. 499 ff.
615 Ebd., S. 502.
616 Ebd.
617 Ebd., S. 502 f.
618 Ebd., S. 504.
619 Ebd., S. 504 ff.
620 Ebd., S. 506.
621 Ebd., S. 507.
622 Ebd., S. 507 f.
623 Ebd., S. 510.
624 Ebd., 513 ff.
625 Ebd., S. 515.
626 Albert Einstein, zit. n. ebd., S. 516.
627 Ebd., S. 564 ff.
628 UT 295, 19.12.1919.
629 Vgl. Chronology, 1879–1920. In: CPAE Vol. 11, p. 175–221.
630 Einstein und Ulm, 1979, S. 91 f.
631 Oberbürgermeister Schwammberger an die Philosophische Fakultät der Universität Tübingen, vertraulich, 4.2.1920. In: StadtA Ulm G 2 Einstein, Albert F.

632 Einstein und Ulm, 1979, S. 92, Nr. 70.
633 Naturwissenschaftliche Fakultät der Universität Tübingen. Der Dekan. Ruhland, an den Herrn Stadtvorstand von Ulm a.D. 12.2.1920. In: StadtA Ulm G 2 Einstein, Albert F.
634 Einstein und Ulm, 1979, S. 93, Nr. 71; Auszug aus dem Gemeinderats-Protokoll Ulm vom 16.2.1920. In: StadtA Ulm G 2 Einstein, Albert F.
635 Einstein und Ulm, 1979, S. 93 ff., Nr. 73.
636 Dr. Schwammberger an Albert Einstein, 22.3.1920. In: Ulm und Einstein, 1979, S. 93 f., Nr. 72; StadtA Ulm G 2 Einstein, Albert F; vgl. CPAE Vol. 9, p. 607c.
637 Albert Einstein an Oberbürgermeister Dr. Schwammberger, 8.4.1920. In: StadtA Ulm G 2 Einstein, Albert F; Albert Einstein, Berlin W[ilmersdorf], Haberlandstr. 5, 1.4.1920. In: CPAE Vol. 9, Doc. 364, p. 490 f.
638 Dr. Schwammberger an Albert Einstein, 26.3.1929. In: Einstein und Ulm, 1979, S. 99, Nr. 79.
639 Adressbuch Ulm 1931, S. 305.
640 Albert Einstein an Dr. Schwammberger. In: Ulm und Einstein, 1979, S. 100, Nr. 80.
641 Raberg, Lexikon, 2010, S. 372; vgl. ohne Namensnennung: Ulm und Einstein, 1979, S. 101, Nr. 81.
642 Einstein und Ulm, 1979, S. 111, Nr. 92.
643 Hoffmann, 1976, S. 23; der Verbleib des Originalbriefs des „Windfahnenstraßen"-Zitats ist zwar nicht bekannt, das Zitat bezieht sich aber doch auf Ulm (freundl. Mitt. von Michael Wettengel vom 6.3.2018).
644 Ebd.; Original im StadtA Ulm G 2 Albert Einstein.
645 Frank Steiner: „Der wackre Schwabe forcht sich nit", Der junge Albert Einstein. In: Schönes Schwaben 3 (2004) S. 19–22, S. 20; in der populärwissenschaftlichen Zeitschrift sind Anmerkungen nicht üblich, der von Steiner zitierte Brief konnte nicht ausgemacht werden.
646 CPAE Vol. 11, p. 601 f.; UT, 1920, Anfang Januar bis Dezember.
647 CPAE Vol. 11, p. 220.
648 CPAE Vol. 11, p. 220.
649 Albert Einstein an Philipp Lenard, Bern, 16.11.1905. In: CPAE Vol. 5., p. 37; Philipp Lenard an Albert Einstein, Heidelberg, 5.6.1909. In: CPAE Vol. 5, p. 198.
650 Fölsing, 1993, S. 524.
651 Ebd., S. 525.
652 Ebd., S. 525 f.
653 UT 299, 30.9.1920.
654 Ebd., S. 527 f.
655 Albrecht Einstein an Max Born, 13.10.1920. In: CPAE Vol. 10, p. 459 ff.
656 Fölsing, 1993, S. 948.
657 Ebd., S. 574 f.
658 Steiner, 2005a, S. 191 ff.
659 Isaacson, 2007, S. 281.
660 Ebd., S. 281.
661 Ebd., S. 289.
662 Ebd., 2007, S. 297 ff.
663 Fölsing, 1993, S. 611.
664 Ebd., S. 9.
665 Fölsing, 1993, S. 617.
666 Goenner, 2015, S. 68.
667 Fölsing, 1993, S. 616.
668 Albert Einstein an Fritz Haber, 9.3.1921. In: CPAE Vol. 12, p. 127 ff.
669 Fritz Haber an Albert Einstein, 9.3.1921. In: CPAE Vol. 12, p. 127.
670 Winkler, Bd. 1, 2000, S. 417.
671 Ebd., S. 417 ff.
672 Albert Einstein an Fritz Haber, 9.3.1921. In: CPAE Vol. 12, p. 127 ff.
673 Schölzel, 2006, S. 172 ff.
674 Ebd., S. 149.
675 Brenner, 2005, S. 397.
676 Schölzel, 2006, S. 278 ff.
677 Wilde, 1971, S. 180.
678 Ebd., 1971, S. 148.
679 Mühlhausen, 2017, S. 265.
680 Kessler, Harry Graf: Tagebücher 1918–1937. Hg. von Wolfgang Pfeiffer-Belli. Frankfurt a.M. 1982. Zit. n. Schölzel, 2006, S. 376.
681 Albert Einstein an Elsa Einstein, 6.8.1923. In: CPAE Vol. 14, Doc. 97a, p. 164 f.
682 Hermann Anschütz-Kaempfe (1872–1931) war ein deutscher Wissenschaftler und Erfinder des Kreiselkompasses.
683 Vgl. Vossische Zeitung, 7.8.1923, zit. n. CPAE Vol. 14, Doc. 97a, p. 165, n. 3), d.h. die gezahlten 570.000 Reichsmark entsprechen einem Äquivalent von 1,52 Dollar.
684 UT, Donauwacht, Schwäbischer Volksbote.
685 Freundl. Mitt. von Gerhard Hunold, Ulm, vom 17.1.2017.
686 Petershagen, Ulms Straßennamen, 2016, S. 144; vgl. Raberg, Lexikon, 2010, S. 356.
687 Adressbücher 1912, 1919, 1925; Witwe Friederike Moos 1927.
688 Einstein und Ulm, 1979, S. 96 (Leihgabe Alfred Moos).
689 Grüning, 1990, S. 169.
690 Adressbuch Ulm 1902, 1904, 1906, 1907, 1910, 1912, 1914.
691 Adressbuch Ulm 1919, 1921, 1925, 1927, 1931; kommt im Ulmer Adressbuch 1933 und 1935 nicht mehr vor.
692 Bei der Universität Erlangen müsste man sich danach erkundigen, welchen wissenschaftlichen Wert Paul Moos' Veröffentlichungen aus damaliger und heutiger Sicht haben.
693 StadtA Ulm G 2 Nachlass Paul Moos.
694 Adressbuch Ulm 1925.
695 Raberg, Lexikon, 2010, S. 540.
696 Bergmann, 2009, S. 123.
697 Sie hat am 2. Mai 1870 Anton Lehmann in Hamburg geheiratet. Sie ist in den Ulmer und Neu-Ulmer Adressbüchern nicht nachzuweisen. Vermutlich ist die etwa 74-jährige Sophie Lehmann-Einstein gerade zu Besuch bei ihrer Schwester Clementine Marx geb. Einstein gewesen. Schließlich ist beim Sonntagnachmittagskaffee eine weitere Schwester von Clementine Marx mit dabei. Es ist dies Karoline Moos geb. Einstein. 1923 ist sie 83 Jahre alt. Wie Clementine Marx ist sie Witwe, und das schon seit 22.12.1909. Karoline Moos geb. Einstein ist mit ihren beiden Söhnen zusammen Hausbesitzerin des Hauses Frauenstraße 7. Die Brüder Isidor, Alfred und Karl Moos betreiben im gleichen Haus eine Großhandlug für Schuhmacher- und Sattlerbedarf, also eine Lederhandlung en gros. Sie läuft auf den Namen ihres früher versto benen Bruders Isidor Moos.
698 Schließlich schreibt Einstein noch: „Der alte Herr Steiner ist recht leidend." 1923 ist er 71 Jahre alt. Kaufmann Karl Steiner (geb. Laupheim 1852) war Inhaber der Firma Steiner Söhne in der Neutorstraße 22. Dort betrieb er eine Getreidegroßhandlung. Er war der Schwiegervater des Sohnes der Gastgeberin des Sonntagnachmittagskaffees Clementine Marx, nämlich von Ernst Marx (1878–1917), Kaufmann in Hamburg.
699 Lautrach liegt westlich der Iller und gehört heute zum Kreis Unterallgäu (Georg Dehio, Bayern III, 2008², S. 644).
700 Hans Albert Einstein an, Zürich, zwischen 9. und 20.6.1923. In: CPAE Vol 14, p. 103 f.
701 Albert Einstein an Heinrich Zangger, 9.6 1913, p. 104. In: CPAE Vol. 14, p. 104 f.
702 Mileva Einstein-Marić an Albert Einstein, 9.6.1923. In: CPAE Vol. 14, p. 105 f.
703 Historisches Lexikon der Schweiz: Rudolf Martin. 2008 (Autor: Hubert Steinke).
704 Winkler, Bd. 1, 2000, S. 425 ff.
705 Ebd., S. 445; Fölsing, 1993, S. 619.
706 Ebd., S. 620.
707 Ebd., S. 621.
708 Winkler, Bd. 1, 2000, S. 435 ff.
709 Fölsing, 1993, S. 949.
710 Hermann, 1994, S. 298; Fölsing, 1993, S. 589.

711 Grüning, 1990, S. 59.
712 Neffe, 2005, S. 320 ff.; Grüning, 1990, passim.
713 Ebd., S. 52.
714 Ebd., S. 56.
715 Ebd., S. 78.
716 Ebd., S. 93.
717 Ebd., S. 93.
718 Ebd.
719 Zit. n. de Dijne, 2016, S. 17.
720 Zit. n. ebd.
721 Grüning, 1990, S. 41
722 Fölsing, 1993, S. 619 f.
723 Bodanis, 2017, passim; englische Ausgabe 2006.
724 Albert Einstein an Michele Besso, Princeton, 9.6.1937 (Speziali, 1972, S. 313).
725 In: Ergebnisse der exakten Naturwissenschaften. Bd. 10, 1931. Zit. n. ebd., S. 732.
726 Ebd., S. 711.
727 Ebd., S. 716.
728 Ebd., S. 575.
729 Ebd., S. 575 f.
730 Ebd., S. 577.
731 Ebd., S. 580.
732 Ebd., S. 718 f.
733 Hedwig Born an Albert Einstein, Göttingen, 22.2.1931. In: Born, 1969, S. 152; Isaacson, 2007, p. 372.
734 Fölsing, 1993, S. 719.
735 Ebd.
736 Isaacson, 2007, p. 374.
737 Die Weltbühne, 31.5.1931. Zit. n. Weimarer Republik. Hg. vom Kunstamt Kreuzberg, Berlin, und dem Institut für Theaterwissenschaft der Universität Köln. Berlin/Hamburg 1977, S. 491.
738 Bericht des Deutschen Generalkonsulats in New York, New York, 21.3.1931, in: Albert Einstein in Berlin 1913–1933, Teil 1, 1979, S. 237 ff.
739 Ebd., S. 238.
740 Bei dem o.g. Bankett wurde ein Telegramm von Präsident Hoover verlesen, der den Gast zu sich nach Washington einlud, wozu es aus Termingründen nicht kam, und mit dem freundlichen Wunsch begrüßte: „Möge Ihr Besuch in den Vereinigten Staaten für Sie so befriedigend gewesen sein wie er es für das amerikanische Volk war", daraufhin steigerte sich der Beifall des Publikums zu Ovationen (New York Times, 5.3.1931, zit. n. Einstein, Frieden, 1975, zit. n. Fölsing, 1993, S. 724).
741 Bericht des Deutschen Generalkonsulats in New York, in: Albert Einstein in Berlin 1913–1933, Teil 1, 1979, S. S. 239.
742 Ebd.
743 Fölsing, 1993, S. 725.
744 Grundmann, 2005, S. 155.
745 Labour-Premierminister 1924–31.
746 1934 Friedensnobelpreis für seine Verdienste bei den Genfer Abrüstungsverhandlungen.
747 Von Pufendorf, 2006, S. 242.
748 Ebd., 2006. 241 f.; Brüning, 1970, S. 346.
749 Treviranus, 1968, S. 242; vgl. Salomon, Erich, 1988, S. 64.
750 Salomon, Erich, 1978, S. 94 f.
751 Ebd., S. 63.
752 Winkler, Bd. 1, 2000, S. 498.
753 Albert Einstein, Caputh, 3.10.1931. In: „Wir vom Bundesarchiv". In: F.A.Z., 27.02.2002.
754 Grüning, 1990, S. 192.
755 Fölsing, 1993, S. 728.
756 Ebd., S. 732.
757 Albert Einstein, Reisetagebuch, 6.12.1931. Zit. n. ebd., S. 729.
758 Ebd., S. 733.
759 Ebd., S. 734; vgl. Scheideler, 2005, S. 410.
760 Grüning, 1990, S. 198 f.
761 Fölsing, 1993, S. 726.
762 Grüning, 1990, S. 201.
763 Winkler, Bd. 1, 2000, S. 550; Büttner (Gebhardt Bd. 18), 2010, S. 687; Kolb, 2009, S. 221; Kolb/Pyta, 1992, S. 180 f.
764 Blasius, 2005, S. 157 ff.
765 Kolb/Schumann, 2013, S. 138 f.
766 Scheideler, 2005, S. 381–419.
767 Einstein/Freud, 1972, S. 17.
768 Käppner, 2017, passim; Niess, 2017, passim; Hirschfeld/Krumeich/... (Hg.), 2018, passim.
769 De Dijne, 2016, S. 87.
770 Grüning, 1990, S. 32; dagegen 1932 endgültiger Abschied von Caputh und Berlin: Fölsing, 1993, S. 739.
771 Fölsing, 1993, S. 950.
772 Ebd., S. 745.
773 24.3.1934 (Reichsanzeiger vom 29.3.1934 (Strafnachricht in: StadtA Ulm G 2 Einstein, Albert A)
774 Fölsing, 1993, S. 747.
775 Grundmann, 2005, S. 157.
776 Albert Einstein an Max Born, 30.5.1933. In: Born, 1969, S. 160.
777 Fölsing, 1993, S. 691.
778 Szölösi-Janze, 1998, S. 581 ff.
779 Albert Einstein an Fritz Haber, Le Coq-sur-Mer, 8.8.1933. Zit n. Fölsing, 1993, S. 752.
780 Max Planck-Gesellschaft, Archiv, III. Abt. Rep. 98, Nr. 58. Zit.n. de Padova, 2015, S. 278; vgl. Grüning, 1990, S. 179.
781 Szölösi-Janze, 1998, S. 383.
782 Ebd., S. 582 f.
783 Fölsing, 1993, S. 754, 762.
784 Ebd., S. 762 f.
785 Albert Einstein, [vor] 14.7.1933 an Albert, König von Belgien, Zit.n. de Dijne, 2016, S. 97.
786 Wehler, Bd. 4, 2000, S. 825.
787 StadtA Ulm G 2 Personalien Albert Einstein F.
788 Ebd.
789 Zit. n. Fölsing, 1993, S. 743
790 New York World Telegram, 11. März 1933; viele Nachdrucke, in: Weltbild, S. 81. Zit. n. Fölsing, 1993, S. 743 f.
791 De Dijne, 2016, S. 91.
792 Evelyn Seely in: New York World Telegram, 11. März 1933. Zit. n. Fölsing, 1993, S. 744.
793 Fölsing, 1993, S. 745; formaljuristisch ist ein eigenständiger Austritt aus der deutschen Staatsbürgerschaft unmöglich, weswegen 1934 die Ausbürgerung folgt.
794 De Dijne, 2016, S. 91.
795 Ebd., S. 91 ff.
796 Zit. n. Fölsing, 1993, S. 747.
797 Albert Einstein an Max Planck, Le Coq-sur-Mer, 6.4.1933. zit. n. Fölsing, 1993, S. 748.
798 Max Born an Albert Einstein, 22.3.1934. In: Born, 1969, S. 169.
799 Fölsing, 1993, S. 761.
800 Isaacson, 2007, p. 41.
801 Ebd., p. 422.
802 Elsa Einstein an Antonina Vallentin-Luchaire, 11.4.1933. Zit. n. Könneker, 2015, S. 30.
803 Ebd., S. 33.
804 Unter Berufung auf seinen Diplomatenstatus lässt er den gesamten Hausrat samt wichtigen Schriftstücken und Dokumenten nach Frankreich transportieren. Von dort aus wird alles in die USA verschifft (Fölsing, 1993, S. 750).
805 Albert Einstein an Max Born, Oxford, 20.5.1933. Zit. n. ebd.

806 Fölsing, 1993, S. 758 f.
807 Ebd., S. 760.
808 Albert Einstein an Max von Laue, Oxford, 7.6.1933, zit. n. Fölsing, 1933, S. 749.
809 Ebd., S. 756.
810 Isaacson, 2007, p. 417 ff.; vgl. Fölsing, 1993, S. 757 f.
811 Ebd., S. 758.
812 Albert Einstein an Paul Ehrenfest, Le Coq-sur-Mer, 19.5.1933. Zit. n. Fölsing, 1993, S. 751.
813 Ebd., S. 753.
814 Ebd., S. 762 f.
815 Ebd., S. 766 ff.
816 Ebd., S. 768 f.
817 Ebd., S. 769.
818 Elsa Einstein, Le Coq-sur-mer, an Hugo Moos, 15.4.1933. In: StadtA Ulm G 2 Albert Einstein E.
819 Albert Einstein, 28.6.1933. Kopie in: StadtA Ulm G 2 Albert Einstein E.
820 Dauerer, 1995[2], S. 68.
821 Schwäbische Zeitung 83, 11.4.1988. In: StadtA Ulm G 2 Albert Einstein E.
822 Albert Einstein an Alfred Moos, 21.3.1935. In: ebd.; vgl. Dauerer, 2005[2], S. 85.
823 Ebd., S. 83 ff.
824 Albert Einstein an Alfred Moos, 7.8.1941. In: A-DZOK NL Moos Alfred und Erna.
825 „Erinnern in Ulm". Perspektiven der zweiten Generation. Podiumsgespräch mit Uly Foerster und Michael Moos zum Abschluss der Sonderausstellung. DZOK-Mitteilungen, Juni 2006, S.3 ff. 3 f.; Dauerer, 1995[2], S. 133 ff.; vgl. Raberg, Lexikon, 2010, A. 279 f.
826 Fölsing, 1993, S. 769.
827 Ebd., S. 772.
828 Ebd., S. 773.
829 Ebd., S. 775.
830 Ebd., S. 776 f.
831 De Dijne, 2016, S. 109.
832 Grüttner, 2010 (Gebhardt Bd. 10), S. 500.
833 Vgl. Moos, 2010 p. 17 ff.
834 Burkard Asmuss (Hg.): Holocaust. Der nationalsozialistische Völkermord und die Motive seiner Erinnerung. Deutsches Historisches Museum Berlin. Berlin 2002. Zit. n. Artikel „Holocaust" in: www.wikipedia.de, Anm. 102. Abgerufen am 9.3.2018.
835 Raberg, Lexikon, 2010, A. 106 f.
836 Der Stürmer, Schriftleitung, Müller, Nürnberg, 25.10.1937. In: B 377/40, Nr. 2, Beilage zu 18; freundlicher Hinweis von Gunther Volz, Ulm.
837 Oberbürgermeister Foerster an das Israelitische Vorsteheramt, 6.11.1937. In: ebd.
838 Ebd.
839 Ebd.
840 Spona, Städtische Ehrungen, 2010, S. 12 f. Zit. n. Szöllösi-Janze, 2017, S. 9.
841 Auszug aus der Niederschrift über die Beratungen des Oberbürgermeisters mit den Ratsherren am 12.10.1938. In: ebenda, 19; Ulrich Seemüller: Ratsantrag zur Zerstörung der Ulmer Synagoge. In: Schätze der Stadtgeschichte, 2015, S. 186 f.
842 Oberbürgermeister Foerster an den Vorstand der jüdischen Kultusgemeinde, 4.11.1938. In: StadtA B 377/40, Nr. 2, 20.
843 Adressbuch 1937, S. 551.
844 Israelitisches Vorsteheramt Ulm, Rechtsanwalt [Leopold] Hirsch [II] an Oberbürgermeister Foerster, 8.11.1938. In: In: B 377/40, Nr. 2, 21; freundl. Mitt. von Gunther Volz, Ulm.
845 Bergmann, 2009, S. 13.
846 Kübler, 2009, S. 29.
847 Bergmann, 2009, S. 16 ff.
848 Israelitisches Gemeindevorsteheramt Ulm, Rechtsanwalt [Leopold] Hirsch [II] an Oberbürgermeister Foerster, 10.11.1938. In: ebd., S. 22; vgl. Bergmann, 2009, S. 16 ff., dort alles Weitere zur nachfolgenden Geschichte der Ulmer Juden; vgl. Specker (Projektleitung). In: Zeugnisse, 1991, S. 249 ff.
849 Oberbürgermeister Foerster an das Israelit. Gemeindevorsteheramt, 11.11.1938 mit handschriftl. Zusatz vom 18.11.38. In: ebd., 23.
850 Freundl. Mitt. von Nicola Wenge, Dokumentationszentrum Ulm, vom 5.3.2018.
851 Ebd., S. 187.
852 CPAE Vol. 1, p. 389.
853 Longerich, 1998, S. 221.
854 Ebd., S. 232.
855 Ebd., S. 245 ff.
856 Originale und Verwertungsrechte bei der Hebrew Univesity of Jerusalem.
857 Leopold Hirsch, Teilhaber der Firma M. u. H. Hirsch, Neutorstraße 36 (Adressbücher).
858 Einstein und Ulm, 1979, zwischen S. 52 und 53, Nr. 29.
859 Albert Einstein, The Institute for Advanced Study, 3.12. 1940. Kopie in: StadtA Ulm, Eigentum Hebrew University, Einstein-Archiv.
860 Er habe seinen Sachverstand vor über 20 Jahren in das Amt als Gemeindepfleger in Ulm eingebracht (Ernst Moos, Jüdische Kultusvereinigung Württemberg, Vertrauensmann für Ulm/Donau, 30.4.1940. Kopie in: StadtA Ulm G 2 Albert Einstein G).
861 Leopold Hirsch, 4122 Fontainebleau Drive, New Orleans 25. Louisiana, an Otto Nathan, 20.8.1960. Kopie in: StadtA Ulm G2 Albert Einstein E.
862 Albert Einstein an Leopold Hirsch, 3.12.1940. Kopie in: ebd.
863 Ebd.
864 Ebd.
865 Sie tragen den Titel „Flight from Germany to the U.S.A.", beschreiben die Flucht der Familie Leopold Hirsch und sind in ‚The San Francisco News' vom 1.–7. Dezember 1942 erschienen. Hebrew University, Einstein-Archiv. Kopie in: StadtA Ulm G 2 Albert Einstein E.
866 Ebd.
867 L.[eopold] Hirsch, 2454 Jackson Street, San Francisco an „Vetter" [Julius Moos] und Maya, Ulm, 14.3.1941. In: ebd.
868 Ebd.
869 Albert Einstein an Leopold Hirsch, 3.4.1941. Kopie in: StadtA Ulm G 2 Albert Einstein E.
870 Albert Einstein an Leopold Hirsch, 2.4.1943. Kopie in: ebd.
871 Wachsmann war in der für Deutschland bis 1933 revolutionären Bauweise des Arbeitens mit standardisierten vorgefertigten Bauelementen als Pionier tätig. Der jüdische Deutsche musste nach einem Streit mit Arno Breker 1933 die Villa Massimo in Rom verlassen blieb aber bis 1938 in Italien. Danach emigrierte er nach Paris. Bei Kriegsausbruch meldete sich Wachsmann als Freiwilliger der französischen Armee (Artikel „Konrad Wachsmann" in: www.wikipedia.de, abgerufen am 9.3.2018).
872 Grüning, 1990, S. 57.
873 Strauch/Högner, 2013.
874 „[…] A policy is now being pursued by the State Department which makes it all but impossible to give refuge in America so many worthy persons who are the victims of Fascist cruelty in Europe[…]." (Albert Einstein an Eleanor Roosevelt, 26.7.1941. In: Albert Einstein. Humanist and Jew. A Centennial Exhibition. April 1st to May 31st 1979. Leo Baeck Institute. New York. [16 Seiten], Nr. 6. In: StadtA Ulm Albert Einstein T.
875 Eleanor Roosevelt an Albert Einstein, 26.7.1941. In: ebd., Nr. 7.
876 Albert Einstein an Carl Hirsch, 5.7.1941. In: StadtA Ulm G 2 Albert Einstein E; Albert Einstein an Carl Hirsch, 23.10.1941. In: ebd.
877 Albert Einstein an Carl Moos, 23.10.1941. In: StadtA G 2 Albert Einstein E.
878 Helen Dukas an Carl Moos, 27.2.1941. In: ebd.; Helen Dukas an Carl Moos, 17.4.1941. In: ebd.
879 Albert Einstein an Carl Moos, 5.7.1940. In: StadtA G 2 Albert Einstein E.
880 Albert Einstein an Helene Hirsch geb. Neuburger, 214 Riverside Drive, New York City. In: ebd., Helene Hirsch dürfte zu den Nachfahren der

880 Ulmer Leopold Hirsch (* Ulm 15.1.1876) und seiner Ehefrau 8,6,7 Frida Moos (* Ulm 27.8.1885) gehören. In: ebd.
881 Tochter des Kosman Dreyfus, nicht „Hermann" (Bergmann, 2009, S. 51 f.).
882 Ebd., S. 166.
883 Hugo Moos hat Jenny Sundheimer erst 1942 geheiratet, als eine Emigration nicht mehr möglich war, weswegen sie hier mitberücksichtigt wird; wenn Silvester Lechner und Alfred Moos 1988 davon sprechen, die KZ-Häftlinge von Theresienstadt seien „umgekommen" (Weglein, 1988, S. 144), dann ist dieses Urteil zu mild.
884 Artikel „KZ Theresienstadt" in: www.wikipedia.de vom 29.3.18; auf die Debatte über die Benennung („KZ" oder „Lager" oder „Ghetto") wird hier nicht eingegangen; sämtliche nachgewiesenen nahen Verwandten von Albert Einstein haben Theresienstadt bzw. nachfolgende Vernichtungslager nicht überlebt.
885 Siehe oben, S. 155 f.
886 De Dijne, 2016, S. 139 ff.
887 Siehe oben, S. 156.
888 Albert Einstein, an Carl Moos, 25.3.1944. In: StadtA Ulm G 2 Albert Einstein E.
889 Roberto Einstein, Florenz, an Anna Boldrini, 16.6.1945 (Ausstellung von Eva Krampen-Kosloski, 2017)
890 Freundl. Mitt. von Eva Krampen-Kosloski, Rom vom März 2018, die an einem Buch über Albert Einsteins Onkel Jakob Einstein und seine Nachkommen arbeitet; weitere Hinweise im Familienregister zu Roberto Einstein (1885-1945).
891 Fölsing, 1993, S. 801.
892 Fölsing, 2005, S. 44.
893 Fölsing, 1993, S. 799.
894 Grundmann, 2005, S. 157.
895 Ebd., S. 160 f.
896 Fölsing, 1993, S. 802 f.
897 Müller, 2004 (Gebhardt Bd. 21), S. 182.
898 Fischer, 2012, S. 120.
899 Müller, 2004 (Gebhardt Bd. 21), S. 183.
900 Born, 1969, S. 193.
901 Müller, 2004 (Gebhardt Bd. 21), S. 183.
902 Ebd., S. 183 f.
903 Ebd., S. 184 ff.
904 Ebd., S. 186.
905 Fölsing, 1993, S. 802.
906 Neffe, 2005, S. 424.
907 Scherer, 2015, S. 13.
908 Ebd.
909 Ebd., S. 14 f.
910 Ebd., S. 180.
911 Ebd., S. 189 f.
912 Ebd., S. 184 f.
913 Fölsing, 1993, S. 808.
914 Ebd.
915 Ebd., S. 811.
916 Ebd., S. 814.
917 Fölsing, 1993, S. 815.
918 Ebd., S. 816.
919 Ebd., S. 817.
920 Albert Einstein an Bezirksbürgermeister Exner, Verwaltungsbezirk Neukölln von Berlin, 15.5.1954. Kopie in: StadtA Ulm G 2 Albert Einstein G 2 E.
921 Fölsing, 1993, S. 822.
922 Fölsing, 1993, S. 817.
923 Ebd., S. 818.
924 Ebd., S. 819.
925 Albert Einstein an Lina Kocherthaler, Princeton, 27.7.1951. Zit. n. Fölsing, 1993, S. 819.
926 Ebd., S. 821.
927 Ebd., 1993, S. 822.
928 Vgl. Scheideler, 2005, S. 205 ff.; die Autorin wird Einsteins Denken als ethischer Sozialist, parlamentarischer Demokrat, Pazifist und Werber für den Zionismus weitgehend nicht gerecht.
929 Albert Einstein an Josef Scharl, Princeton, 24.11.1952. Zit. n. Fölsing, 1983, S. 821.
930 Ebd., S. 824 f.
931 Ebd., S. 827.
932 Einstein, the Man who Started it All. In: Newsweek, 10.3.1947. Zit. n. ebd., S. 813.
933 Albert Einstein an Max von Laue, Princeton 19.3.1955. Zit. n. ebd., S. 813.
934 Albert Einstein an Otto Hahn, Princeton, 28.1.1949. Zit. n. ebd., S. 816.
935 Albert Einstein an Stephen Brunauer, Princeton, 17.5.1943. Zit. n. ebd., S. 815.
936 Ebd., S. 816.
937 Ebd., 1993, S. 817.
938 Albert Einstein, Sarasota, Florida, 18.2.1949 an Carl Hirsch, Portsmouth, Va. In: StadtA G 2 Albert Einstein E.
939 Albert Einstein an den Oberbürgermeister Pfizer, 14.4.1950. Kopie in: StadtA Ulm G 2 Albert Einstein F.
940 Ebd.; vgl. Einstein und Ulm, 1979, S. 113, Nr. 96.
941 Z.B. Albert Einstein, 25.3.1954. In: Einstein und Ulm, 1979, S. 114 f.
942 Oberbürgermeister Theodor Pfizer an Albert Einstein, 6.3.1950. Kopie in: StadtA Ulm G 2 Albert Einstein F; vgl. Oberbürgermeister Theodor Pfizer an Albert Einstein, 13.3.1954. Kopie in: ebd.
943 Ebd.
944 Fölsing, 1993, S. 827.
945 Ebd., S. 828.
946 Einstein heimlich in Deutschland. In: FAZ 26.11.2015. In: www.faz.net vom 22.5.2017.
947 Ebd.
948 Müller, Sabrina, 2008, S. 30.
949 Schnabel, 2008, S. 12.
950 Müller, Sabrina, 2008, S. 30 ff.
951 Ebd., S. 64.
952 Ebd., S. 72.
953 Ebd., S. 80.
954 Ebd., S. 76 ff.
955 Schwäbische Donau-Zeitung 259, 10.11.1958, S. 7.
956 Keil, 1961; dem folgte 2009 das verbesserte und erweiterte Gedenkbuch von Ingo Bergmann.
957 Theodor Pfizer: Ansprache bei der Einstein-Feier in Ulm/Carl Friedrich von Weizsäcker: Einstein und die Wissenschaft unseres Jahrhunderts. Göttingen, Berlin, Frankfurt 1960.
958 Einladung zur Frühjahrstagung der Physikalischen Gesellschaft Württemberg-Baden-Pfalz e.V. verbunden mit einer von der Stadt Ulm veranstalteten EINSTEIN-FEIER in Ulm (Donau) vom 12.-14. März 1959. [gedrucktes Programmheft im Oktavformat]. In: StadtA Ulm G 2 Einstein I.
959 Ulmer Nachrichten 60, 13.3.1959. In: StadtA Ulm G 2 Albert Einstein I der.
960 Ebd., S. 7.
961 Ebd., S. 13.
962 Werner Heisenberg: Menschliches Symbol moderner Wissenschaft. Albert Einstein zu Ehren. [Rede zur Grundsteinlegung des EinsteinHauses der Ulmer Volkshochschule. In: Ulmer Forum H. 1 (Frühjahr 1967), S. 53-55.
963 Schwäbische Donau-Zeitung 23, 27. 1.1967, S. 3; vgl. Ulmer Forum. H. 1 (Frühjahr 1954), S. 52-55.
964 Südwest Presse 240, 16.10.1968, S. 17.
965 Walter Jens: Albert Einstein aus Ulm. In: Ulmer Forum H. 8, 1968, S. 48–55; Südwest Presse 242, 18.10.1968, S. 23.

966 Ebd., S. 53.
967 Why Socialism?", 1949; deutsch in: Artikel Albert Einstein in: www.wikipedia.de, Anm. 105, dort Links zum kompletten Text.
968 Ebd., S. 54.
969 Ebd., S. 55.
970 Einstein und Ulm, 1979.
971 Otto Nathan, New York, an Alfred Moos, Ulm, 2.12.1980. In: A-DZOK Nachlass Moos Alfred und Erna; Schwäbische Zeitung 160, 14.7.2007. In: StadtA Ulm G 2 Albert Einstein F.
972 Detlef Bückmann an Alfred Moos, 2.2.1981. In: A-DZOK-Nachlass Moos, Alfred und Erna.
973 Alfred Moos an Theodor Pfizer, Oberbürgermeister a.D., Stuttgart, Theodor Pfizer, 9.6.1981 Archiv DZOK Moos, Alfred und Erna).
974 Südwest Presse Ulm, 29, 5.2.1982. In: StadtA Ulm G 2 Albert Einstein F.
975 Südwest Presse Ulm, 266, 17.11.2006. In: ebd.
976 Stuttgarter Zeitung 266, 17.11.2006. In: ebd.
977 Südwest Presse 266, 17.11.2006. In: ebd.
978 Stuttgarter Zeitung 282, 6.12.2006. In: ebd.
979 Südwest Presse Ulm 270, 2.12.2006. In: ebd.
980 Ebd.
981 Neu-Ulmer Zeitung 160, 14.7.2007. In: ebd.
982 Südwest Presse 160, 14.7.2007. In: ebd.
983 Südwest Presse 55, 7.3.2007. In: ebd.
984 Südwest Presse 136, 16.6.2007. In: ebd.
985 Stuttgarter Zeitung 266, 17.11.2006. In: ebd.
986 Südwest Presse 55, 7.3.2017. In: ebd.; Südwest Presse 74, 29.3.2017. In: ebd.
987 A. Moos, 4.10.1979 mit zwei beigelegten Fotos auf Grund eines Schreibens seines Vetters Henry Moos, Norfolk, Va. Vom 4.10.1979. In: StadtA G 2 Albert Einstein I.
988 Günter Buhles: Gemeinsamkeit in Weltbild und Schicksal: Einstein, das Bauhaus und Konkrete Kunst. Plastik von Max Bill als Gedenkzeichen für den Physiker an der Stelle des Geburtshauses. In: Schwäbische Zeitung 203, 4.9.1982. In: StadtA Ulm G 2 Albert Einstein F.
989 Hk. v. Neubeck: Granit-Haus mit Spiegeleffekten. In: Südwest Presse 202, 3.9.1982. In: StadtA G 2 Albert Einstein F.
990 Südwest Presse 110, 12.5.1984. In: StadtA Ulm G 2 Albert Einstein F.
991 Südwest Presse 138, 16.6.1984. In: ebd.
992 Südwest Presse 141, 20.6.1984. In: ebd.; vgl. Einstein Brunnen. Plastik von Jürgen Goertz in Ulm 1984. o.O [Ulm] o.J. [1984], [broschiert]. In: StadtA Ulm G 2 Albert Einstein F.
993 Stuttgarter Zeitung 37, 14.2.1989. In: ebd.
994 Festakt 125 Jahre Albert Einstein. Ulm. In: G 2 Einstein, Albert U.
995 Ebd., S. 9.
996 Ebd., S. 10.
997 Ebd., S. 14.
998 Ebd., S. 16.
999 Ebd., S. 30 bzw. S. 26.
1000 Fölsing, 1993.
1001 Schwäbische Zeitung, 15.3.2004. In: StadtA Ulm G 2 Albert Einstein U.
1002 Südwest Presse 140, 15.3.2004. In: ebd.
1003 Schwäbische Zeitung 56, 8.3.2004. In: ebd. F.
1004 Südwest Presse 63, 16.3.2004.
1005 Renn (Hg.), Ingenieur des Universums, 2005.
1006 Brachner, Alto u.a. (Hg.), 2005.
1007 Zit. n. Theo F. Nonnenmacher: Albert Einstein and his birthplace Ulm. Vortrag bei dem Einstein Symposium in Dayton, Ohio (USA) am 25.3.1979. Masch.schr. Manuskript, S. 6 in: StadtA Ulm G 2 Albert Einstein 179; Zitat aus dem Englischen zurückübersetzt.
1008 Einstein/Freud, Briefwechsel, Erstveröffentlichung 2005, passim.

Literatur

Quellen

Albert Einstein in Berlin. 1913–1933. Teil I. Darstellung und Dokumente. Teil II. Spezialinventar. Berlin 1979 (Studien zur Geschichte der Akademie der Wissenschaften der DDR Bd. 6).

Born, Max (Hg.): Albert Einstein – Max Born. Briefwechsel 1916–1955. Hg. und kommentiert von Max Born. München 1969.

Brüning, Heinrich: Memoiren 1918–1934. Stuttgart 1970.

Einstein, Albert: Aus meinen späten Jahren. Stuttgart 1979.

Einstein, Albert: Wie ich die Welt sehe. In: Carl Seelig (Hg.): Albert Einstein: Mein Weltbild. Frankfurt a.M./Berlin 1986, S. 9–52.

Einstein, Albert/Freud, Sigmund: Warum Krieg? Ein Briefwechsel. [Erstveröffentlichung 1933]. Zürich 2013.

Grüning, Michael (Hg.): Ein Haus für Albert Einstein. Erinnerungen. Briefe. Dokumente. Berlin 1990.

Hermann, Armin (Hg.): Albert Einstein und Johannes Stark. Briefwechsel und Verhältnis der beiden Nobelpreisträger. In: Sudhoffs Archiv. Bd. 60 (1966), S. 267–285.

Hermann, Armin (Hg.): Albert Einstein – Arnold Sommerfeld. Briefwechsel. Basel/Stuttgart 1968.

Moos, Rudolf: Hugo Moos (Translator from the German original „Erinnerungen aus meinem Leben"): Journey of Hope and Despair. Vol. 1. Rise and Fall. Memoirs of Rudolf Moos. [Stanford/USA] 2010.

Pressel, Friedrich: Geschichte der Juden in Ulm: Festschrift zur Einweihung der Synagoge 12. September 1873. Ulm 1873.

Seelig, Carl (Hg.): Helle Zeit – dunkle Zeit. Zürich/Stuttgart/Wien 1952.

Specker, Hans-Eugen (Projektleitung): Dokumente zur Geschichte der Juden in Ulm. In: Zeugnisse zur Geschichte der Juden in Ulm. Erinnerungen und Dokumente. Hg. vom Stadtarchiv Ulm. Ulm 1991, S. 175–271.

Thaer, Albrecht von: Generalstabsdienst an der Front und in der OHL. Hg. von Siegfried Kachler. Abhandlungen der Akademie der Wissenschaften in Göttingen. Phil.-hist. Klasse. 3. Folge. Bd. 40. Göttingen 1958.

The Collected Papers and Correspondence of Albert Einstein, Vol. 1–14. [var. Ed.] Princeton 1983 ff. (CPAE Vol. 1–15) [Vol. 15 im April 2018 in Deutschland ausgeliefert; Vol. 1–14 stehen im Netz]

Weglein, Resi: Als Krankenschwester im KZ Theresienstadt. Erinnerungen einer Ulmer Jüdin. Hg. und mit einer Zeit- und Lebensbeschreibung versehen von Silvester Lechner und Alfred Moos. Stuttgart 1988.

Winteler, Jost: Erinnerungen aus meinem Leben. Ergänzungen und Verdankungen. Separat-Abdruck aus Wissen und Leben 10 (1917), H. 11 u. 12.

Zeugnisse zur Geschichte der Juden in Ulm. Erinnerungen und Dokumente. Hg. vom Stadtarchiv Ulm. Ulm 1991.

Sekundärliteratur

Adams, Myrah: Julius Baum. Museumsdirektor zwischen Tradition und Moderne. Ulm 2006.

Adams, Myrah/Maihoefer, Christof: Jüdisches Ulm. Haigerloch 1998.

Albert Einstein. The enduring legacy of a modern genius. Time. Special Edition. 2017. In: StadtA Ulm G 2 Albert Einstein M.

Armbruster, Irene: Prophet des Friedens. In: Aus Politik und Zeitgeschichte 25–26 (2005), S. 32–37.

Berghahn, Volker: Das Kaiserreich. 1871–1914. Industriegesellschaft, bürgerliche Kultur und autoritärer Staat. Stuttgart 2003 (= Gebhardt. Handbuch der deutschen Geschichte. Zehnte, völlig neu bearbeitete Auflage. Bd. 16).

Benz, Wolfgang/Graml, Hermann: Biographisches Lexikon zur Weimarer Republik. München 1988.

Benz, Wolfgang: Der Aufbruch in die Moderne. Das 20. Jahrhundert. Stuttgart 2010. In: Gebhardt. Handbuch der deutschen Geschichte. Bd. 22. Zehnte, völlig neu bearbeitete Auflage. Bd. 18, S. 1–221.

Bergmann, Ingo: „Und erinnere Dich immer an mich". Gedenkbuch für die Ulmer Opfer des Holocaust, Ulm 2009. Englische Fassung: „And always remember me". Memorial Book for the Holocaust Victims of Ulm, Ulm 2013

Bodanis, David: Einsteins Irrtum. Das Drama eines Jahrhundertgenies. Stuttgart 2017 (englische Ausgabe: Boston/New York 2016).

Brachner, Alto/Hartl, Gerhard und Sichau, Christian (Hg.): Albert Einstein und die Physik des 20. Jahrhunderts. Deutsches Museum. München 2005.

Büttner, Ursula: Weimar – die überforderte Republik 1918–1933. Stuttgart 2010 (= Gebhardt. Handbuch der deutschen Geschichte. Zehnte, völlig neu bearb. Aufl. Bd. 18).

Cox, Brian/Forshaw, Jeff: Warum ist $E=mc^2$. Einsteins berühmte Formel verständlich erklärt. Stuttgart 2015 [englisch: Boston, Ma 2009].

Dehio, Georg: Handbuch der deutschen Kunstdenkmäler. Bayern III: Schwaben. München/Berlin 2008[2].

De Dijne, Rosine: Albert Einstein & Elisabeth von Belgien. Regensburg 2016.

de Padova, Thomas: Allein gegen die Schwerkraft. Einstein 1914–1918. München 2015.

Ehlers, Anita: „Die meiste Lebensfreude kommt aus meiner Geige" – Albert Einstein und die Musik. In: Frank Steiner (Hg.): Albert Einstein. Genie, Visionär und Legende. Berlin/Heidelberg 2005, S. 171–190.

Ehlers, Jürgen: Der Zeitbegriff in Einsteins Relativitätstheorie. In: Frank Steiner (Hg.): Albert Einstein. Genie, Visionär und Legende. Berlin/Heidelberg 2005, S. 79–92.

Einstein. A Centenary Exhibition. Published for the National Museum of History and Technology by the Smithsonian Institution Press. City of Washington 1979.

Einstein und Ulm. Festakt, Schülerwettbewerb und Ausstellung zum 100. Geburtstag von Albert Einstein. Hg. Hans Eugen Specker. Ulm 1979 (= Forschungen zur Geschichte der Stadt Ulm. Reihe Dokumentation. Hg. vom Stadtarchiv Ulm Bd. 1).

Engel, Andrea: Juden in Ulm im 19. Jahrhundert. Anfänge und Entwicklung der jüdischen Gemeinde von 1803–1873. Magisterarbeit im Fachbereich Geschichte. Tübingen 1982. Masch.schr.

Festakt 125 Jahre Albert Einstein. Stadt Ulm 2004.

Fink, Hubert: Restaurierung und Ausbau des Ulmer Münsters. In: Specker, Hans-Eugen (Hg.): Ulm im 19. Jahrhundert. Aspekte aus dem Leben der Stadt. Zum 100. Jahrestag der Vollendung des Ulmer Münsters. Begleitband zur Ausstellung. Ulm 1990 (Forschungen zur Geschichte der Stadt Ulm. Reihe Dokumentation. Hg. vom Stadtarchiv Ulm. Bd. 7), S. 13–104.

Fischer, Ernst-Peter: Einstein – Ein Genie und sein überfordertes Publikum. Berlin/Heidelberg/New York 1996.

Fischer, Ernst-Peter: Niels Bohr. Physiker und Philosoph des Atomzeitalters. München 2012.

Fölsing, Albrecht: Albert Einstein – Eine Biographie. Frankfurt a.M. 1993.

Friedman, Robert Marc: Einstein and the Nobel Comitee: Authority vs. Expertise. In: europhysixnews 36/4 (2005), S. 129–133.

Gall, Lothar: Walther Rathenau. Porträt einer Epoche. München 2009.
Gatterburg, Angela: Albert Einstein. Physiker und Popstar. In: Der Spiegel. Geschichte H. 4, 2017: Geistesblitze. Die größten Erfindungen und Entdeckungen der Menschheit, S. 76–78.
Gawatz, Andreas: Wahlkämpfe in Württemberg. Landtags- und Reichstagswahlen beim Übergang zum politischen Massenmarkt (1889–1912). Düsseldorf 2001.
Genzel, Reinhard: Galaxien und massive Schwarze Löcher. In: Frank Steiner (Hg.): Albert Einstein. Genie, Visionär und Legende. Berlin/Heidelberg 2005, S. 123–132.
Gerlach, Walther: Erinnerungen an Albert Einstein 1908–1930. In: Physikalische Blätter 35 (1979), H. 3, S. 93–102.
Gnahm, Andreas: Giebel oder Traufe? Die Wiederaufbaukontroverse in Ulm nach dem Zweiten Weltkrieg. Ulm 2008. (Kleine Reihe des Stadtarchivs Ulm 5).
Göbel, Holger: Gravitation und Relativität. Eine Einführung in die Allgemeine Relativitätstheorie. Berlin/Boston 2014.
Goenner, Hubert: Einführung in die spezielle und allgemeine Relativitätstheorie. Heidelberg/Berlin/Oxford 1996.
Goldsmith, Barbara: Marie Curie. Die erste Frau der Wissenschaft. München 2010.
Green, Brian: Der Glanz des Genies. In: Spektrum der Wissenschaft Spezial. Einsteins neue Weltordnung. 100 Jahre allgemeine Relativitätstheorie. [Stuttgart] 2015, S. 6–10.
Grolle, Johann: Symphonie der Sterne. In: Der Spiegel. Geschichte H. 4, 2017: Geistesblitze. Die größten Erfindungen und Entdeckungen der Menschheit, S. 110–117.
Grüttner, Michael. Das Dritte Reich. 1933–1939. Stuttgart 2014 (= Gebhardt. Handbuch der deutschen Geschichte. Zehnte, völlig neu bearb: Aufl. Bd. 19).
Grundmann, Siegfried: Einsteins Akte. Wissenschaft und Politik – Einsteins Berliner Zeit, Mit einem Anhang über die FBI-Akte Einsteins. Berlin/Heidelberg/New York 2004².
Grundmann, Siegfried: Im Fadenkreuz von politischer Polizei und Geheimdiensten. In: Steiner, Frank: Albert Einstein. Genie, Visionär und Legende, Berlin/Heidelberg/New York 2005, S. 151–170.
Grundmann, Siegfried: Wissenschaft und Politik: Einsteins Berliner Zeit. In: Aus Politik und Zeitgeschichte 25–26 (2005), S. 24–31.
Heilbron, John L.: Max Planck. Ein Leben für die Wissenschaft 1858–1947. Mit einer Auswahl der allgemein verständlichen Schriften von Max Planck. Stuttgart 2006².
Hermann, Armin: „Wir Europäer, Deutsche oder gar noch Schwaben". Albert Einsteins Beziehungen zum Ländle. In: Stuttgarter Zeitung 216, 17.9.1994.
Hermann, Armin: Einstein – der Weltweise und sein Jahrhundert. o.O. [1995].
Highfield, Roger/Carter, Paul: Die geheimen Leben des Albert Einstein. Berlin 1994 [englisch ‚The private lives of Albert Einstein'].
Hoffmann, Banesh: Albert Einstein. Schöpfer und Rebell. Unter Mitarbeit von Helen Dukas. Dietikon-Zürich 1976.
Hossenfelder, Sabine: Theorie. Alles nur im Kopf. In: Spektrum der Wissenschaft Spezial. Einsteins neue Weltordnung. 100 Jahre allgemeine Relativitätstheorie. [Stuttgart] 2015, S. 26–29.
125 Jahre Albert Einstein Ulm 2004. pro arte kunststiftung im kornhauskeller. Ulm 2004.
Hüttenmeister, Nathanja: Der jüdische Friedhof in Laupheim? Laupheim 1998.
Hunziker, Herbert (Hg.): Albert Einstein und Aarau. o.O. 2005.
Isaacson, Walter: Einstein. His Life and Universe. London 2007.
Isoz, Hanspeter: „Wie bitte, Herr Einstein, war das jetzt ganz genau im Paradies?", o.O. 2016.
Janssen, Michael/Renn, Jürgen: Einsteins Weg zur allgemeinen Relativitätstheorie. In: Spektrum der Wissenschaft Spezial. Einsteins neue Weltordnung. 100 Jahre allgemeine Relativitätstheorie. [Stuttgart] 2015, S. 12–19.

Keil, Heinz: Dokumentation über die Verfolgung der jüdischen Bürger von Ulm. Ulm 1961.
Kilg-Meyer, Anne-Kathrin: Wie sich Mileva Einstein Alberts Nobelpreisgeld sicherte. München 2015.
Koch, Jakob: Einsteins Berlin. Auf den Spuren eines Genies. Berlin 2006.
Könneker, Carsten: Wissenschaft und Öffentlichkeit. Als die Nazis Einstein zum Feind erklärten. In: Spektrum der Wissenschaft Spezial. Einsteins neue Weltordnung. 100 Jahre allgemeine Relativitätstheorie. [Stuttgart] 2015, S. 30–35.
Kolb, Eberhard: Die Weimarer Republik. München 2009⁷ (Oldenbourg Grundriss der Geschichte Bd. 16).
Kraus, Ute et al.: Was Einstein sicher auch gern gesehen hätte – Visualisierung relativistischer Effekte. In: Frank Steiner (Hg.): Albert Einstein. Genie, Visionär und Legende. Berlin/Heidelberg/New York 2005, S. 133–150.
Krauss, Lawrence M.: Wissenschaftliches Denken. Wo Einstein irrte. In: Spektrum der Wissenschaft Spezial. Einsteins neue Weltordnung. 100 Jahre allgemeine Relativitätstheorie. [Stuttgart] 2015, S. 36–41.
Kübler, Rudi: Ulm 1933. Die Anfänge der nationalsozialistischen Diktatur. Ulm 2009 (Kleine Reihe des Stadtarchivs Ulm 7).
Lechner, Silvester: Das KZ Oberer Kuhberg und die NS-Zeit in der Region Ulm/Neu-Ulm. Stuttgart 1988.
Mayenberger, Charlotte: Bad Buchau. Meine Stadt. Bad Buchau 2017.
Mittenzwei, Werner: Nachwort. Die schönen Tage in Caputh. Hausbau am Abgrund der Zeit. In: Grüning, Michael (Hg.): Ein Haus für Albert Einstein. Erinnerungen. Briefe. Dokumente. Berlin 1990 S. 540–554.
Mombauer, Annika. Die Julikrise. Europas Weg in den Ersten Weltkrieg. München 2014.
Müller, Rolf-Dieter: Der Zweite Weltkrieg. 1939–1945. Stuttgart 2004 (= Gebhardt. Handbuch der deutschen Geschichte. Zehnte, völlig neu bearbeitete Auflage. Bd. 21).
Musser, George: Quantenphysik. Kosmische Würfelspiele. In: Spektrum der Wissenschaft Spezial. Einsteins neue Weltordnung. 100 Jahre allgemeine Relativitätstheorie. [Stuttgart] 2015, S. 20–25.
Nebelin, Manfred: Ludendorff. Diktator im Ersten Weltkrieg. München 2010.
Neffe, Jürgen: Einstein. Eine Biographie. Reinbek 2005.
Neffe, Jürgen: Das Gehirn des Jahrhunderts. Wie Albert Einstein aus Gedanken ein Universum schuf. In: Der Spiegel Nr. 50, 18.12.1999 [Titelgeschichte].
Nussbaumer, Harry: Kosmologie. Einsteins Bekehrung. In: Spektrum der Wissenschaft Spezial. Einsteins neue Weltordnung. 100 Jahre allgemeine Relativitätstheorie. [Stuttgart] 2015, S. 42–50.
Pais, Abraham: Ich vertraue auf Intuition. Der andere Albert Einstein. Heidelberg/Berlin 1998.
Powell, Corey S.: Grundlagenphysik. Auf der Suche nach der Theorie von Allem. In: Spektrum der Wissenschaft Spezial. Einsteins neue Weltordnung. 100 Jahre allgemeine Relativitätstheorie. [Stuttgart] 2015, S. 54–61.
Pyta, Wolfram: Hindenburg. Herrschaft zwischen Hohenzollern und Hitler. München 2007.
Pyta, Wolfram: Hitler. Der Künstler als Politiker und Feldherr. Eine Herrschaftsanalyse. München 2015.
Raddatz, Frank/Bergmann, Ingo: Albert Einstein und Ulm. Hg. von der Stadt Ulm, Abt. Öffentlichkeitsarbeit. Ulm 2018.
Rebhan, Eckhard: Theoretische Physik. Bd. 1. Mechanik, Elektrodynamik, Spezielle und Allgemeine Relativitätstheorie, Kosmologie. Heidelberg/Berlin 1999.
Renn, Jürgen (Hg.): Albert Einstein. Ingenieur des Universums. Einsteins Leben und Werk im Kontext. Berlin 2005.
Renn, Jürgen: Auf den Schultern von Riesen und Zwergen. Einsteins unvollendete Revolution. Weinheim 2006.
Renn, Jürgen: Wie Einstein die Relativitätstheorie fand. In: Frank Steiner (Hg.): Albert Einstein. Genie, Visionär und Legende. Berlin/Heidelberg/New York 2005, S. 41–78.

Rieber, Christof: Die Sozialdemokratie und Württemberg 1878–1890. Stuttgart 1984 (Schriften zur südwestdeutschen Landesgeschichte Bd. 18/I und 18/2).

Rieber, Christof: Sigmaringen. In: Landkreis Sigmaringen (Hg.): Für die Sache der Freiheit, des Volkes und der Republik. Die Revolution 1848/49 im Gebiet des heutigen Landkreises Sigmaringen. Sigmaringen 1999, S. 37–72.

Rieber, Christof: Unter dem „Sozialistengesetz". Die Esslinger Sozialdemokratie von 1878 bis 1890. In: Sylvia Greiffenhagen (Hg.): „Haute-volée-Sozialdemokraten" und „Revolutionsfabrik". Die Geschichte der Esslinger SPD. Esslingen 1995 (Esslinger Studien. Schriftenreihe Bd. 16), S. 47–56.

Scheideler, Britta: Albert Einstein in der Weimarer Republik. Demokratisches und elitäres Denken im Widerspruch. In: Vierteljahreshefte für Zeitgeschichte 53, 2005, S. 381 ff.

Scherer, Klaus: Nagasaki. Der Mythos der entscheidenden Bombe. München 2015.

Seelig, Carl: Albert Einstein und die Schweiz. Zürich/Stuttgart/Wien 1952.

Seelig, Carl: Albert Einstein. Leben und Werk eines Genies unserer Zeit. Gütersloh 1960.

Seemüller, Ulrich: Das jüdische Altersheim Herrlingen und die Schicksale seiner Bewohner. Blaustein 1997².

Singh, Simon: Perfekter Wissenschaftler oder beschädigtes Genie. In: Aus Politik und Zeitgeschichte 25–26 (2005), S. 3–5.

Scholz, Michael F.: Die DDR 1945–1990. In: Gebhardt. Handbuch der deutschen Geschichte. Bd. 22. Stuttgart 2009. Zehnte, völlig neu bearbeitete Ausgabe, S. 223–689.

Sonne, Bernd/Weiß, Reinhard: Einsteins Theorien. Spezielle und Allgemeine Relativitätstheorie für interessierte Einsteiger und zur Wiederholung. Heidelberg 2013.

Hans-Eugen Specker (Hg.): Ulm im 19. Jahrhundert. Aspekte aus dem Leben der Stadt. Ulm 1990 (Forschungen zur Geschichte der Stadt Ulm. Reihe Dokumentation. Hg. vom Stadtarchiv Ulm Bd. 8).

Spitzer, Manfred: Lernen. Heidelberg/Berlin 2009, korrigierter Nachdruck.

Steiner, Frank: „Doch der wackre Schwabe forcht sich nit". Der junge Albert Einstein. In: Schönes Schwaben 2004/3, S. 19–22.

Steiner, Frank: Einsteins kosmische Religiosität. In: Steiner Frank: Albert Einstein. Genie, Visionär und Legende, Berlin/Heidelberg/New York 2005, S. 191–217.

Steiner, Frank: Einstein – from Ulm to Princeton. In: europhysics news, July/August 2005, S. 124–128.

Steiner, Frank (Hg.): Albert Einstein. Genie, Visionär und Legende. Berlin/Heidelberg/New York 2005.

Steiner, Frank: Genie/125 Jahre. Raum und Zeit und freier Geist. In: Südwest Presse, 13.3.2004 (Wochenendbeilage Südwestmagazin).

Steiner, Frank: Von Ulm nach Princeton. In: Aus Politik und Zeitgeschichte 25–26 (2005), S. 5–16.

Steiner, Frank: Von Ulm nach Princeton. In: Steiner, Frank (Hg.): Albert Einstein. Genie, Visionär und Legende, Berlin/Heidelberg/New York 2005, S. 1–40.

Steiner, Frank: Raum und Zeit und freier Geist. In: Südwest Presse, 13.3.2004, gekürzte Fassung des Beitrags in ‚Schönes Schwaben'.

Steiner, Frank: Von Ulm nach Princeton. In: Steiner, Frank (Hg.): Albert Einstein. Genie, Visionär und Legende, Berlin/Heidelberg/New York 2005, S. 1–40.

Stern, Fritz: Ein Europäer in Berlin. In: Süddeutsche Zeitung vom 18.4.2005, S. 13.

Strauch, Dietmar/Högner, Bärbel: Konrad Wachsmann: Stationen eines Architekten. Berlin 2013.

Strassburger, Ferdinand: Zur Geschichte der Juden in Ulm. In: Festschrift zum 70. Geburtstage des Oberkirchenrats Dr. Kroner. Stuttgart/Breslau 1917, S. 224–236.

Sugimoto, Kenji: Albert Einstein. Die kommentierte Bilddokumentation. Gräfelfing 1987.

Tänzer, A.: Die Geschichte der Juden in Jebenhausen und Goeppingen. Stuttgart 1927.

Tänzer, A.: Der Stammbaum Prof. Albert Einsteins. In: Juedische Familienforschung (JF) (Dez. 1931), S. 419–421.

Toury, Jacob: Jüdische Textilunternehmer in Baden-Württemberg 1683–1936. Tübingen 1984.

Vaas, Rüdiger: Jenseits von Einsteins Universum. Von der Relativitätstheorie zur Quantengravitation. Stuttgart 2015.

von Pufendorf, Astrid: Die Plancks. Eine Familie zwischen Patriotismus und Widerstand. Berlin 2006.

Walker, Stephen: Hiroshima. Countdown der Katastrophe. München 2005 [engl. „Shokwave. Countdown to Hiroshima". New York 2005].

Wazeck, Milena: Wer waren Einsteins Gegner? In: Aus Politik und Zeitgeschichte 25–26 (2005), S. 17–23.

Wehler, Hans-Ulrich: Deutsche Gesellschaftsgeschichte. Bd. 1–5. München 1987–2008.

Wettengel, Michael: Kein Kaiser beim Münsterfest: Die Turmvollendung im Spiegel der Stadt- und Zeitgeschichte, in: Ulm und Oberschwaben, Bd. 59 (2015), S. 317-331.

Wickert, Johannes: Albert Einstein in Selbstzeugnissen und Bilddokumenten. Reinbek 1972.

Winkler, Heinrich August: Der lange Weg nach Westen. 2 Bde. 1. Deutsche Geschichte vom Ende des Alten Reiches bis zum Untergang der Weimarer Republik, Bd. 2. Deutsche Geschichte vom „Dritten Reich" bis zur Wiedervereinigung. München 2000.

Wolfrum, Edgar: Die Bundesrepublik Deutschland 1949–1990. Stuttgart 2005 (= Gebhardt Handbuch der deutschen Geschichte Bd. 27, Zehnte völlig neu bearb. Aufl.).

Wolfrum, Edgar: Die geglückte Demokratie. Geschichte der Bundesrepublik Deutschland von ihren Anfängen bis zur Gegenwart. Stuttgart 2006.

Internetquellen

American Museum of Natural History, New York; The Hebrew University of Jerusalem; and the Sirball Cultural Center, Los Angeles: EINSTEIN, [Exposition] 15.11.2002–10.8.2003. Ausdruck von www.amnh.org/exhibitions/einstein/ in: StadtA Ulm G 2 Einstein, Albert A [S. 3: Bild von „Einstein's Berlin apartment" Foto: courtesy AIP, Emilio Segrè Archives]

Einstein, der relative Ulmer. In: www.ulm.de/info_ul/vorstellung/beruehmt/einstein.htm vom 10.4.2002.

Bildnachweis

Cover: © Bridgeman Images
Abb. 1: © Eva Krampen-Kosloski, Rom
Abb. 2: © akg-images
Abb. 3: © bpk
Abb. 4: © Stadtarchiv Ulm, B 613, S0608 _ 2015
Abb. 5: © Stadtarchiv Ulm, B 613, S0605 _ 2015
Abb. 6: © Stadtarchiv Ulm, G 2 Einstein, Albert, S269 _ 2003
Abb. 7: © Stadtarchiv Ulm, F3 fa, S0241 _ 2012
Abb. 8: © Private Collection / Bridgeman Images
Abb. 9: © Granger / Bridgeman Images
Abb. 10: © Stadtarchiv Ulm, F2 fa Weinhof S1603 _ 2008
Abb. 11: © Stadtarchiv Ulm / Evangelische Gesamtkirchengemeinde Ulm
Abb. 12: © Christof Rieber / Evangelische Gesamtkirchengemeinde Ulm
Abb. 13: © Granger / Bridgeman Images
Abb. 14: © SZ Photo / Scherl / Bridgeman Images
Abb. 15: © Christof Rieber
Abb. 16: © Christof Rieber / Leihgabe des Museums Ulm im Haus der Stadtgeschichte Ulm
Abb. 17: © Christof Rieber
Abb. 18: © Stadtarchiv Ulm, S0564 _ 2015
Abb. 19: © SZ Photo / Scherl / Bridgeman Images
Abb. 20: © akg / Science Photo Library
Abb. 21: © ETH-Bibliothek Zürich, Bildarchiv / Fotograf: Vollenweider und Sohn (Bern) / Hs _ 1457–71 / Public Domain Mark
Abb. 22: © Christie's Images / Bridgeman Images
Abb. 23: © SZ Photo / Süddeutsche Zeitung Photo
Abb. 24: © bpk
Abb. 25: © Stadtarchiv Ulm, F 3 fa 24725
Abb. 26: © Dorothea Hemminger
Abb. 27: © Dokumentationszentrum Oberer Kuhberg Ulm, Nachlass Alfred und Erna Moos, B 510
Abb. 28: © Academie des Sciences, Paris, France / Archives Charmet / Bridgeman Images
Abb. 29: © Stadtarchiv Ulm, Bildnisse, Nr. 563
Abb. 30: © Bridgeman Images
Abb. 31: © akg-images
Abb. 32: © Dokumentationszentrum Oberer Kuhberg Ulm, Nachlass Alfred und Erna Moos
Abb. 33: © Dokumentationszentrum Oberer Kuhberg Ulm, Nachlass Alfred und Erna Moos, B 508
Abb. 34: © bpk / Münchner Stadtmuseum, Sammlung Fotografie / Archiv Landshoff
Abb. 35: © Christof Rieber, Montage Lioba Geggerle
Abb. 36: © Familienarchiv Mazzetti, Eva Krampen-Kosloski, Rom
Abb. 37: © Familienarchiv Mazzetti, Eva Krampen-Kosloski, Rom
Abb. 38: © Burkert Ideenreich, Ulm, unter Verwendung von © Faisalhusain | Dreamstime.com
Abb. 39: © Eva Krampen-Kosloski, Rom

Zeittafel zum Leben Albert Einsteins

* Ulm 1879, † Princeton/USA, New Jersey 1955 [1]

1879 14. März: Albert Einstein wird im Haus Bahnhofstraße 20 als erstes Kind von Hermann Einstein und Pauline Einstein (geb. Koch) geboren.

1880 21. Juni: Die Familie Einstein übersiedelt nach München. Dort gründen Hermann und sein Bruder Jakob die Firma „Jakob Einstein & Cie.", ab 1885 „Elektrotechnische Fabrik Jakob Einstein & Cie.".

1884 1. Oktober: Einstein überspringt Klasse 1 und beginnt in Klasse 2 der Volksschule in München.

1888 1. Oktober: Einstein wird in das Luitpold-Gymnasium in München aufgenommen.

1894 Juni: Die Firma „Einstein & Cie." wird liquidiert; die Familie übersiedelt nach Mailand und danach nach Pavia; Albert Einstein bleibt in München.
29. Dezember: Einstein verlässt das Gymnasium und reist zu den Eltern nach Mailand.

1895 Albert Einstein widmet sich dem Selbststudium mit dem Ziel, ohne Abitur am Polytechnikum Zürich angenommen zu werden.
18.–14. Oktober: Einstein besteht die Aufnahmeprüfung zum Polytechnikum Zürich nicht, weil seine Leistungen nur in Mathematik und Physik hervorragend sind, in vielen anderen Fächern aber nicht ausreichend.
26. Oktober: Einstein wird Schüler in Klasse 3 und nach einem halben Jahr in 4 (Abschlussklasse) der Gewerbeabteilung der Kantonsschule Aarau, wo er bei der Familie von Jost Winteler in Pension lebt, einem Lehrer der Kantonsschule.

1896 28. Januar: Entlassung aus der württembergischen Staatsbürgerschaft, um die Wehrpflicht in Deutschland zu vermeiden, macht Einstein staatenlos.
Oktober: nach der Matura in Aarau Studium der Physik am Polytechnikum Zürich

1898 Oktober: Diplom-Zwischenprüfung als Jahrgangsbester

1900 28. Juli: Abschlussprüfung als Jahrgangsfünfter: Diplom als Fachlehrer mathematischer Richtung

1901 21. Februar: Schweizer Staatsbürgerschaft

1902 16. Juni: Einstein wird als Experte III. Klasse am Patentamt in Bern angestellt und erhält 3.500 Franken Gehalt.

1903 6. Januar: Einstein und Mileva Maric heiraten in Bern.

1905 Einsteins „wunderbares Jahr" mit vier grundlegenden Veröffentlichungen, von denen ihm eine den Nobelpreis für Physik für das Jahr 1921 einbringt (fotoelektronischer Effekt); 1905 zudem Spezielle Relativitätstheorie.

1908 28. Februar: nach Habilitation Privatdozent an der Universität Bern

1909 7. Mai: Berufung zum a.o. Prof. für Theoretische Physik an der Universität Zürich

1911 6. Januar: Berufung als Ordinarius für Theoretische Physik an die Universität Prag

1912 20. Januar: Ernennung zum Ordinarius für Theoretische Physik an der Eidgenössischen Technischen Hochschule (ETH) in Zürich, wohin Einstein am 25. Juli umzieht.

1913 3. Juli: Einstein akzeptiert das Angebot, ab 1914 Professor der Preußischen Akademie der Wissenschaften in Berlin ohne Lehrverpflichtungen zu werden.
7./8. Oktober: Einsteins Ulm-Besuch mit seiner Mutter Pauline Einstein

1914 Anfang April: Einstein trifft in Berlin ein; Ende Juli gehen Mileva und die Söhne zurück nach Zürich; auf die Trennung hat Einstein entschieden hingewirkt.

1915 November: Einstein formuliert die Vollendung der Allgemeinen Relativitätstheorie.

1916 20. März: Die Allgemeine Relativitätstheorie erscheint in den „Annalen der Physik" und als separate Broschüre.

1917 September: Einstein zieht um in die Haberlandstraße 5 in Berlin-Schöneberg, d.h. in die Wohnung von Cousine Elsa.

1918 16. August: Einstein lehnt einen Ruf von ETH und Universität Zürich trotz sehr günstigen Bedingungen ab.
9. November: Einstein ist begeistert von der Novemberrevolution, befreit die festgesetzten Berliner Professoren und engagiert sich für pazifistische Ziele.

1919 14. Februar: Scheidung von Mileva, die das Sorgerecht für die Söhne erhält
2. Juni: Heirat mit Cousine Elsa in Berlin
22. September: Einstein erfährt, dass am 29. Mai die Sonnenfinsternis-Beobachtungen exakt seine Vorhersagen in Bezug auf Lichtabweichung von Sternen im Schwerefeld der Sonne bestätigen.
6. November: In London wird diese Nachricht in einer Sitzung der Royal Society und der Royal Astronomical Society offiziell mitgeteilt. Fortan gilt Einstein als Star.

1920 Kontroverse mit dem Physiker Philipp Lenard bei der Naturforscherversammlung in Bad Nauheim

1921 2. April bis 30. Mai: Erster Aufenthalt in den USA, Engagement für den Zionismus

1922 Ende April: Einstein wird Mitglied der Kommission für Intellektuelle Zusammenarbeit des Völkerbundes (Vorläufer der UNESCO).
24. Juni: Einsteins Freund, Außenminister Walther Rathenau, wird ermordet.
8. Oktober: Einstein beginnt als Gast eines Zeitungsverlags eine Reise nach Japan.
9. November: Einstein erhält in Abwesenheit den Physik-Nobelpreis für das Jahr 1921.
17. November – 29. Dezember: Aufenthalt in Japan

1923	2.–14. Februar: Besuch in Palästina: Ehrenbürger von Tel Aviv, Einstein legt den Grundstein für die Hebrew University in Jerusalem. Juli: Reise nach Schweden und Dänemark, in Göteborg Nobelvortrag 4./5. August: Einsteins Ulm-Besuch mit seinem Sohn Eduard (* Zürich 28.7.1910) November–Dezember: Einstein lebt wegen Morddrohungen in Leiden/Niederlande.
1926	Formulieren der Quantenmechanik durch Heisenberg, Schrödinger, Born u.a.; Einstein äußert sein Unbehagen.
1927	Oktober: Beim Solvay-Kongress in Brüssel Beginn der intensiven Auseinandersetzung mit Niels Bohr über die Grundlagen der Quantenmechanik
1929	Oktober: Besuch bei der königlichen Familie in Belgien, Freundschaft mit Königin
1930	Dezember: Reise in die USA, Ehrenbürger von New York City; Reise zu einem Forschungsaufenthalt am „California Institute of Technology" in Passadena/USA
1931	Januar: Begegnung mit Charlie Chaplin in Los Angeles; Rückkehr im März
1932	Politisches Engagement für den Erhalt der Weimarer Republik Juli: Auf Anregung des Völkerbundes und des „Instituts für Intellektuelle Zusammenarbeit" Briefwechsel mit Sigmund Freud über die Frage „Warum Krieg?". Ed. 1933 August: Berufung an das in Gründung befindliche „Institute for Advanced Studies" in Princeton, NJ, zum Oktober 1933. Plan, ca. je ein halbes Jahr in Berlin und Princeton zu verbringen.
1933	10. März: Vor der Rückreise nach Europa erklärt Einstein öffentlich, er werde nicht mehr nach Deutschland zurückkehren. 28. März: Einstein erklärt seinen Austritt aus der Preußischen Akademie der Wissenschaften und das Ende jeglicher Verbindung mit deutschen Institutionen. Einstein bleibt in Belgien und reist danach nach Frankreich und in die Schweiz und schließlich im September nach England. 3. Oktober: Rede in der Royal Albert Hall in London 17. Oktober: Einstein trifft mit Ehefrau, Sekretärin Helen Dukas und seinem Mathematik-Assistenten Walther Mayer in den USA ein und reist nach Princeton.
1934	Stieftochter Margot Einstein kommt nach Princeton.
1935	August: Kauf des Hauses 112 Mercer Street in Princeton
1936	20. Dezember: Tod von Elsa Einstein in Princeton
1937	Einsteins Sohn Hans Albert kommt mit Familie in die USA.
1939	Einsteins Schwester Maja kommt zu ihrem Bruder nach Princeton und bleibt, bis sie stirbt.
	2. August: Einstein unterzeichnet zusammen mit dem Physiker Leo Szilárd einen Brief an den US-Präsidenten Roosevelt, in dem die beiden auf die Möglichkeit der Atombombe und die Gefahr dieser Waffe in deutscher Hand hinweisen.
1940	7. März: Zweiter Brief an Präsident Roosevelt über die Atombombe 1. Oktober: Einstein wird amerikanischer Staatsbürger; er behält die Schweizer Staatsbürgerschaft.
1945	In einem Brief an Präsident Roosevelt regt Einstein an, die Sorgen über den Atombombeneinsatz von Leo Szilárd und anderen Physikern zu beachten. 10. Dezember: Einstein hält in New York bei einem Nobel-Gedenkdinner eine vielbeachtete Rede: „The war is won, but peace is not."
1947	Weiterhin intensives Engagement für Rüstungskontrolle und Weltregierung
1948	Dezember: Unterleibsoperation: Diagnose eines großen Aorten-Aneurysmas
1949	Einstein lehnt nicht öffentlich die ihm von seiner Geburtsstadt Ulm angetragene Ehrenbürgerwürde ab.
1950	18. März: Testamentarisch verfügt Einstein, dass sein Nachlass der Hebrew University Jerusalem übereignet wird.
1951	25. Juni: Einsteins Schwester Maja stirbt in Princeton.
1952	November: Einstein lehnt die ihm angetragene Präsidentschaft Israels ab.
1954	April: Einstein unterstützt J. Robert Oppenheimer bei einer McCarthy-Befragung zu dessen „nationaler Zuverlässigkeit".
1955	18. April: Einstein stirbt und wird am gleichen Tag eingeäschert. Die Asche wird an unbekanntem Ort verstreut; das Gehirn wird mit Billigung des Sohns entnommen.
2004	14. März: Der 125. Geburtstag Albert Einsteins wird in Ulm im Beisein von Bundespräsident Johannes Rau und des Einstein-Urenkels Paul Einstein gefeiert.
2005	100 Jahre spezielle Relativitätstheorie: weltweit Ausstellungen, Kolloquien, Feiern

1 Vgl. Fölsing, 1993, S. 943 ff.; zusätzliche Daten im Text der Biografie.

Übersichtstafeln
zu Einsteins nahen Verwandten mit fünf bzw. sechs Generationen

4,1 August Ignaz Einstein
* 23.12.1841 Buchau
† 14.4.1911 Tübingen
Kaufmann in Ulm

Bertha Perlen
* 26.11.1845 Esslingen
† 6.1.1902 Ulm

⚭ 24.5.1870 in Esslingen
Ulmer Bürgerrecht 12.4.1870

4,2 Jette Einstein
* 13.1.1844 Buchau
† 7.1.1905 Ulm

Kosman Dreyfus
* 14.12.1835 Buchau
† 21.1.1918 Ulm

⚭ 24.5.1864 in Buchau
Ulmer Bürgerrecht 30.3.1864

4,3 Heinrich Einstein
* 12.10.1845 Buchau
† 16.11.1877 Ulm
Kaufmann in Ulm

4,1,1 Clara Einstein
* 27.6. 1872 Ulm
† 16.7.1918 Ulm

4,1,2 Lina Einstein
* 16.11.1875 Ulm
† nach 26.11.1942 KZ Treblinka

4,1,3 Anna Einstein ⚭ 11.5.1908
* 9.9.1880 Ulm

Alfred Jauch
* 10.5.1880 Ludwigsburg
Bankkaufmann in Ravensburg

4,2,1 Martin Dreyfus
* 10.5.1865
lebt 1918 in München

4,2,2 Rudolph Dreyfus
* 6.7.1866 Ulm
† 7.7.1866

4,2,3 Anna Dreyfus ⚭ 7.9.1893 in Ulm
* 15.7.1869 Ulm

Moritz Steiner
* 26.7.1861 Laupheim
Kaufmann in Memmingen

4,2,4 Bertha Dreyfus ⚭ 25.10.1900 in Ulm
* 22.9.1871 Ulm
† 4.7.1942
KZ Theresienstadt

David Hofheimer
* 19.8.1854 Laupheim
† 29.8.1908 Laupheim
Kaufmann in Memmingen

4,2,5 Marie Dreyfus ⚭ 5.7.1911 in Luzern
* 2.10.1875
† nach 22.8.1942
KZ Theresienstadt

Peter Hubert Wessel
* 23.6.1866 Krefeld

4,2,5,1 Ernst Albert Wessel
* 2.7.1911 München
Ausgewandert 1929

4,2,6 Albert Dreyfus
* 2.10.1878 Ulm
† 29.12.1893 Ulm

4 Abraham Einstein
* 16.4.1808
† 21.9.1868 [Ulm]
Kaufmann in Buchau,
zuletzt in Ulm

⚭ 15.4.1830 in Buchau

5 Helene Moos
* 3.7.1814 Kappel
† 20.8.1887 Ulm

2 (= 4,4) Hermann Einstein
* 30.8.1847 Buchau
† 10.10.1902 Mailand
Bürger zu Buchau
Ulm 1870–1880
München 1880–1894
Mailand 1894–1902

3 (= 6,4) Pauline Koch
* 8.2.1858 Cannstatt
† 20.2.1920 Berlin

⚭ 8.6.1876 in Cannstatt

1 (= 2,1) Albert Einstein
Professor Dr., Physiker
* 14.3.1879 in Ulm
† 18.4.1955 in Princeton,
New Jersey

I. ⚭ 6.1.1903 in Bern
Mileva Maric
* 8.12.1875 in Titel/Ungarn
(serbisch)
† 4.8.1948 in Zürich

II. ⚭ 2.6.1919 in Berlin
Elsa Löwenthal geb.
Einstein
* 18.1.1876 Hechingen
† Princeton 20.12.1936

I. ⚭ 1896
O|O Berlin 1908
Max Löwenthal
* 2.3.1864 Buttenhausen
† 14.4.1914 Berlin
Textilfabrikant in Hechingen
und ab 1902 in Berlin

2,2 Maja Einstein
Dr. phil., Romanistin
* 13.11.1881 München
† 25.6.1951 in Princeton
⚭ 23.2.1910 in Zug
Paul Winteler
* 19.1.1882 Aarau
† 25.7.1952 Genf

1,1 Hans Albert Einstein
Dipl. Ing. in der Schweiz
emigriert 1938 in die USA
1947 Professur an der
University of California
* 14.5.1904 Bern
† 26.7.1973 in Berkeley

I. ⚭ 7.5.1927 in Dortmund
Frieda Knecht, Dr. phil.
* 1895
† 1958

II. ⚭
Elizabeth Roboz
Neurochemikerin
* 1902 in Siebenbürgen
† 1973

1,2 Eduard Einstein
* 28.7.1910 Zürich
† 25.10.1965 Zürich

Ilse Löwenthal,
später Einstein
* 18.11.1897 Hechingen
† 9.7. 1934 Paris
⚭ in Berlin
Rudolf Kayser
* 28.11.1889 Parchim
† 5.2.1964 New York
Literaturhistoriker, emigriert
1935 in die USA, Professor
für europäische Literatur-
geschichte an der Brandeis-
University in New York

Margot Löwenthal,
später Einstein
* 3.12.1899 Berlin
† 8.7.1986 Princeton
⚭ 29.11.1930 in Berlin
O|O Paris 1934 (?)
Dimitri Marianoff
SU-Diplomat und Geheim-
dienstagent

1,1,1 Bernhard Caesar Einstein
* 10.7.1930 Dortmund
† 30.9.2008 Bern
Physiker in der Schweiz und in
den USA
⚭ 1954
Doris Aude Ascher
(1928–2008)

1,1,2 Klaus Einstein
* 1932
† 1938

1,1,3 Evelyn Einstein
adoptiert
* 1911
† 2011

1,1,1,1 Martin Einstein
* Schweiz 1955

1,1,1,2 Paul Einstein
* Frankreich 1959

1,1,1,3 Eduard Einstein
* Los Angeles 1961

1,1,1,4 Mira Einstein-Yehieli
* Schweiz 1965

1,1,1,5 Charles Einstein
* Schweiz 1971

4,5 Jakob Einstein
* 25.11.1850 Buchau
† 8.9.1912 Wien
Ingenieur in München,
Mailand, Pavia, Lecce
und Wien (1906–12)

⚭⃝ 1909
Ida Einstein
* 1865 München

4,6 Friedrike Moos
geb. Einstein
* 15.3.1855 Buchau
† 17.6.1938 Ulm

Adolph Moos
* 1.4.1853 Kappel
† 8.2.1926 Ulm
Kaufmann in Ulm

⚭ 26.11.1878 in Ulm
Ulmer Bürgerrecht 21.1.1886

4,5,1 Robert(o) Einstein
Elektrotechnik-Ingenieur
in Rom und München
* 23.2.1884 München
† 13.7.1945 Florenz
⚭ 1913 Genua
Cesarina „Nina" Mazzetti
* 24.3.1889 Bergamo
† 3.8.1944 Rignano sull'Arno
(Mord durch Fallschirmjäger-
Wehrmachts-Einheit)

4,5,2 Edith Einstein
Dr. rer. nat. in Zürich
* 1888 München
† 1960
⚭
Reis

4,6,1 Hugo Moos
* 28.10.1877 Ulm
† 18.12.1942
KZ Theresienstadt
Kaufmann

I. ⚭ 13.10.1906 in Ulm
Ida Herzfelder
* 20.3.1886 Augsburg
† 9.4.1932 Ulm

II. ⚭ 19.1.1942
Jenny Hilb
geb. Suntheimer
* 25.6.1886 Nürnberg
† 30. (?)1.1944 KZ
Auschwitz-Birkenau

4,6,1,1 Alfred Julius Moos
* 11.4.1913 Ulm
† 1.4.1997 Ulm
Kaufmann
emigriert 1933 nach England,
1935 nach Palästina,
kehrt 1953 nach Ulm zurück
⚭ 6.4.1936 in Tel Aviv
Erna Sofie Adler
* 24.1.1916 Ulm
† 1956 Ulm

4,6,2 Robert Moos
* 20.1.1879 Ulm
+ 9.4.1886 Ulm

4,6,3 Carl Moos
* 28.1.1880 Ulm
† 5.1.1959 Norfolk/USA
Kaufmann, emigriert 1939
in die USA

⚭ 26.2.1912 in Ulm
Hilda Hirsch
* 7.4.1892
emigriert 1939 in
die USA

4,5,1,1 Anna Maria Einstein
*
† 3.8.1944 Rignano sull'Arno

4,5,1,2 Luce Einstein
* 19.4.1917 München
† 3.8.1944 Rignano sull'Arno

4,6,4 Ernst Moos
* 27.2.1881
+ 20.9.1881

4,6,3,1 Heinz Moos
* 29.12.1912 Ulm
Kaufmann
emigriert 1939 in die USA

4,6,5 Julius Moos
* 27.1.1983 Ulm
† 15.2.1944
KZ Theresienstadt

4,6,3,2 Else Moos
* 6.4.1921
emigriert 1939 in die USA

4,6,6 Paul Moos
* 7.4.1884 Ulm
† 20.3.1886 Ulm

4,6,7 Frida Moos
* 27.8.1885 Ulm
emigriert 1940 in die
USA

⚭ 5.6.1906 in Ulm
Leopold Hirsch
Kaufmann in Ulm
* 15.1.1876
emigriert 1940 in
die USA

4,6,8 Helene Moos
* 29.6.1888 Ulm
† 1.7.1892 Ulm

4,6,7,1 Fritz Moriz Hirsch
* 17.3.1908
† 1945 Algerien
emigriert 1939/40, auch
er mit Hilfe von Einstein

4,6,7,2 Hans Hirsch
* 31.3.1909 Ulm
† 25.10.1935 Ulm

4,6,7,3 Anneliese Hirsch
* 3.1.1921 Ulm
emigriert 1940 in die USA

6 Julius Koch
* 19.2.1816 Jebenhausen
† 14.3.1895 Hechingen
Bäcker in Jebenhausen und Kornhändler in Cannstatt, bis 1842 Dörzbacher, dann in Koch umbenannt

⚭ 13.10.1847 Jebenhausen

7 Jette Bernheimer
* 22.1.1825 Jebenhausen
† 5.6.1885 Cannstatt

6,1 Jakob Koch
* 8.4.1850 Jebenhausen
† 1924 Buchanan/USA
Kornhändler in Cannstatt, Ulm, München, Zürich, Genua und Berlin
⚭ 31.5.1875 Straßburg
Julie Dreyfus
* 10.2.1857 Sierenz/Elsass
† [1913/14 Berlin]

6,2 Fanny Koch
* 25.3.1852 Jebenhausen
† 10.11.1926 Berlin
⚭ 1.6.1871 Cannstatt
8,4,4 Rudolf Einstein[1]
* 8.11.1843 Buchau
† 27.4.1927 Berlin
Webereifabrikant in Hechingen

6,3 Caesar Koch
* 3.4.1854 Cannstatt
† 1941 Brüssel
Kornhändler in Zürich etc. und Antwerpen
⚭ [um 1888]
Mathilde Levy
* 1868
† 1927

6,4 (=3) Pauline Koch
* 8.2.1858 Cannstatt
⚭ 8.8.1876
2 Hermann Einstein
=
Albert Einsteins Eltern

4,6,1,1,1 Michael Moos
* 1947 Tel Aviv
Rechtsanwalt in Freiburg

4,6,1,1,2 Peter Moos
* 1956 Ulm
Diplom-Ingenieur

6,1,1 Alfred Koch
* 26.5.1878 Ulm

6,1,2 Robert Koch
* 18.4.1879 Ulm
1895–98 Kantonsschule Aarau, 1925 Kornhändler in Buenos Aires/Argentinien

6,1,3 Manuel Louis Koch
* 21.8.1887 München

6,1,4 Alice Koch
* [1891 oder 1892] [Genua]
† 1952

6,2,1 Hermine Einstein
* 12.3.1872 Hechingen
† 2.2.1943
KZ Theresienstadt

⚭ Ludwig Gumpertz
* 9.6.1856 Grünberg/Schlesien
† 9.1.1943
KZ Theresienstadt

6,2,2 Elsa Einstein
* 18.1.1876 Hechingen
⚭ II. 2.6.1919 Berlin
1 Albert Einstein

6,2,3 Paula Einstein
* 18.2.1878 Hechingen
† 1955
⚭ Georg Meyer

6,2,1,1 Alice Gumpertz ⚭ Hermann Gutmann
* 15.1.1892 Berlin   * 1882 Stuttgart
† 7.11.1957 Zürich   † 3.12.1968 Zürich

6,2,1,1,1 Marie-Louise Gutmann
* 9.5.1919 Stuttgart
† 18.11.2013 Reston, Virginia
o|o George Elbert

6,2,3,1 Hans Meyer
Handelsredakteur 1924–33 beim „Berliner Tageblatt", emigriert 1933 in die USA mit Hilfe von Albert Einstein

---

[1] Rudolf Einsteins Vater ist 8,4 Raphael Einstein (1806–1880). Dessen Vater ist 8 Rupert Einstein (1751–1834) in Buchau, der gleichzeitig der Vater von 4 (= 8,5) Abraham Einstein (1808–1868) ist.

Personenregister

A

Adler Erna (verh. Moos)   179
Adler, Friedrich   27, 181
Adler, Isaak   179
AEG   78
Aicher-Scholl, Inge   18
Albert, König von Belgien   175 f.
Albrecht, Friedrich   50, 53
Anschütz & Co, Rüstungsfirma in Kiel   131, 152, 157
Anschütz-Kaempfe, Hermann   131, 152, 157
Aron, H.   79

B

Bach, Johann Sebastian   117
Bäßler, Rüdiger   204
Barish, Barry   127
Baruch & Söhne, Baumwollweberei in Hechingen   70 f.
Baruch, Jette (verh. Einstein)   70
Becquerel, Henri   30
Beethoven, Ludwig van   85, 117
Ben Gurion, David   197
Berks, Robert   205
Bernheimer, Leopold   60
Besso, Anna (geb. Winteler)   116, 185
Besso, Guiseppe   101
Besso, Michele   43, 101, 107, 116, 132 f., 197
Bill, Max   205 f.
Bloch, Fritz   200
Blumenfeld, Kurt   151
Bodanis, David   160, 163
Böhmer, Willi   204
Bohr, Niels   118, 160, 193
Boltzmann, Ludwig   95
Born, Max   128, 142, 172, 176, 201
Bosch, Robert   139
Brandhuber, Camillus   133, 148
Braun, Otto   136
Broch, Hermann   183
Broglie, Louis de   119
Brolat   136
Brown, Robert   119
Brüning, Heinrich   168 f., 172
Bucky, Gustav   180
Bucky, Walter   199
Bückmann, Detlef   204
Butler, Nicholas M.   164

C

Carl-Zeiss-Stiftung   157
Carter, Paul   21
Chaplin, Charlie   164
Cohn   27
Cox, Brian   121
Curie, Marie   28, 30, 35, 158, 161
Curie, Pierre   30
Curtius, Julius   168

D

Diamond Marian   84
Dietrich, Hermann   168
Dreyfus, Anna (verh. Steiner)   39, 67
Dreyfus, Jette (geb. Einstein)   59 f., 65 f.
Dreyfus, Kosman   39, 41, 50, 54 f., 60, 65 ff.

Dreyfus, Louis   72
Dreyfus, Max   55, 66 f.
Dreyfus, Martin   67
Dreyfus, Rachel (geb. Levy)   72
Dukas, Helen   177, 180, 195, 200

E

Eban, Abba   197
Ebeling, Karl-Joachim   205
Ebert, Friedrich   136 f., 174
Ebner, Friedrich Wilhelm   66
Eddington, Arthur Stanley   127
Ehlers, Anita   117
Ehlers, Jürgen   127
Ehrenfest, Paul   20, 29, 43, 211
Ehrenfest, Tatjana   43
Ehrmann, Rudolf   199
Einstein & Cie., Jakob, Elektrotechnische Fabrik in München   76 ff.
Einstein, Abraham   17, 59, 65, 189
Einstein, Anna Maria   190 f.
Einstein, August   54, 59 f., 65 f, 89
Einstein, Bernhard Caesar   71, 185
Einstein, Bertha (geb. Perlen)   65
Einstein, Edith   70, 79
Einstein, Eduard   21, 32, 34, 43 f, 46, 106, 133, 148, 150, 152 ff., 157, 177, 197
Einstein, Elsa (geb. Einstein, gesch. Löwenthal)   16, 21 f., 32 f., 35, 39 f., 43, 45 ff., 70, 72, 97 f., 105 f., 108, 109 ff., 112 f., 115, 134, 139 ff., 146, 148 f., 154, 159 f., 165 f., 170 f., 175 ff., 180, 189
Einstein, Fanny (geb. Koch)   33, 46, 63, 70 f., 107, 109, 141, 207
Einstein, Frieda (geb. Knecht)   184
Einstein, Hans Albert   21, 32, 37, 43 f., 46, 84, 105 f., 133 f., 148, 150, 152, 157, 184 f., 199
Einstein, Heinrich   63
Einstein, Helene (geb. Moos)   12, 17, 60 f., 63 ff., 180
Einstein, Hermann   13, 17, 34, 47, 49, 54 f., 57, 60 f., 63 f., 66, 69, 72 ff., 81, 83, 85 f., 88 ff., 92 f., 98, 141, 144, 154, 208
Einstein, Ida (geb. Einstein)   70, 79
Einstein, Ilse (geb. Löwenthal, verh. Kayser)   21, 33, 105, 107, 110, 133, 140, 171, 177 f.
Einstein, Jakob   13, 49, 57 f., 61, 63, 68, 70 f., 76, 79, 84 f., 87 ff., 144, 191, 207
Einstein, Klaus   185
Einstein, Lina   189
Einstein, Luce   190 f.
Einstein, Margot (geb. Löwenthal, verh. Marianoff, gesch.)   21, 33, 105, 110 f., 115, 140, 171, 177, 180, 200
Einstein, Maja (verh. Winteler)   34, 37, 57, 69, 74, 76, 79 f., 83, 86, 115 f., 140, 185, 196
Einstein, Nina (geb. Mazzetti)   190 f.
Einstein, Paul   11, 18, 207
Einstein, Paula (verh. Mayer)   33, 70
Einstein, Pauline (geb. Koch)   13, 21, 26, 34 ff., 37, 39, 41, 43, 46, 57 f., 60 f., 63, 67, 72 f., 75, 78 f., 81, 85 f., 89 f., 92 f., 97 f., 101, 109, 133, 140, 142, 144, 208
Einstein, Raphael   70, 156
Einstein, Robert(o)   13, 70, 79, 83, 191
Einstein, Rosa (verh. Gumpertz)   33
Einstein, Rudolf   26, 33 ff., 46, 63, 68, 70, 72 f., 78 f., 86, 89, 92, 107, 109, 141, 207
Einstein, Rupert   33, 59, 70
Einstein, Sophie (verh. Lehmann)   157
Electra. Apparatebau-Gesellschaft in Wien   79

Elisabeth, Königin von Belgien 175
Engel, Andrea 50, 57
Engler, Bernd 204
Erlanger, Carlos 39
Erlanger, Kosman 37, 73
Erlanger, Max 37
Erzberger, Matthias 138

F
Fischer, Emil 31
Federlin, Carl 52, 54
Fleischman & Cie., Kornhandelsfirma in Riesbach-Zürich 73
Flexner, Abraham 169, 173, 178
Fölsing, Albert 17, 23, 129, 143, 176, 207
Foerster, Friedrich 183
Forshaw, Jeff 121
Franck, James 147
François-Poncet, André 169, 177
Franz Joseph II., Kaiser von Österreich 30
Frenkel, A. 187
Freundlich, Erwin 142
Friedrich August von Oldenburg, Großherzog von Mecklenburg-Schwerin 138

G
Garrone, Lorenzo 68, 78
Geiser, Carl Friedrich 93
George, Stefan 183
Gerlach, Walter 30, 199
Goethe, Johann Wolfgang von 199
Gönner, Ivo 18, 206
Görtz, Jürgen 206
Green, Brian 24
Gropius, Walter 159
Grossmann, Marcel 30, 93 ff. 124
Grundmann, Siegfried 166, 192
Gumpertz, Alice 189
Gumpertz, Hermine (geb. Einstein) 70, 189
Gumpertz, Ludwig 107, 189
Gutmann, Hermann 189

H
Haber, Clara 40, 43, 47
Haber, Fritz 23, 29, 31 f., 40, 43, 45, 57, 106, 108, 131 ff., 139, 150 ff., 171 ff., 177
Haber, Hermann 173
Haber, Siegfried 57
Habicht, Conrad 96, 105, 118 f.
Hahn, Otto 198, 201
Haller, Friedrich 26, 103
Hallwachs, Wilhelm 118
Harding, Warren G. 164
Harvey, Dr. med. 84
Hauptmann, Gerhart 139
Heisenberg, Werner 193, 201
Hell, Stefan 19
Heller 136
Helmholtz, Hermann von 95
Hertz, Gustav 118
Heuser, Generalkonsul in New York 166
Heyd, August 66
Heym, Carl von 50
Heymann, Ernst 172
Higfield, Roger 21

Hilbert, David 128 f.
Hindenburg, Paul von 168, 170
Hirsch, Anneliese 185, 187
Hirsch, Carl 198
Hirsch, Frida (geb. Moos) 187
Hirsch, Fritz Moritz 187 f., 189
Hirsch II, Leopold, Rechtsanwalt 184
Hirsch, Leopold 185, 187 f.
Hirsch, Maya 187
Hitler, Adolf 18, 81, 157, 175, 185, 192 f., 195, 198
Hörl, Ottmar 186, 206
Hoover, J. Edgar 166, 168
Huber, Frieda 140
Huberman, Bronislaw 183

I
Isaacson, Walter 14
Israel & Levi, Bettfedernfabrik in Ulm 60 f., 63 ff., 66, 74
Israel, Heinrich 61
Israel, J (geb. Rescher) 61

J
Jannsen, Michael 24, 126
Jens, Walter 202 f.
Juliusberger, Otto 133

K
Kahler, Erich von 183
Kant, Immanuel 87, 124
Katzenstein, Moritz 112
Kauffmann, Carl 72
Kayser, Rudolf 110, 177, 180
Keil, Heinz 200
Kepler, Johannes 125, 143
Kessler, Harry Graf 152
Kilg-Meyer, Anne Kathrin 40
Kleemann, Hans 53
Koch, Alfred 72
Koch, Alice 72 f., 89, 92
Koch, Caesar 17, 70, 72, 88 f., 91, 189
Koch, Heinrich 68
Koch, Jakob 17, 35, 43, 70, 72 f., 89, 140, 207
Koch, Jette (geb. Bernheimer) 68
Koch, Julie (geb. Dreyfus) 35, 43, 71 f., 89, 91 f., 100 f., 144, 207
Koch (ursprünglich Derzbacher), Julius 61, 68 70 f., 74, 78, 88, 189
Koch, Manuel Louis 72
Koch, Paul 189
Koch, Raymond 189
Koch, Robert 72, 83, 90 ff.
Koch, Suzanne 189
Kolb Eberhard 189
Kolb, Günter 64
Kollwitz, Käthe 160
Konenkova, Margarita 111
Kopernikus, Nikolaus 143
Koppel, Leopold 32, 139
Kornpobst, Sebastian 79
Kossel, Martin 157
Kübler, Rudi 184

L
Laemmle, Carl 164, 188
Laible, August 64

Landauer, Kaufmann in London 179
Langevin, Paul 28, 30
Langsdorf, Heinrich 103
Laue, Max von 25 f., 137, 172, 176, 212
Lebrecht, Isak 56
Lenard, Philipp 13, 118, 148
Levi, Eugen 63
Levi, Hayum (Heinrich) 74
Levi, Moses 54, 59, 61, 66, 144
Levi-Civita, Tullio 124
Levy, Rahel 72
Liebermann, Max 130, 162 f.
Locker-Lampson, Oliver 178
Löwenthal, Max 70
Longerich, Peter 185
Lorenser, Hans 204
Lorentz, Hendrik Antoon 27 ff., 160, 211
Ludendorff, Erich 157

M
MacDonald, Ramsay 166 ff.
Maier, Gustav 55, 82, 90 f.
Mann, Heinrich 202
Mann, Thomas 183
Marianoff, Dimitrij 111
Marić, „Lieserl" 47, 102 f., 177
Marić, Mileva (verh. Einstein) 14, 16, 21, 32 f., 35, 43, 46 ff., 94 f., 97 ff., 100 ff., 106, 109, 115, 132 ff., 139, 150, 157, 177, 200
Marić, Milos 14, 32, 102
Marstaller, Robert 101
Martin, Rudolf 157
Marx, August 29
Marx, Clementine 39, 56, 72, 156
Marx, Erich 187
Marx, Julius 156
Marx, Leopold 56
Max, Prinz von Baden 136
Mayer, Albert 56
Mayer, Georg 189
Mayer, Walter 177
McCarthy 195, 198
Meitner, Lise 177
Messerli, Jakob 100
Meyer, Edgar 134 f.
Meyer, Erika (verh. Schaerer) 101
Meyer, Georg 101
Mierendorff, Carlo 152
Millikan, Robert Andrews 120, 169
Minkowski, Hermann 124
Moos, Adolph 39, 67 f. 144, 154 f.
Moos, Alfred 5, 12, 179 f., 181, 204, 207
Moos II, Alfred, Rechtsanwalt 156
Moos, Carl 18, 39, 68, 154, 185, 188, 199
Moos, Else 185
Moos, Frida 185, 187
Moos, Friederike (geb. Einstein) 39, 67, 144, 154
Moos, Hilda (geb. Hirsch) 185
Moos, Heinz 185
Moos, Hugo 39, 68, 154, 179 f., 188
Moos, Julius 187 f.
Moos, Karoline 156
Moos, Paul 155 f.
Moos, Rudolf 156, 191

Moos, Selma (geb. Gutmann) 156
Mozart, Wolfgang Amadeus 85, 117
Mühsam, Hans 112 f.

N
Naumann, Friedrich 139
Nathan, Otto 180, 187, 199, 204 f.
Neffe, Jürgen 21 ff., 81, 84, 97, 110 f., 118
Nernst, Walther 25, 28 f., 139, 198
Nestle, Adam 64
Neuburger, Isak Hirsch 56
Neuburger, Max 56
Neumann, Betty 22, 97, 100, 111 ff.
Neumann-Mühsam, Flora 114
Newton, Isaac 123 ff., 126, 143, 145
Nicolai, Georg 110, 130
Nietzsche, Friedrich 100
Niggli, Julia 92
Nobel, Alfred 195
Nübling, Eugen 53

O
Oppenheim, Franz 183
Oppenheim, Heinz 33, 140
Oppenheimer, Robert J. 194, 196
Ostwald, Wilhelm 81

P
de Padova, Thomas 23
Papen, Franz von 170
Pais, Abraham 125
Pauli, Wolfgang 128, 163
Perrin, Jean-Baptiste 118
Pfeiffer, Eduard 56
Pfizer, Theodor 145, 198 ff
Planck, Max 25 ff., 31, 117, 122, 130, 134, 139, 158, 166, 196, 198
Polchinski, Joseph 24
Pyta, Wolfram 81, 168

Q
Quidde, Ludwig 213

R
Rathenau, Walther 133, 151 f., 158
Rau, Heribert 50
Rau, Johannes 11, 18, 207
Rebstein, Prof. 93
Renn, Jürgen 24, 87, 118, 120 f., 126
Ricci, Gregorio 124
Riemann, Bernhard 124
Röder, Isa(a)k 55
Rolland, Romain 132
Roos, Sigmund 72
Roosevelt, Eleanor 188
Roosevelt, Franklin Delanoe 178, 188, 192 f., 212
Rubens, Heinrich 31
Russel, Bertrand 195, 198

S
Sachs, Alexander 192
Salmhofer, Manfred 207
Salomon, Erich 168
Sauerbrey, Roland 207

Savić, Helena 47, 105
Schaerer, Charles 101
Scheideler, Britta 170 f.
Scheidemann, Philipp 136 f.
Schiller, Friedrich 199
Schmid, Anna, genannt „Annelie" (verh. Meyer) 101
Schmid, Hermann 146
Schmidlin, Walter 49
Scholl, Hans 18
Scholl, Robert 146
Scholl, Sophie 18
Schröder, Gerhard 207
Schuckert 78
Schwammberger, Emil 144 f.
Siemens 78
Siemens, Carl Friedrich von 139
Solovine, Maurice 25 f., 96, 105
Solvay, Ernest 28
Sommerfeld, Arnold 27, 29, 128, 148
Sperry Gyroscope Company, Chicago 131
Spitzer, Manfred 84
Stark, Johannes 148
Steiner, Frank 17, 119, 125, 208
Steiner, Karl 157
Stern, Fritz 14 f., 21, 32, 114
Stern, Jacob 56
Stimson, Henry L. 168
Stöhr, Christian 73
Straus & Cie., Bettfedernfabrik in Cannstatt 74
Straus, Seligman Löb 74
Streicher, Julius 183
Stresemann, Gustav 169
Struck, Hermann 113
Szilárd, Leó 192 f., 195, 212
Szölösi-Janze, Margit 16 f., 31, 132, 173

T
Talmud (später Talmey), Max 87
Teufel, Erwin 18
Thalmessinger & Cie, Bankcommandit Ulm 74
Thalmessinger, Leopold 55, 74
Thalmessinger, Nathan 55, 74
Thomson, Joseph John 126, 142
Thorne, Kip 127
Tobler, Josephine 140
Toscanini, Arturo 183
Treviranus, Gotthold Reinhold 168
Troeltsch, Ernst 139
Truman, Harry S. 193 f., 197

U
Uhland, Ludwig 93

V
Vallentin, Antonina 160
van't Hofft 31
Verrier, Jean Urbain Le 125
Vlachos, Alexandra 99

W
Wachsmann, Konrad 97 f., 115, 117, 138, 141, 155, 159, 171, 188
Warburg, Felix 31, 134
Watters, Leon 180

Weber, H. F. 93
Weglein, Max 66
Weil, Joseph 73
Weiss, Rainer 127
Weizmann, Chaim 149, 163
Weizsäcker, Carl Friedrich von 193, 201
Wertheimer, Max 136
Wessel, Marie (geb. Dreyfus, gesch.) 39, 67, 156, 189
Wettengel, Michael 53
Weyl, Hermann 117
Wieland, Philipp Jakob 74
Wigner, Eugene 192
Wilhelm II., deutscher Kaiser 130, 136
Winkler, Heinrich August 171
Winteler, Jost 82, 90 f., 99, 210
Winteler, Marie 82, 97, 99 f., 112
Winteler, Paul 116, 140
Winteler, Pauline 82, 99
Winteler, Rosa 100

Z
Zangger, Heinrich 30, 107, 129, 132 ff.
Zuckmayer, Carl 152

Abb. 39 letzte Seite
Ulm, Neuer Friedhof, Stuttgarter Straße/
Jüdische Abteilung: hier sind viele nahe
Verwandte von Albert Einstein begraben,
zuletzt Alfred Moos, † 1997.